Urban Environmental Education Review

城市环境教育概论

Alex Russ
Marianne E. Krasny　主编

王西敏　邱文晖　译

高等教育出版社·北京

内容提要

这是由 17 个国家的 82 位学者共同撰写的一本具有全球视野的环境教育专业书籍，呈现了进入 21 世纪后，环境教育这一理论和实践并重的学科在世界范围内的最新发展趋势。本书为环境教育工作者提供最新的理论基础和一手的国际案例，有助于推动国内对环境教育的深入了解和研究，并指导优质教育实践的开展，全方位提高环境教育工作者的从业能力。

本书适合环境教育的理论研究者、环境教育和自然教育从业者以及有志在环境教育领域深造的大学生阅读。

图书在版编目（CIP）数据

城市环境教育概论 /（美）亚历克斯 · 罗斯（Alex Russ),（美）玛丽安 · 克拉斯尼（Marianne E. Krasny）主编；王西敏，邱文晖译. -- 北京：高等教育出版社，2022.2
书名原文：Urban Environmental Education Review
ISBN 978-7-04-056399-3

Ⅰ. ①城… Ⅱ. ①亚… ②玛… ③王… ④邱… Ⅲ. ①城市环境 - 环境教育 - 概论 Ⅳ. ①X21

中国版本图书馆 CIP 数据核字（2021）第 130256 号

CHENGSHI HUANJING JIAOYU GAILUN

策划编辑 柳丽丽　责任编辑 柳丽丽　封面设计 王 鹏　版式设计 杨 树
插图绘制 邓 超　责任校对 陈 杨　责任印制 朱 琦

出版发行 高等教育出版社
社　　址 北京市西城区德外大街 4 号
邮政编码 100120
印　　刷 涿州市京南印刷厂
开　　本 787mm × 1092mm 1/16
印　　张 18.25
字　　数 300 千字
购书热线 010-58581118
咨询电话 400-810-0598
网　　址 http://www.hep.edu.cn
　　　　 http://www.hep.com.cn
网上订购 http://www.hepmall.com.cn
　　　　 http://www.hepmall.com
　　　　 http://www.hepmall.cn
版　　次 2022 年 2 月第 1 版
印　　次 2022 年 2 月第 1 次印刷
定　　价 69.00 元

物 料 号 56399-00

中文版序一

我从 1984 年还是个硕士研究生时开始从事环境教育，当时我学习这行关切的是如何透过教育与传播去促进世人关心与参与环境保护与自然保育。多年来参与也见证了这个迷人的领域重点与策略的变迁。它不仅在关怀重心内涵上逐渐扩大,更在思考典范上从“分化”进入“整全”的关怀！在我们这个专业，虽然环境保护与自然保育的核心关怀从过去到现在仍然存在，但是一路走来，我更体会到，没有健全（健康）的个人（不论是从心理或是生理层面），不可能有健全的社区、社会，更不容易有健康的环境，当然反之亦然！我们不可能只关心环境而不关心生活于其中的个人与群体的生活与生存状况！我渐渐体悟出我们这行其实是在协助自己与人群，透过在真实环境情境中的体验和学习，达成与自己（人与自我）、与他人（人与人）、与环境（人与自然）和谐共处的目标与境界。我更深刻地了解环境教育作为协助达成促进人类可持续发展的众多方法与专业之一，我们可以也应该要扮演什么角色与要努力的是什么。

目前有一个全球化的趋势与现象，是从事环境教育的工作者无法忽视的，就是地球上有越来越多的人聚集生活在城市里！他们可能在短暂的休假时间内移动到乡间去体验自然与生活。但是绝大部分的城市居民一生中大部分的时光是在城市里度过的。根据统计资料，截至 2017 年，全世界 75 亿多的人口中，已有 54.8% 的人生活在城市 (urban) 地区。而这个比率从现在到可预见的未来只会越来越高。城市里的生活提供了许多方便与诱因，使得人口向城市集中，但同时也在清洁能源、干净用水、空气、防灾、交通、食物、文化、教育、就业、政治、健康、社会正义等诸多方面产生了需求与挑战。如何让市民(从小孩到大人都需要)能在城市中学习 (learning in the cities)、学习城市运作的有关原理与应用 (learning about the cities)、积极地为了可持续的城市和社区而学习 (learning for a sustainable cities and communities)，就成为目前环境教育与可持续发展教育领域大家共同的关切。

全世界各国无不关心环境与可持续发展，既要保护环境，也要照顾到社会公平正义、人类发展与福祉。大家关怀的不再仅是环境保护与经济发展何者为重的权衡，而是更多元地关心人类社会的挑战，诸如贫穷、健康、卫生、教育、人权、能源、和平、福祉与气候变迁所带来的诸多挑战。因此联合国在 2016 年开始实施的《变革我们的世界：2030 可持续发展议程》中，更具体地制订了 17 项可持续发展目标 (UN Sustainable Goals, UN SDGs)，作为世界各国在 2030 年前要共同努力达成的目标。从这 17 项关怀中，看得出重点关怀已经超越了过去单独关切的环境保护。希望人类能借由朝向这 17 项重点目标的努力，一起去改变我们的世界，能够终结贫穷、保护地球、共享繁荣。在此 17 项目标中，第 11 项目标清楚标举了"可持续的城市和社区"(sustainable cities and communities)，毫无疑问，这项关怀反映了人类必须要正视如何在地球上最多人口生活的城市环境中，学习如何与自己、与他人、与环境共存共荣。这可是非常务实与重要的课题。

既然要透过教育方面的努力，协助市民可持续地生活在城市中，则有些根本的问题就必须要厘清。譬如：为何要在城市中进行环境教育？为何要进行"城市环境教育"(urban environmental education)？有什么理论基础支持这方面的作为？在城市情境与关怀中，环境教育究竟应该教些什么？学些什么？要在哪里进行这方面的学习？谁应该参与城市环境教育？如何在城市中有效地进行环境教育？我很高兴看到本书积极具体地回应了以上所提出的关切。世界环境教育界关切城市环境教育的发展已经很久了，但是这方面出版的专书论著却不多见。很欣喜地看到美国康奈尔大学的 Russ 博士和 Krasny 教授热情地投入此书的编辑，整合了世界各地 82 位环境教育方面专家学者的论述，完成了此本深具参考价值的著作。尤其是在城市人口占总人口比例越来越高的大陆，对于关心环境教育、环境规划设计、可持续发展教育等领域之学术界与实务界的工作伙伴，这本书是深具参考价值的。

多年来我应邀参与了不少大陆环境教育方面的专业发展与学术对话活动。很高兴看到环境教育目前在大陆现阶段以自然教育的名称、面貌与关怀如火如荼地推动着。这固然值得高兴，但若从长远与深化关怀的角度来看，目前自然教育的发展，因其名称、关怀主客体、社会脉络情境、积极目标等考虑下，对照着国际环境与可持续发展教育的发展与趋势，仍是有所不足的。这当然需要许多关心这方面发展的学术界、实务界的同好伙伴们持续共同深耕与努力。

很钦佩我的老友王西敏先生和他的同事邱文晖先生在百忙中，还能挤出时间将此书翻译成中文，我深深佩服他们在推动大陆环境教育发展中表现出的热情与行动力。本书中文译作的出版，无疑针对以上的城市主题与情境的关怀，提供了及时的帮助。我非常荣幸能够为本书的中文译作撰写序言。也期待未来不论大陆还是台湾关注环境教育与可持续发展教育的伙伴同好们，能够持续努力，出版更多有助于环境教育发展的中文论著与专作以飨同好。

周 儒
台湾师范大学环境教育研究所教授

中文版序二

教育工作者、老师和社区领袖正在通过环境教育、环境规划和环境行动提升城市的可持续性。本书试图消除城市生活与教育之间的隔阂，使城市变得更有复原力、更宜居、更公正以及可持续。本书英文版于 2017 年由康奈尔大学出版社首次出版。作为本书的编者，我们希望中文译本的出版能对亚洲城市的环境教育起到支持作用。

在最近几次访问中国城市的过程中，我们遇到许多正在提升城市可持续性、有远见的教育工作者和优秀的组织。例如，位于深圳的红树林基金会教育孩子和成人如何保护城市围绕着的独特海岸湿地。在上海的生态学校，老师、学生和家庭正在共同努力减少塑料废弃物的产生，建立校园花园，以及安装绿色屋顶。在北京、杭州和香港，教育工作者和志愿者带领城市居民在植物园、城市农场和公园里亲近自然。在中国一年一度的自然教育论坛上，我们也遇到了许多在城市开展教育项目的带头人。

像本书的作者们一样，中国的教育工作者相信城市能为生态与社会韧性以及可持续性贡献力量。虽然快速城市化是全球气候变化、污染、栖息地减少和高压力生活方式的原因之一，但城市居民仍能共同努力减少自己的生态足迹，恢复生态系统，让自己的社区变得更宜居。通过环境教育，我们还能引导人们利用好城市绿色空间，在人口密集的社区种植食物，了解城市生物多样性，并参与到本地的环境大事中。这些教育和管护活动终将改善我们的环境、公共卫生和健康福祉。

本书告诉我们，城市环境教育有助于人与自然在城市中共存共荣。全书共 30 章，由来自 17 个国家（包括中国）的 80 余位学者撰写，提供了城市环境教育方面的、可调整适用于其他城市和国家的多种国际视角。大学教授、在线课程讲师和工作坊培训师已经开始使用本书来培养专业教育人才。我们希望它能帮助环境教育工作者、环境管理者以及政府和社区领袖通过新颖有效的教育方法改善他们的教育实践。

在此，我们要感谢本书的所有作者，感谢他们通过研究和教学提升城市环境教育。特别感谢康奈尔大学的李悦博士协调本书在中国出版。同样非常感谢本书译者王西敏和邱文晖。最后，我们要感谢高等教育出版社和阿里巴巴公益基金会让中文版得以在中国出版。

Alex Russ 和 Marianne Krasny

2019 年 8 月于康奈尔大学

译者前言

这是一篇让我字斟句酌的序。因为，在“自然教育”已经在圈内明显占据话语权的时候，我却偏偏来推介一本讲“环境教育”的书籍，怎么看上去都有些不合时宜。

但我可能又是比较适合来作这个序的人。因为我于2006—2008年，在美国威斯康星大学斯蒂芬角校区（University of Wisconsin–Stevens Point）接受过正式的环境教育硕士的学术训练，且又是当前国内自然教育领域的积极实践者和推动者，参与了自然教育领域被奉为经典的《林间最后的小孩》的翻译。我一直认为，该书中提出的“自然缺失症”的概念，对“自然教育”这一说法在国内的流行起到了很大的作用。

在很多场合，我都被人问及怎么理解“自然教育”和“环境教育”的区别，我也听到很多人阐述的对两者区别的理解。其中一个网友曾经很肯定地说：“我做的当然不是环境教育。我看到我们这里的环境教育，就是台上的人空洞地号召要保护环境，而台下的听众却昏昏欲睡，哪里有自然教育这么互动、有趣、好玩。”

我对这样的论断一般会表示沉默。我认为，如果我们真的想区分好“自然教育”和“环境教育”，一定要在充分掌握了两者的历史和当前现状的基础上做出判断。而目前，鲜有人在这些方面同时具有良好的学术背景和实践经验，这不得不说是个缺憾。所以本书的翻译出版是件特别好的事。

这是由17个国家的82位学者共同撰写的一本具有全球视野的环境教育专业书籍，呈现了进入21世纪后，环境教育这一理论和实践并重的学科在世界范围内的最新发展趋势。本书为环境教育工作者提供最新的理论基础和一手的国际案例，有助于推动国内对环境教育的深入了解和研究，并指导优质教育实践的开展，全方位提高环境教育工作者的从业能力。本书可以帮助我们更好地理解，当国际同行说起“环境教育”的时候，到底在说什么。在此基础上，我们再来谈两者的区别也不迟。

这个时候，我特别想在这里表达对李悦博士所做工作的赞赏。李悦在康奈尔大学获得环境教育博士学位，推动了康奈尔大学环境教育和国内的交流合作，更是一直在推动“环境教育”和“自然教育”的在线课程。现在很多对自然教育感兴趣的小伙伴，都参与了她的系列课程。她在当前国内自然教育领域所发挥的作用，是非常独特的。我甚至说，如果未来有人要做中国自然教育发展历史的研究，估计都绕不开她所做的工作。也正是她，推动了本书在国内的翻译和出版。

与此同时，我也要感谢阿里巴巴公益基金会支持本书的翻译和出版。阿里巴巴公益基金会把自然教育作为重点支持方向，在推动国内自然教育发展上发挥了很大的作用。

最后，我想说，你做的是“自然教育”还是“环境教育”，这可能并不重要。重要的是，你在做什么事。

这是我强烈推荐大家阅读本书的理由。

王西敏
2021 年 9 月 10 日
于上海

原书序

城市驱动着我们的社会和文化，而且全世界居住在城市环境中人口的比例还在持续增长。同时，世界面临着像气候变化、食品安全和贫困这些难解决的问题，它们给城市和城市居民带来了巨大的挑战。汇集了世界各地案例的本书因此显得既及时又意义非凡。它由一群作家、科研人员和思想家编撰而成。关于我们如何利用教育的力量创造生机勃勃的城市社区以及更健康的城市环境，本书充满了各种远见和看法。

环境教育工作者长久以来试图改善城市生活质量并致力于促进城市中的环境保护。今天与以往的不同在于快速的城市化以及持续推进的土地开发，它们已经导致城市中人们越来越难接触到绿色空间，而周边自然区域也越来越碎片化。这样的城市化和发展趋势已经导致了严重的后果，比如贫富悬殊加剧、城市扩张对生态系统和物种的威胁加剧以及环境恶化对人类健康的威胁。全世界不论个人还是集体都面临着这些威胁，而许多人对此束手无策。

尽管形势毫无疑问很严峻，环境教育圈的人们还是从如此快速和持续的变化中看到了独一无二的机遇。城市化正在改变着文化景观，它让不同年龄、种族、民族甚至新移民等各类人群走到了一起。它汇聚了新的面孔、声音和观点。本书提供机会让广大读者从正在不断产生的这些新智慧中受益，让他们可以吸取过往经验教训，以便一起努力创造所有人都能拥抱的更光明的未来。

摆在我们面前的是令人振奋的机会，让我们可以探索“教育助力创造更可持续社区”方面的关键问题：我们如何让人们意识到生态系统服务的重要性以及它们与健康城市之间的关系？我们如何有效地在城市中让更多人与自然产生联结？利用集体影响的方式建立可持续社区意味着什么？我们如何创建公民参与的社区并建立他们之间的信任？我们如何设计教育项目，以创建有复原力、能应对气候变化挑战的社区？本书重点关注环境教育工作者如何在世界各地城市社区中让自己的工作有成效，它强调理解我们的城市足迹及其对环境质量影响的重要性。

我们期待看见本书激发出创新的观点以及推动城市社区工作的伙伴关系。它将持续提供各种观点和灵感，同时展示出那些越来越忧心的城市居民所面临的问题和挑战。本书的作者们为您提供了非常多样化和发人深省的资源，但是它的价值不在于它本身，而在于您以及不计其数的其他人如何利用它。如果您准备好迎接挑战了，那就翻开它吧。

Justin Dillon，英国布里斯托大学教育学院院长
Judy Braus，美国北美环境教育协会总干事
Kartikeya Sarabhai，印度环境教育中心主任
Luiz Marcelo de Carvalho，巴西圣保罗州立大学教授

目录

第四部分　参　与　者

第五部分　教 育 方 法

导 言

Alex Russ，Marianne E. Krasny

重点

● 城市环境教育促进了解城市的地方感、参与和伙伴关系，并有助于城市的可持续发展。

● 正如城市作为创新中心一样，城市环境教育也产生新的教育方法，对环境教育领域做出了更广泛的贡献。

● 本书把研究和实践结合起来，旨在帮助有志的和一线的环境教育工作者达成教育、青年发展和社区发展以及城市环境质量的目标。

背景

城市中的环境教育工作者面临着环境退化、贫穷和社会不公正等挑战。然而，他们也有充分利用丰富的人力资源和自然资源的机会。城市是持有不同观点、知识和价值观的人每天都会碰撞的地方；事实上，这些交流使城市成为“创新中心”。城市也是人们可以在标志性的城市公园中探访大自然，或者和邻居一起创造像社区花园和街心公园这样新的公共绿色空间的地方。城市环境教育工作者如何应对城市中的挑战和利用城市中的机遇来实现自己的项目目标，同时产生新的更宽泛的环境教育方法？考虑到地球上的大多数居民生活在城市中，城市环境教育是城市可持续发展的关键，甚至有可能产生创新来引导未来的环境教育。

城市环境教育的历史是环境教育历史的一面镜子。在 20 世纪之交的美国，自然学习运动的出现是为了回应人们的担心：随着儿童与家人一起从农场搬到城市，他们将失去对博物学知识的学习和体验机会。在 20 世纪 70 年代，环境教育工作者目睹了生活在城市里的孩子如何经历了污染和贫穷，他们设计了参与式行动方法鼓励年轻人来应对这些问题。近年来，城市环境教育工作者从环境艺术、生态恢复、城市规划、成人教育、青年发展和社区发展、社会－生态系统复原中获得灵感，设计新的教育方法。

我们把城市环境教育定义为任何为提升城市中个人及社区的幸福感和环境质量创造学习机会的实践。对不同的学习者来说，城市环境教育实践有着不同的目标，包括获取知识、自我效能感和形成社会关系的机会，并参与自然管理和政策行动。城市环境教育也同时为社区成员创造因为当地环境修复、规划、政策和其他环境行动而聚会的机会。通过这些方式，城市环境教育为城市的可持续性和复原力做出了贡献。

尽管可持续性历来强调自然资源保护和社会经济发展的协调，但复原力“将那些渴望控制系统变化的政策转变为稳定的、管理社会 – 生态系统的能力，以应对、适应和塑造变化”（Folke et al.，2002，p.13）。应对、适应和塑造变化对于面临气候变暖威胁的世界至关重要。当城市经历洪水、热浪和其他气候相关的灾难，我们看到复原力的概念得到普及。一些可持续发展的学者也认识到变革的重要性，认为：“可持续性不是一个固定的、完美的状态，而是一个对生态过程变化以及人类文化和制度变化做出反应的不断发展的状态”（Newman and Jennings，2008，p.9）。因此，可持续性和社会 – 生态系统复原力是相关的概念，都是城市环境教育的目标。在认识到复原力日益增强的重要性的同时，本书中的作者更常用“可持续性”这个术语。在本书中，城市可持续性指的是城市为人类、社区和生态系统提供繁荣和发展的机会，同时通过较小的适应性调整或在某些情况下发生较大变化的方式，不断应对全球和当地的社会与环境变化。

城市环境教育如何促进个人和可持续成果的一个例子来自社区园艺教育项目，这些项目在多章中提到。通过社区园艺，参与者建立自我效能并与其他园艺工作者建立联系，同时将空地转变为促进邻里关系并提供食物和野生动物栖息地的场所。在许多情况下，积极的反馈内容从个人成果（如自我效能），到可持续成果（如增强绿色空间），从而为心理健康和其他个人和社会福祉创造机会。随着越来越多的城市居民参与绿色活动，他们对传统的认为生活在城市中的人们只关心社会问题，关心他们的同类与照顾我们的环境不相容的观点提出了挑战。事实上，社区健康依赖于城市绿色空间和环境质量的其他方面。简言之，城市环境教育对个人、社会和环境都有帮助。

关于本书

本书的目的是加深我们对城市环境教育促进城市可持续发展的理解。书中认为，环境教育工作者不需要去寻找遥远原始的自然来实现他们的目标，而是可以在他们的家门口利用城市自然环境。在理论和实践的基础上，本书的各章提供了新的方法来教授城市环境和参与城市规划、环境管护和治理。

为了涵盖城市环境教育的主题，我们组织了一支由 82 名环境教育及相关领域的学者构成的国际团队。在本书的 30 章里，这些学者分享了他们对城市作为鲜活的环境和教育创新实验室的迷恋。每一章都简要地回顾了相关的研究和实践，提出了加强城市环境教育的思路。本书由五个部分组成：城市背景、理论基础、教育场域、参与者和教育方法。

在城市背景的章节中，回顾了城市化和可持续城市的特点，并且描述了以绿色转变社区、快速发展的城市以及发展中国家城市为背景的城市环境教育。理论基础部分，则探索了批判式环境教育、环境公正、地方感、气候变化教育、社区资产、信任和环境治理。在教育场域部分，探讨了城市环境教育融入非正规教育机构、城市社区、小学和初级中学以及大学校园。城市环境教育涵盖任何城市居民，在参与者的章节中，讨论了和儿童、青少年及成人的教育活动，处理有关代际教育、全纳教育和教育工作者专业发展的问题。最后，在教育方法的章节中，探讨了城市环境教育使用的方法和工具：城市即教室、环境艺术、探险教育、城市农业、生态修复、绿色基础设施、数字化城市故事和参与式城市规划。最后一章则总结了五个城市环境教育的潮流。

读者可以按照任何顺序探索各章节，并根据不同的文化背景调整内容。本书对在城市中任何机构工作的环境教育工作者和在大学学习的未来城市环境教育工作者都有帮助。对于想要了解如何最好地与教育同事合作的当前的和有抱负的环境专业人员也很有用。此外，影响城市发展以及希望把教育理念融入自己项目的规划师和其他决策者也可能对本书感兴趣。

交叉主题

本书中的各章展示了城市中环境教育项目的多样性和丰富性。与此同时，出现了共同的交叉主题。这些主题被统称为非正规城市环境教育，“将环境内容和城市学习者的日常生活相关联，确保学习者的自主性，并将环境教育提供者的机构整合到城市环境更广泛的社会机构中”（第 12 章）。将内容与学习者的生活相联系需要关注城市的地方性；确保学习者自主性反映参与式环境教育方法；整合机构意味着管理方法和其他的伙伴关系。简而言之，这一表述反映了我们从章节中提炼出的交叉主题：地方感、参与性和伙伴关系。

地方感

通过介绍丰富的实践，本书展示了环境教育不再仅仅是让城里的孩子到外面体验原始的自然，而是在城市中采用了一系列令人印象深刻的方法，从自然游戏到绿色基础设施创建，再到艺术和政治行动。此外，从第1章开始，作者重新定义了城市。城市不是在原始景观上制造光污染，而是可以找到自然并提供生态系统服务的地方。此外，考虑到城市人口日益增加，有一点也很重要，即城市是学习者可以轻松观察生态系统和社会过程如何紧密交织的场所。第12章则反映了城市地域的特殊性在环境教育中起到的重要作用："在城市环境背景下，把内容和当地相关的状况联系在一起同时考虑社区关注点可能对于对抗'封闭式'自然项目的传统概念来说尤其重要。"

除了要求在城市进行环境学习外，书中还讨论了参与者如何在其他环境教育项目中规划和积极重建城市地方感。例如，第6章"环境公正"中说到，"整合环境公正的城市环境教育帮助参与者用更公平、更可持续的方式来建构、批判和变革我们的城市。"总结地方主题，第7章"地方感"描述了环境教育如何帮助城市居民重现、重构和重建他们的城市社区以及城市作为合法的社会–生态系统值得研究、管理和规划，并在这样做的过程中，帮助居民发展城市的生态意义。

参与性

几乎所有的作者都提到了城市环境教育的参与式方法。虽然这个主题在非正规教育情境下占优势，但在学校教育和教育政策的章节里也有提到。例如，在第3章"亚洲四小龙"里，就包括了对参与式的全校教育和探究式学习的描述。

本书中提到环境教育中的四种参与实践：参与作为和自然的接触、参与作为行动、参与作为社会学习和参与作为协商对话（Læssøe and Krasny，2013）。第16章"儿童时代"描述了儿童在城市大自然中度过的时光，同时也采取行动解决他们在户外感受到的问题。关注参与作为社会学习，第5章"批判式环境教育"指出"解决气候变化等难解的可持续发展问题需要形成教育和治理形式，为合作和社会学习创造新的空间"。从协商对话的角度持续关注难解问题，第10章声称"虽然指令性的或强调快速技术性修复（例如回收利用）的环境教育项目可能影响对环境负责任的行为，但它们不可能帮助参与者产生解决（难解的）城市可持续发展问题所需的创新方案……环境教育的参与式方法……是关键”。

但是，参与并非没有挑战。例如，第4章“城市即机遇”谈到印度参与式环境教育所面临的挑战，包括文盲、社会经济差距和文化偏见。此外，在某些情况下，例如当一个城市遭受迫在眉睫的洪水威胁时，政府法规、社会营销手段以及其他更多政府指导的方法都是需要的。此外，当参与式方法和象征主义相联系或声称青年人是主要决策者时，会遭受到批评，事实上成人指导是必要的，并且在幕后很突出（第17章）。认识到对参与的合理关切的同时加强地方感的概念，第29章声称“参与性努力——从可持续交通系统的区域规划到社区绿色通道规划，以及创造儿童玩耍的安全场所——让人们参与到场域决策的过程中，都发挥着至关重要的作用”。

伙伴关系

作者讲述了多种类型的伙伴关系或跨界合作，其中有一些尚未在环境教育文献中广泛讨论。其中包括了跨学科、跨种族和文化差异、跨组织或政府机构的伙伴关系，这些伙伴关系都是为了解决难解的可持续问题。Andrade和其同事（第4章）总结了伙伴关系的重要性：“在过去的二十年中，巴西已经认识到，目前的环境状况过于恶劣，无法将环境教育作为个别举措加以实施。”第12章提到伙伴关系时，指出“环境教育也包括公共卫生、环境公正、社会公平、多元性、公正和其他关注点，其中很多关注点在城市背景下显得更强烈”。

聚焦跨学科的伙伴关系，第27章描述了位于美国威斯康星州密尔沃基的城市生态中心，“展示了绿色建筑、太阳能发电站、公共艺术和城市荒地如何转变成为公园、河岸栖息地、教室以及攀岩墙……类似这样的教育项目有强大的能力把一些学科（如土木工程、景观建筑学和建筑设计）串联起来以追踪生态和人文过程，而所有这些都是基于学习者的生活环境的。”第10章更广泛地描述了整合社会和生态学科以培养环境素养和解决城市环境中难解问题的重要性。

谈到跨社会部门的伙伴关系，第26章指出，在本地生态系统修复的项目中，教育应包括“有意识地形成伙伴关系；整合当地价值观、传统习俗以及社会经济和生态等方面的考量；对多样文化和权力问题保持敏感度。

否则，可能导致曲解、失败甚至环境不公”。尽管作为环境教育工作者，我们经常谈论多元化，但我们的目标并不总是很清晰（例如，尝试帮助边缘化人群的多元化努力或寻求从多个角度参与以创造可持续发展创新）。第 13 章争论到，“平等的知识分享”，“揭示了一个微妙的视角变化，扩大现有的外展活动项目，从更包容一些非传统意义上的受众”到“承认和尊重每一个人的知识和经验”。在做这项工作时，或许我们可以问自己的最重要的问题是：当我们要与他们分享我们的专业知识时，我们是否也愿意从合作伙伴那里学到很多。

最后，虽然第 10 章和第 11 章专注于治理，但许多章节通过描述与政府、大学、企业和民间社会团体的伙伴关系，也间接涉及这一概念。这种伙伴关系可能开始于很小的努力，比如建立正规和非正规教育机构之间的联系，然后扩大到没有直接参与环境教育的参与者。一个来自新加坡的例子（第 3 章），“采取了被称为 3P（People，Public，and Private）的结合公众、政府部门和私人企业的跨部门伙伴合作策略来提升城市环境教育。通过建立来自政府部门、非政府机构和企业联合的环境顾问网络，加强把再循环、能源和水资源保护问题纳入正规课程的努力。”环境教育工作者也“帮助在市政府管理者和居民之间搭建桥梁”（第 2 章）。

地方感、参与性和伙伴关系：实践运用

教育工作者如何为城市可持续性做出贡献？本书的作者和编辑不提供一套处方。相反，我们鼓励教育工作者和有抱负的教育工作者阅读各章节，从研究中以及学生和实践者那里学习，并且认识到教育是从错误中学习并建立在良好工作基础之上过程的一部分。教育也是根据我们学习和观察的情况调整我们实践的一种过程，在某些情况下，我们会根据新情况的变化更加彻底地改变我们的做法。 本着这种精神，我们提供了一套反映三个交叉主题的原则：地方感、参与性和伙伴关系。

首先从立足城市当地设计您的项目开始。这意味着承认城市是值得珍视的地方，包括它们的自然和文化元素。这也意味着不仅帮助参与者获得针对建筑物的生态意义，而且包括对野生动物、绿色基础设施以及城市户外娱乐和环境管护机会的生态意义。重要的是，这意味着开辟、恢复和创造有助于城市可持续发展的新城区。通过基于网络的技术，围绕当地而设计项目的参与者可以与其他地方类似项目的参与者相互了解和交流想法，并了解全球可持续发展问题。这样，从城市开始的项目可以参与区域和全

球的社会和环境活动以及政策工作。

设计项目的时候尽可能地把参与纳入进来。这里所说的“参与”包括与自然接触、行动、社会学习、协商过程。但不要矫枉过正。例如，在某些情况下，当儿童和社区面临直接威胁或者项目要求有“工具性”结果时（例如，培训成年人修剪树木，第 18 章），需要采取更多指导性方法。并且知道如何平衡参与者自己行动的能力与他们对指导的需求是一个重要的考虑因素（第 17 章）。

最后，战略性地在您的项目内以及您的组织和其他治理参与者之间建立伙伴关系。弥合学科、种族、文化和组织上的鸿沟对于解决“难解的”环境问题至关重要。伙伴关系也可以设计得更具体，以实现项目的目标：例如，旨在培养和生态有关的地方感的项目中，哪些学科、个人和组织将有助于把“叙述故事”纳入其中？我的组织的生态位是什么？以及与哪些组织合作，为我所在城市的绿色空间规划做出贡献？

结论

正如城市是技术和社会创新的中心，本书各章展示了城市环境教育如何产生教育创新。特别是，城市环境教育为参与者提供了重建场域的机会，重现了城市中的地方感，并因此在改变世界上大多数人口居住地方面发挥了积极作用。城市还为环境教育提供了机会，试验和整合多种形式的参与，从社区花园到天然河流，从沿海海岸线到绿色建筑，从艺术装置到城市公园等。最后，密集的城市管理组织网络使环境教育工作者能够形成战略伙伴关系，并成为环境治理网络的一部分。关注我们与地方感、参与性和伙伴关系相关的思考和行动方式可能会为环境教育领域提供更广泛的思想、启发和资源。它也可能帮助我们进行应对气候变化和未来可持续性问题所需的创新。

致谢

我们要感谢来自世界各地的许多城市环境教育工作者。他们激励了我们去了解城市中的可能性。我们要感谢 Richard Stedman、Tania Schusler、Thomas Elmqvist 和其他学者。他们帮助我们理解城市里的地方感、参与性和伙伴关系。最后，我们要对支持我们的家人表示最深切的谢意。

本书根据美国环境保护局（EPA）授予的第 NT-83497401 号辅助协议出版。它没有经过 EPA 的正式审查。所表达的观点完全是作者的观点，

EPA 并不认可任何提及的产品或商业服务。

参考文献

Folke，C.，Carpenter，S.，Elmqvist，T.，Gunderson，L.，Holling，C. S.，et al.（2002）.*Resilience and sustainable development：Building adaptive capacity in a world of transformations.* Stockholm，Sweden：Environmental Advisory Council，Ministry of the Environment.

Læssøe，J.，and Krasny，M. E.（2013）. Participation in environmental education：Crossing boundaries within the big tent. In M. E. Krasny and J. Dillon（Eds.）. *Trading zones in environmental education：Creating transdisciplinary dialogue*（pp. 11–44）. New York：Peter Lang.

Newman，P.，and Jennings，I.（2008）. *Cities as sustainable ecosystems：Principles and practices.* Washington，D.C.：Island Press.

第一部分

城 市 背 景

第 1 章　优化城市化

David Maddox，Harini Nagendra，Thomas Elmqvist，Alex Russ

重点

● 城市是人类的栖息地——是人类、基础设施和自然的综合体——并且是人和自然关系以及全球可持续性的关键。

● 我们需要有复原力的、可持续的、宜居的、公平的城市。

● 城市环境教育能够帮助澄清一些常见的误区：比如城市是生态荒漠；自然只存在于荒原中；城市里的人既不关心自然，也不需要自然。

● 讲述“优化城市化”的故事在城市环境教育中发挥着至关重要的作用，这种讲述包括城市化的全球性加速和城市化带来的前景。

引言

人类如何设计城市和我们如何在城市中生活，是我们在未来为可持续性而奋斗的关键。随着城市的发展和新城市的兴建，越来越多的人选择或者要求在城市生活。我们关于城市设计和城市建筑的决策将会决定与复原力、可持续、宜居、公正等相关的长期性挑战的结果。与其说城市是导致我们面临的全球环境危机的关键因素，不如说城市是成功战胜这些危机的关键。这种成功必须建立在科学和政策上，同时也要有广泛的公众参与和理解城市中所面临的挑战与潜在解决方案这两方面的因素。环境教育可以在通过澄清和传递为了取得可持续的、有复原力的、宜居的和公正的城市所需要的挑战、价值、行动、方法上，促进公众参与发挥关键性的作用。

什么是城市?

城市空间的核心是各种尺寸、密度和物理布局的人类居住区。多数的大都会、城市、村镇乃至有组织的规划组成了大都市区域的“城市”。这就是说，城市包含了一系列多样性和容量的空间，而不仅仅是一种形态。

被大量田野所围绕的密集而紧凑的欧洲城市是一种形态。典型的美国城市和它们的扩展是另一种形态。花园城市、集群的镇子和其他城市类型都有相同的地方。

这些多样化城市的共同特征是什么？人和由人组成的社区就是其一。建筑、街道和各种灰白色的基础设施是其二。其三则是自然。把自然算成城市的一个关键特征并不是说我们认为自然是个理想化的或者希望如此的特点。无论是在其边界内还是与更广阔的景观相联系，自然都是每个城市的属性，这是因为城市既是社会空间和设施空间，也是生态空间。它们是生物和非生物的多功能生态系统组成的社会－生态空间。从这一点来说，城市是关键的人类栖息地。

城市是与周边郊区和农村地区沿梯度存在的自我生态系统。承认这一点，不仅对世界范围内城市区域的人文性和宜居性有深刻的影响，也能更广泛地促进全球的可持续性。城市化正在全球范围内全面推进。作为一个为了地球福祉的积极正面的概念，城市化也被全球深思熟虑的学者和理念先进的城市领导者所接受。它也被参与决策制订的和一线的人们所实践着，这些人正在通过逐个街区地增添社区花园、城市行道树、公园和嵌入式的自然区域等方式让城市变得更美好。讲述这些优化的故事——既包括全球加速的城市化也包括城市化所能带来的福祉，是正在形成的城市环境教育的关键责任。

增长的城市

世界日益城市化、互联化、不断变化。按照目前的趋势，到了2030年，全球的城市人口估计会在49亿人，差不多是2000年人口的两倍。而这期间，城市面积将扩大三倍。这就意味着，城市面积的扩展会比人口增长更快（Elmqvist et al.，2013）。这种人类居住区域的大规模变化将会在区域性和全球性层面都带来不可避免的生态后果。

事实上，60%以上的2030年城市将拥有的面积目前都尚未修建（Elmqvist et al.，2013）。在非洲撒哈拉以南地区、中国和印度这三个区域，预计城市人口将增加十亿多人。到了2030年，将有三分之一的世界人口居住在中国或者印度（Seto，Güneralp，and Hutyra，2012）。非洲的城市化进程将会比其他各洲都快，它的城市人口预计将会翻倍，从2000年的3亿到2030年的7.5亿。非洲大约75%的人口增长预计将发生在那些少于100万人的城市里。非洲城市往往是治理结构薄弱、贫困水平高、环境管护和科学能力低下的定居点。目前，超过43%的非洲城市人口生活在贫困线以下，这一比例远远超过其他洲，使得发展社会经济成为优先议题。一般来说，国家控制无力、正规经济部门薄弱和当地专业技能的缺乏，都将限制对快速城市化带来的复杂环境挑战的反应。即使在当前的形势下，全球的城市区域也正面临着严峻的挑战，比如自然资源短缺、环境退化、气候变化、收入不平等和贫困加剧带来的人口和社会变化、对旨在减少生态影响的可持续性过渡的管理不足等。

气候变化、增长的流动人口和生态退化都将给城市和社会带来严峻挑战。然而，城市化进程也意味着更多机遇。例如，60%以上的2030年城市将拥有的面积目前都尚未修建，就是一个很好的可以避免重复过去城市建设中失误的机会。我们在城市中修建的基础设施，诸如公路和建筑，以及如何使用自然资源等方面都将长期陪伴我们。无论是对人类还是自然来说，如何让正在出现的大量新建筑朝正确的方向发展，当前正是一个好的机会。

价值观

未来我们想要建立的城市是什么样子？我们将在其中生活，也希望它既对人类宜居也对环境友好。在其中的“自然”又是什么样子？城市建设需要远见。这种远见是建立在目标和价值观基础之上的。愿景、目标、价值、行动，以及科学数据和实践经验，都是教育的本质，也包括环境教育。

当然我们的城市也应该具有**复原力**。即使在经历了“百年不遇的灾害”——这样的灾害也越来越频繁——城市依然存在。我们的城市也应该是**可持续的**。我们需要维持消费和资源的平衡，确保它们能在未来无虞。一旦我们以这样的愿景来建设城市，我们也知道城市应该是**宜居的**，因为大多数人会在城市生活。公正也必须是城市环境的关键因素。长期以来我们致力于建设**公正**的城市，然而很大程度上失败了。

我们理想中的城市应该具有以下特征：有复原力、可持续、宜居和公正。哪些价值观是这些目标的基础？至少应该包括包容性、平等、尊重人和知识、创新，以及保护。

《联合国城市可持续发展目标》就全球共识中什么是重要的提供了一些指引（United Nations，2015）。2015年在获得批准的17个可持续发展目标中，有一项是专门针对城市的，第11项：“使得城市包容、安全、有复原力和可持续。”这个目标为我们在新兴的城市世界中应该如何研究、使用、分享和教导城市的运营价值观提供了一个路线图；这个路线图还应该把目标瞄准开放空间、可持续的环境管护、到达自然的便捷性和自然的无数好处和服务。无论直白地还是含蓄地来看，第11项目标的核心和我们改造城市的一般方法的核心都是自然。自然既是我们在有复原力、可持续、宜居和公正这些方面要求城市具有的本义特征，也喻示了我们渴望的城市类型。

城市环境的丰富性

为什么我们需要关注城市化对生态系统的影响？除了自然的内在价值，城市生态系统是人类福祉的关键，最终也是城市有复原力和可持续的关键。因为城市里的自然有明显的好处，它对所有人都是有益的。城市的快速扩张——特别是缺乏合理设计和有效管理的扩张——导致的环境问题日益明显。城市扩张在全球范围内导致了城市内及周边自然区域的退化和破坏，把森林、海岸红树林、湖泊和湿地变成大片的混凝土区域，让原本生机勃勃的生态系统受到严重的污染和破坏。

然而城市并非贫瘠的。相反，城市往往具有很高的生物多样性（Aronson et al.，2014）。城市可以成为迁徙鸟类的关键停歇点。有些城市本身就是生物多样性热点区域。它们保留有数量不多、但是由本地物种和外来物种组合而成的富有生机的生物多样性（Faeth，Bang，and Saari，2014）。这种城市物种和栖息地的组合提供了一系列生态系统服务功能，是城市可持续发展的关键，特别是保证了城市的活力。湿地可以清洁被工业和生活污染的水源；树木可以净化空气；城市生态系统为昆虫、鸟类、蝙蝠和其他传粉者、城市野生动物提供重要的栖息地。

对人类来说，身处绿色空间可以让身体感到舒适，缓解精神上的压力。城市绿色空间不仅仅是城市公园，也包括大量的或大或小的城市区块，比如湿地和水坑、行道树、街心公园、社区花园，甚至商场里的生态空间。各种人群和社区在这样的区域里和自然接触，包括公民机构（例如公民团体、活动家）、政府、企业等（Kazemi，Beecham，and Gibbs，2011；Beninde，Veith，and Hochkirch，2015）。公园、社区花园、绿荫覆盖的人行道、湖泊和海岸都为不同的城市居民聚集和加强社会联系扮演着重要的角色。

城市里的自然区域还经常被居民作为文化意义上的重要地点，在亚洲、非洲和其他地区，有时还被作为神圣和崇拜的区域。在纽约，移民和其他居民在自然区域和公园里展示他们的关爱，进行管护工作和精神体验练习[①]（Svendsen，Campbell，and McMillen，2016）。城市生态系统也为城市的生存提供了资源，通过对鱼、草药和蔬菜、饲料、薪柴和其他资源的利用为弱势人群提供了食物和生活上的保障。许多城市生态系统历史上作为城市公用场所，在匮乏和需要的时候为整个社区提供集体资源。

除了加强个人和社区的福祉，城市自然区域还为减少诸如污染和气候变化等区域性或者全球性的环境问题提供了缓冲空间。同样，通过城市农业、城市绿色空间为穷人抵御经济危机和食品安全提供了帮助。总而言之，城市绿色空间是全球可持续性的关键，需要认识到其在人类维护整个生物圈中的积极作用（Elmqvist et al.，2013）。

城市所面临的严峻的环境和生物多样性挑战是毋庸置疑的。但要是说城市在生态上毫无价值，或者是全世界所有环境问题的根源，则毫无道理。然而，确实有很多城市，特别是在发展中国家的城市，正在经历绿色空间和开放空间的危机。缺乏可造访的绿色和开放空间造成了人和自然极度贫困的状况（Wolch，Byrne，and Newell，2014）。因此，充分利用高质量的城市绿地是一个影响到生活质量和社会公正的生态和社会问题。我们必须保持警惕，为所有市民保持这样的通道，让城市恢复绿色空间和建设新的绿色基础设施；因为这样的城市可持续发展的举措往往吸引年轻和高收入居民，却排斥了那些买不起房子的永久性的居民，或导致所谓的“环境绅士化[②]”。

教育的责任

在优化城市化的世界里，城市环境教育能够发挥关键作用。关于城市作为生态空间的故事应该向城市里的居民或者之外的人们讲述，包括对成人和对青少年——他们正成为世界范围内增长的城市里的主要人群；也包括对我们城市的政府、商业领域和公民社会的领袖——他们是人工环境和自然环境的决策者；同时也包括对我们日常生活中的每一个人。这样的故事会对未来城市的居住者保护、关爱、甚至重建他们城市环境的意愿产生

① 精神体验练习通常带有宗教色彩，被看作是通往某种精神目标（比如救赎、解脱）的一条道路。——译者注

② 绅士化（gentrification），指城市在发展的过程中，一个旧区从原本聚集低收入人士，到重建后地价及租金上升，引来较高收入人士迁入，并取代原有低收入者的社会现象。——译者注

关键性的影响。

尽管领导者和教育工作者可以沟通城市环境、人类和全球环境健康之间的联系，他们还可以传递很多理念。这些理念包括：在城市环境中仅仅记录到物种的出现并不一定表明环境健康；无意识地使用杀虫剂和种植外来物种可能会剥夺本地动物的觅食和筑巢环境；城市环境中许多物种的长期存在可以归因于良好生活意愿的文化传统，比如印度城市里的猕猴、叶猴和猛禽；当地食品的多样性生产方式是维护本地健康的首要因素；不仅仅是富人，而是所有人都有权利享受生态系统服务；消费方式和交通方式的选择是全球可持续化的关键因素。最后，教育工作者可以传达绿色城市设计与有复原力、可持续、宜居、公正之间的关联。

在讲授城市生物多样性、生态系统服务和自然，以及城市里人工环境与自然环境之间千丝万缕的联系这类故事中，城市环境教育可以挑大梁。城市环境教育由于对本地文化环境敏感，在城市社会生态系统思维中融入科学见解，可以通过鼓励居民关心他们的环境，并给予他们行动所需的知识进而带来极大的变化。城市环境教育还鼓励人们采取直接的行动，通过亲身体验以及与社区园艺类似的集体管理实践学到知识，而不通过直接教学。通过这种积极参与学习和对管理实践的反思所学到的东西，可能会使人们在未来的环境实践和与政策有关的决策中能更好地有见识地参与。

城市环境污染和退化带来的严峻挑战——以及它们和有复原力、可持续、宜居和公正的关系——很容易快速地导致纯粹悲观的叙事陷阱。然而情况并非如此。除了叙述生态损失和人类福祉的重要性之外，我们能够发掘和传播关于真实改变的积极信息。这些信息同时传达事实、挑战和可能的解决方案。我们必须强调生态的、社会的、技术的解决方案的重要性，与此同时，解决平等、冲突和排外带来的挑战。

因此，在关注意欲达到的人类、社会和环境结果的“为什么”问题的同时，城市环境教育领域也同样关注过程中的“如何”问题。这需要帮助人们去理解——经常通过亲自参与管理和相关的实践——在自己的城市和社会生态环境中，如何引发并扩大社会和环境变化。在这方面，城市环境教育可以发挥只有它能填补的关键作用，通过帮助人们学习和创造绿色基础设施，影响城市规划和设计，改变个体的行为，并承担集体环保行动来助力创造性的重新建造、重新设计和重新开发现有的和新兴的城市。

结论

新兴城市世界的城市环境教育面临多重挑战。是否存在一个独特的城市视角的环境教育？在很大程度上，这是本书的主题。我们知道，某些既定的环境假设必须在现代城市环境中加以调整：比如大自然只能在荒野中找到；城市是可持续发展的敌人；城市是生态荒漠；城市居民不与大自然接触。所有这些都是错误的或误导性的。

我们怎样才能推进一个服务于人民和我们的星球的城市愿景，一个从根本上充满价值观的愿景？从深度和广度上来说，城市是为人民和地球服务的关键的自然热点地区。大自然存在于城市中，它需要被播种、成长和培育为一个公共空间。更重要的是，世界各地的城市居民正在创造创新的方法来同时解决社会和语境的不公正。这些故事必须告诉学生、老师、领导者、社区公众和我们自己。这是在全球化的语境下推动进步的城市环境思想中，新兴城市环境教育关键和必不可少的作用。讲述这一关键的故事是在 21 世纪的城市里环境教育所面临的挑战。

参考文献

Aronson，M. F. J.，La Sorte，F. A.，Nilon，C. H.，et al.（2014）. A global analysis of the impacts of urbanization on bird and plant diversity reveals key anthropogenic drivers. *Proceedings of the Royal Society B*，281.

Beninde，J.，Veith，M.，and Hochkirch，A.（2015）. Biodiversity in cities needs space：A meta analysis of factors determining intra urban biodiversity variation. *Ecology Letters*，18（6）：581–592.

Elmqvist，T.，Fragkias，M.，Goodness，J.，Güneralp，B.，et al.（2013）. Stewardship of the biosphere in the urban era. In T. Elmqvist，M. Fragkias，J. Goodness，B. Güneralp，et al.（Eds）. *Urbanization，biodiversity and ecosystem services：Challenges and opportunities：A global assessment*（pp. 719–746）. Dordrecht：Springer.

Faeth，S. H.，Bang，C.，and Saari，S.（2014）. Urban biodiversity：Patterns and mechanisms. *Annals of the New York Academy of Sciences*，1223：69–81.

Kazemi，F.，Beecham，S.，and Gibbs，J.（2011）. Streetscape biodiversity and the role of bioretention swales in an Australian urban environment. *Landscape and Urban Planning*，101（2）：139–148.

Seto，K.，Güneralp，B.，and Hutyra，L. R.（2012）. Global forecasts of urban expansion to 2030 and direct impacts on biodiversity and carbon pools. *Proceedings of the National Academy of Science*，109（40）：16088–16093.

Svendsen，E. S.，Campbell，L. K.，and McMillen，H.（2016，in press）. Stories， shrines, and symbols: Recognizing psycho-social-spiritual benefits of urban parks and natural areas. *Journal of Ethnobiology*.

United Nations. (2015). Sustainable Development Goals. Retrieved from http: //www.un.org/sustainabledevelopment/sustainable-development-goals.

Wolch, J. R., Byrne, J., and Newell, J. P. (2014). Urban green space, public health, and environmental justice: The challenge of making cities 'just green enough.' *Landscape and Urban Planning*, 125: 234–244.

第2章　可持续城市

Martha C. Monroe，Arjen E. J. Wals，Hiromi Kobori，Johanna Ekne

重点

● 对同一地方的多种视角可能引起冲突，也可能产生促进城市可持续发展的创新方法。

● 在世界各地的城市中，小规模的可持续性创新正在兴起，这可能成为其他城市的模范。

● 公民科学和其他形式的公民参与数据收集都属于创新的做法，监测这些创新做法的产出可能有助于它们产生效果。

● 环境教育工作者可以同政府和其他部门合作，帮助吸引、协调和支持那些激励公民参与城市绿化的联盟。

引言

世界各地的城市正在创造独特的方法来应对社会和环境方面的挑战，向可持续性靠近。带着远见和愿景，城市居民们在利用各种机会去了解：哪些策略能够改善他们的社区，同时使用更少资源和产生更少废弃物。虽然这些创新很少涵盖整个城市，但是它们依然重要。因为它们指明了一些发动居民参与有意义的决策和行动的新方法。本章特别挑选了来自瑞典、日本和荷兰的城市可持续创新案例，探索它们成功背后的普遍原则，阐明教育和学习在它们的努力当中的角色。

这些案例的共同因素是，人们通过多种方式发动城市非营利组织和政府机构管理者参与到居民行动中。他们在参与式决策能力建设过程中，一同了解可持续性。大家贡献自己的想法和点子，并意识到自己的贡献是重要的。他们收集数据，帮助其他人更有效地应对问题。

我们的案例展示了居民与专家型管理者在促进城市可持续创新方面的各种互动。尽管有挫折、变幻的形势甚至反对的声音，这些案例经受住了初始阶段的考验，继续成长并完善自身的成效。这些案例也因此成为对

“可能实现的未来世界”的有用一瞥。

瑞典：受可持续性启发的马尔默市创新

马尔默是瑞典第三大城市，人口大约 30 万人。该市在过去十年间采取了重要的措施发动居民参与到可持续性行动中。市长是一个意志坚定的进步分子，在城市规划方面有专业的背景，他带领的一些工作达到的成效引起了国际社会的关注。市政工作人员引领了许多可持续性的策略，同时当地居民也通用一些机会去参与改善社区和环境健康的行动。

奥古斯滕堡是一个居住着 3000 人的公共住房社区，它发动居民一起探索应对关于雨水径流的可持续性问题的方式，从中也展示了他们遇到的机遇和挑战。起初的社区会议并没有产生很多参与行动，于是该市聘请了一位社区参与方面的专家来发动居民。他协调人力拜访各家各户，与咖啡店和运动场的人们聊天。专家询问人们，他们希望自己的社区有什么样的改变，如何变得更有吸引力，他们如何为此贡献自己的力量，他们能为此带来何种兴趣和技能。随着项目的进行，工作人员显然聆听并采用了居民的观点，因此赋予了他们更多的参与积极性。居民们发明了雨水下水道新设计和社区兔棚，创造机会种植花圃。

同时，城市的从业人员努力让更少的水汇入混合雨水和污水的下水道系统。他们把一座市政建筑的屋顶改造成绿色屋顶，并试验用最少的土种植景天科植物和苔藓。一次生态友好型的竞赛带来了减少废水产生的洗衣设备的新设计。获奖的设计使用的是自动给皂机，以保证质和量，并使废水在流入溪流之前经过一个小的消化槽和池塘的处理。因此，雨水径流减少了 80%，并且出现了许多其他的可持续创新，从前破败的、犯罪猖獗的社区重新变得令人满意并吸引新的居民入住。

在马尔默市发现，当城市拥有建筑（如市政办公楼或公共住房）或对其能源和其他政策负责（如通过合同要求对能源使用设限）的时候，问题是最容易应对的。通过把环境和社会问题当成实验和学习的机会，马尔默市使用了各种形式的城市环境教育，如社区讨论和竞赛，并依此产生和选择新观点。这种结合协作适应性管理（Berkes，2009；Monroe，2015）和社会学习的方法使人们得以朝新观点的方向前进，并在途中获得更多支持。

在雨水径流的那个案例中，该市有意发动居民设计新基础设施，并用这些基础设施直接应对雨水径流问题。在另一个案例中，该市设计出新基础设施来激励人们改变行为，但之后发现，预期行为改变的产生需要额外的措施。为了在马尔默紧凑平坦的城市中增加自行车骑行者，市政当局从改善骑行安全着手。他们创建了大约含500千米自行车道的广泛网络，把骑行者与机动车分离，强制机动车时速限定在40千米，让骑行者在十字路口享有优先权，清理街道积雪时也首先清理自行车道（图2.1）。这些政策和基础设施的改变对改善骑行安全来说是至关重要的，但是增加自行车的使用仅靠骑行安全的改善是不够的。

图2.1　自行车专用道让瑞典马尔默市的自行车骑行变得容易。
资料来源：Martha C. Monroe

该市开发了一个项目，通过签署合同，鼓励居民在三个月合同期内，把汽车留在家中，骑自行车出行。此外，他们还能收到像雨衣和头盔这样的小礼品，在机构简报中被公认成为自行车骑行社区的一员，以及获得前后健康检查对比来追踪个人变化。居民用日志的形式持续记录自己的经历，与同伴碰面和讨论行为改变过程中的挣扎与成功时刻，增强他们成为新社会规范一部分的归属感。这种结合信息、激励、同伴支持和反馈的形式整合了多种社会营销策略，从而重新构建了行为习惯的格局（McKenzie-Mohr，2011）。

组织者认为，尝试新事物的行为增加了人们对该行为有关信息的接受能力，让他们更愿意提供有关该行为的价值观的及时积极反馈。许多新的自行车骑行者在合同期过后许久仍然保持骑自行车的习惯。

日本：用公民科学促进城市可持续性

横滨是日本第二大城市，人口 370 万人。作为 1859 年第一个向世界开放的日本港口城市，横滨有着悠久的创新传统。如今，该市正在与市民和其他部门合作推广一个可持续管理方面的全球模式。

在这里，公民科学被当作应对城市可持续性挑战的一种机制。公民科学发动公众为科学家和决策者收集可靠的数据（Bonney et al.，2014）。信息技术的快速发展和日常运用使大量外行人士得以参与到公民科学中，因此加大了公民科学应对全球环境问题（如气候变化、生物多样性丧失、生态系统管理和保护）并发动公民参与城市可持续发展决策的潜力。不过，横滨的公民科学项目有三个例子是较少依赖于网络社区的，更多地发动利益相关者参与到面对面的、亲身实践的行动研究中。

例一：监测污水处理厂

这个项目的目的在于把污水处理在坂井河流域的角色变得更加透明。许多日本环境组织和居民对河流的水质十分关切，并参与到水质监测行动中。但是，即便是主要城市河流有将近一半的水量来自污水处理厂的出水，大多数市民并不了解污水处理以及再生水的作用。

2014 年，通过合作发动市民，一个当地环境组织、一所大学以及中央和地方政府机构启动了一项公民科学项目，意在对比三条不同河流所使用的污水处理过程。参与者们在每个污水处理厂的出水口以及每条河的上下游收集水样，用简单的商用化验工具测量氨和硝酸盐浓度（图 2.2）。大学研究员和学生测量生物需氧量（作为有机污染的一个指标）。该项目显示，使用标准活性污泥处理的污水处理厂排出的水比那些使用额外通风和氨处理的厂排出的水养分含量要高。

例二：在工业湾区创建蜻蜓栖息地

在重度工业化的横滨湾，公民通过监测人工池塘周边的蜻蜓多样性展现自己的价值。蜻蜓在日本文化中有着重要的象征意义，也是很受欢迎、很有魅力的一个物种。2003 年，一个名为“蜻蜓能飞多远”的项目启动，当地 10 家公司在他们自己的地产上创建蜻蜓池塘。连续十年，市民们在每年的 8 月都会用一个星期来监测蜻蜓。每一只捕获的蜻蜓都会被鉴定、标记、记录并释放。

图 2.2 非政府组织成员和学生在污水处理厂上下游监测水质。
资料来源：Keisuke Tsukagawa

当地物种丰富度在近几年中一直保持不变。该研究还揭示了蜻蜓在池塘之间的运动规律。一个濒危物种原先只在一个地点出现，现在已经扩散到 6 个池塘。这些结果显示，恢复后的池塘充当了生态踏脚石的作用，成为该市生态网络的一部分。该项目还发现，公民科学在保护方面的重要性让市民、商业界、当地政府、研究员和大学生得以走到一起进行合作。

例三：基于社区的城市绿化

横滨南部的牛久保西（1600 户人家）有一个城市绿化社区项目，与社区群体和大学一起努力增加居民区的生物多样性（Kobori，Sakurai，and Kitamura，2014）。该项目由横滨市政府利用特别税进行资助，为的是刺激社区的可持续性倡议。当地社区在 2013 年项目启动前花了一年时间与各个行业和部门不断进行讨论，才最终完成项目的设计。

日本私家花园的生物多样性一直少有研究评估。这次公民科学项目的参与者为此收集数据，确定他们社区内私家花园的初始环境特性。他们使用的方法包括基于网络的监测系统和对花园的直接观察。保护和环境教育领域的大学教授和学生也协助了居民的生物多样性监测行动。数据显示，2012年该社区存在24种鸟和22种蝴蝶（Kobori，Sakurai，and Kitamura，2014）。该项目同时协助确定了相关的必要社会因素，如加强生物多样性保护方面、私家花园恢复和管理方面以及加强社区团结方面。一项针对居民协会（810名受访者）的调查显示，市民们对绿化活动有很高的期望值，并且认可沟通交流的重要性（Sakurai et al.，2015）。通过该项目，人们提出了在可持续系统管理方面整合生态和社会因素的一项策略。

荷兰：通过社会学习，创建可持续街坊社区

20世纪90年代，Eva-Lanxmeer基金会创立，创立者是有着不同背景（如年龄、性别、专长、收入）但在可持续生活方式方面志同道合的一群荷兰市民（Wals and Noorduyn，2010）。参与者们来自荷兰的不同区域，一起举办一系列工作坊，集中力量从零开始创建可持续城市街坊社区。他们使用的可持续生活方式原则是由社区成员（例如遵循永续农业原则并拥有、设计和维护社区花园的所有成员）、政府（如使用太阳能、三层玻璃窗，以及使灰水与黑水相分离的双水系统）以及私营部门（如使用生态友好型建筑和设计）自主决定的。在初次举办工作坊期间，对新城市社区的一个共同愿景开始浮现，里面包含积极的市民参与、生态建设、有机设计以及建筑。屈伦博赫市政当局给予这个工作组种子基金支持，用于他们组织组内成员和雇用善于协调多个利益相关者参与创新过程的第三方协调员。

工作组开始规划和开发24公顷的一片区域，用于建设200个住宅、一些商业建筑和写字楼。这个规划提倡建立社会经济综合街坊社区，包括30%社会和公共混合住房，20%中等收入人群出租房和私人地产以及50%中上和高收入人群的私人住宅。他们的规划还包含一个生态城市农场，用以在社区和食物生产、本地食物系统、当地就业之间建立连接。社区的建设地点选择在屈伦博赫火车站附近，旨在减少汽车使用；社区的中心位置如今已经完全避免汽车的使用。现在，这个社区还有自己的本地能源工厂，所有废水处理也在本地进行，利用砾石层、砂滤器和沼生植物把黑水和灰水分离开（图2.3）。

图 2.3 该社区的绿色公共空间没有汽车使用，是儿童友好型、居民自己维护的区域。资料来源：Huub van Beurden

针对可持续街坊社区的定位以及规划的设计与执行，达成一致意见的过程要求各个利益相关方有充分的交流和相互学习。在一项有关该项目关键利益相关方的研究中，可持续街坊社区的建立过程被重新构建成民间参与的社会学习过程（Wals and Noorduyn，2010）。数据的收集牵涉对关键知情人的采访、居民焦点小组讨论以及一些第二手资料（如会议纪要、简报和电子邮件通信）。该研究聚焦的是，共同为街坊社区中心位置设计社区花园时，第一批居民产生了怎样的互动。

从这次的 Eva-Lanxmeer 项目经验和研究当中可以提取出一个问题：环境教育工作者如何协助组织和社区形成合力实现可持续性的“学习系统”？这个案例表明，一个学习系统的形成要求人们向其他人学习和与其他人一起学习，共同获得经受挫折的能力和处理不安全感、复杂性及危机的能力。屈伦博赫的先驱们不仅需要接受彼此的不同，而且需要能够利用这些不同产生简单且有创造性的问题解决方案，例如，如何解决“保护街坊社区花园的鸟类”和“允许猫在户外活动”之间的冲突，或者如何处理为地方的社会健康、心理健康和身体健康积极做贡献时居民的意愿与能力之间的差距。屈伦博赫的案例所支持的观念表达的是，想要为社区的社会生态健康而学习，需要多方的协同。而这种协同的创建就暗示着把正规学习和非正规学习的边界模糊化。这对力图在全球各城市兴起的各种可持续性创新当中寻找定位的城市环境教育来说，是非常重要的经验。随着各学科之间、代际间、文化之间、机构之间和行业部门之间越来越高的渗透率（Wals and Schwarzin，2012），此种学习类型的机会也不断增加。通过这样的互补与协同，基于学习的、向可持续性的过渡也会拥有更多新空间。

结论

以上三个国家的案例代表的是多个利益相关方进行的学习，案例中当地社区的成员们与他们的市政当局和其他行业部门一起努力，共同设计、执行、监测和评估那些力图变得更可持续的“地方”。在这三个社区中，居民们都在改变着行为，因为他们对自己的角色和生活方式进行了概念重建，而且拥有这样的机会去尝试新实践。通过为居民和专家创建支持性环境，让他们分享交流观点，让他们把数据用于建立有关现行管理实践影响和新可持续性创新的知识库，让他们尝试新行为，教育工作者、交流者和协调者也在帮助城市地区朝可持续性的目标前进。认识到政府支持在鼓励居民进行实验和改变过程中能起到的必不可少的作用后，教育工作者可以协助在市政当局管理者和居民之间架起一座桥梁。

瑞典、日本和荷兰城市中的社区正在创建整合社会、生态和环境因素的环境氛围。同时，在监测参与者学习进程和能力建设（以便他们更有效地完成自己的工作）方面，在评估他们的改变带来的社会生态影响方面，这些社区需要提升自己的能力。由此而来的反馈对终身坚持学习可持续性来说是至关重要的。

参考文献

Berkes，F.（2009）. Evolution of co-management：Role of knowledge generation，bridging organizations and social learning. *Journal of Environmental Management*，90（5）：1692–1702.

Bonney，R.，Shirk，J. L.，Phillips，T. B.，Wiggins，A.，Ballard，H. L.，Miller-Rushing，A. J.，and Parrish，J. K.（2014）. Next steps for citizen science. *Science*，343（6178）：1436–1437.

Kobori H.，Sakurai，R.，and Kitamura，W.（2014）. Designing community embracing greenery in private area：Attempts for developing green community utilizing Yokohama Green Tax through collaboration among government，district， and university. *Environment and Information Science*, 43: 34–39 (in Japanese).

McKenzie-Mohr, D. (2011). *Fostering sustainable behavior: An introduction to community-based social marketing*. Gabriola Island, British Columbia: New Society Publishers.

Monroe, M. C. (2015). Working toward resolutions in resource management. In R. Kaplan and A. Basu (Eds.) *Fostering reasonableness: Supportive environments for bringing out our best* (pp. 239–259). Ann Arbor: Michigan Publishing.

Sakurai R., Kobori, H., Nakamura, M, and Kikuchi, T. (2015). Factors influencing public participation in conservation activities in urban areas: A case study in Yokohama, Japan. *Biological Conservation*, 184: 424–430.

Wals, A. E. J., and Noorduyn, L. (2010). Social learning in action: A reconstruction of an urban community moving towards sustainability. In R. Stevenson and J. Dillon (Eds). *Engaging environmental education: Learning, culture and agency* (pp. 59–76). Rotterdam: Sense Publishers.

Wals, A. E. J., and Schwarzin, L. (2012). Fostering organizational sustainability through dialogical interaction. *The Learning Organization*, 19 (1): 11–27.

第3章　亚洲四小龙

Geok Chin Ivy Tan，John Chi-Kin Lee，
Tzuchau Chang，Chankook Kim

重点

● 高度城市化的城市可以利用科技创新和多部门的跨领域合作来促进城市环境教育。

● 新加坡、中国香港、中国台湾和韩国这四个亚洲经济体在城市环境教育的方法上有共同点同时又各有特色。

● 亚洲各国和地区政府承认城市环境教育是培养学生环保意识和责任感的重要手段，并实施了强有力的环境教育政策。

● 在城市环境教育中，学校发挥了重要作用，如发起校内项目（屋顶绿化）和校外项目（绿色森林），甚至把整个学校融入环境教育（绿色学校）。

引言

快速的城市化对城市环境教育不仅带来机遇，也带来挑战。从环境教育或者为了可持续发展的教育的角度来看，让学生不仅能够欣赏自然的美丽，并且能够作为公民理解和参与解决当地和全球的环境问题，并采用环境友好的生活方式显得非常重要。这一章主要介绍在新加坡、中国香港、中国台湾和韩国这些高度城市化的环境中，在学校内或者多部门开展的创新性的城市环境教育方法。

20世纪新加坡、中国香港、中国台湾和韩国四个亚洲经济体的崛起，被称为“亚洲四小龙”。这四个经济体奉行激进的工业化来推动经济增长，导致了快速的城市化进程。如今“四小龙”的四个大城市：新加坡、香港、台北和首尔面临着尖锐的城市问题。新加坡面临空气污染、水污染和缺乏自然资源。香港则面临住房短缺、人口高度密集和空气污染等问题。台北遭遇了水污染和土地利用冲突。首尔则经历了空气污染和城市固

体废弃物管理的难题。尽管存在着这些环境问题，这四个城市仍然努力成为绿色城市。首尔、香港和新加坡是2015年全球最可持续城市排行榜里亚洲仅入选的三个城市，分别名列第7、第8和第10（Batten and Edward，2015）。拿首尔来说，立志成为一个技术无处不在、方便居民获取信息和采用环保生活方式的城市。香港依靠法律、法规和诸如智能卡之类的技术塑造公民行为。新加坡则利用技术和法律来推动积极的环境变化。

虽然这四个高度城市化的大都市都面临着发展带来的复杂挑战，它们都希望通过城市环境教育来培养环境意识和环保行为。例如，这四个城市都有政策规定将环境教育纳入学校课程，包括促使学生在高度城市化背景下学习环境议题的项目。在这一章中，我们以亚洲四小龙为例，介绍城市环境教育的方法。

城市环境教育的方法

亚洲四小龙采取了一系列的方法在城市中开展环境教育。除了把环境教育融入学校课程体系，还包括研学旅行、技术革新、建立跨领域伙伴关系和成立城市环境教育中心等。我们将在下面对这些策略一一进行探讨。

把城市环境教育融入学校课程

在中国香港，中小学里开展的环境议题研究 / 科学不是一个正式的或者独立的学科。虽然有些与可持续发展和环境研究相关的内容会在文学、地理和生物中体现，但环境教育不属于正规教育体系。尽管如此，学校作为学习环境相关知识的场所，仍然承担重要的角色。屋顶绿化已成为以学校为基地的环境教育的流行手段。例如，一所当地学校建了一个绿化屋顶方便学生学习植物知识，并成为以养护植物为手段培养环境友好使者的场所（Environmental Campaign Committee，2008）。Hui（2006）建议说，绿化屋顶可以作为绿色教育的手段，和生物多样性、建筑和屋顶结构、节约能源、城市热岛效应、园艺等诸多话题建立潜在联系，为理论和现实生活提供了连接的桥梁，进而增强了学生学习的能力。

在新加坡，环境教育也不是独立的学科，但通过和现有的学科融合进行教学，比如地理和科学（Tan，2013）。有些学校做得更深入，比如发展具体的环境教育项目，或采取全校融合的做法。有几个学校利用周围的绿色空间（例如湿地保护区、水库和公园）作为户外教室，开展野外课程。也有的学校通过环保俱乐部等形式和当地社区合作，为学生提供课外活动的机会。在老师的指导下，学生通过真实的生活情境对环境议题以及如何解决这些问题有着深入的了解。例如，有些学校推行“绿色审计”项目以提升学生在学校里的资源保护意识。学生计算出学校里水和电的使用量，以及浪费数据，他们利用发现的结果提出减少不必要浪费或者循环利用的方法（Ministry of Environment，2002）。

中国台湾在 2010 年通过了《环境教育法》，要求在校学生和政府公务人员，包括台湾地区领导人每年至少要上 4 小时的环境教育课程。此外，该法案还要求“环保署”拨专款开展环境教育。随着法案的通过，环境教育从业者、相关单位、环境教育设施和环境学习中心的质量都得以系统性地提升。考虑到政府对环境教育的重视和投入，环境教育已经融入总体课程大纲就不显得让人惊讶了。

台湾地区鼓励全校型环境教育方式，发展绿色学校（Lee and Efird，2014）。绿色学校伙伴计划始于 1998 年，鼓励学校以整体方式开展环境教育，包括实施全校范围内的环境政策、建筑和设施的环保管理、教授环境议题、在日常生活中加强师生的环境意识等。始于 2003 年的可持续校园项目，通过提高能源使用率、节约用水、循环使用和营造生态健康的环境等方式，帮助学校把校园改造成可持续的典范。近年来，这些项目更加强调气候变化和灾害教育，以应对日益增长的当地和全球问题。

在韩国，《国家环境教育法》颁布于 2008 年。“低碳和绿色发展”的重要性在公众和学校里得到广泛传播，并催生了其他的活动倡议。例如，在小学实施“创造性活动”作为辅助的环境教育活动；在高中选修“环境和绿色发展”课程等（Chu and Son，2014，p.145）。和其他三个国家和地区类似，韩国也推动全校型环境教育。例如，“森林学校”项目通过将生态贫瘠的校园改造成环境友好的森林或花园来扩大绿地。自 1999 年以来，有超过 700 所学校参与。这个项目给学生提供了在日常生活中和自然亲身接触的机会。

通过野外考察推动探究式学习

在中国香港，Cheng（2009）建议通过对环境议题的研究可以帮助学生探索解决环境问题的策略。Cheng 和 Lee（2015）分析了四种类型的户外 / 环境学习活动，包括在野外的探究式学习体验、在野外的结构化学习体验、真正的户外学习体验和虚拟的野外考察。他们调查了在环境学习中，虚拟实地考察和利用地理信息系统及遥感技术，辅以野外考察或实地调查的情况。

在新加坡，探究式学习和调查式学习同样用来激发学生们的环境学习兴趣。例如，最近修改过的地理课程大纲和评估要求通过参加地理老师组织的野外考察，让学生去调查他们周围的环境，发展批判性思维能力（Tan，2013）。地理探究过程要求学生提出问题、搜集数据、使用推理来解释野外搜集的数据模型。这种探究技能加强了学生们对人和环境相互作用动态过程的理解。

鼓励在环境教育中使用新技术

学生们被鼓励在学习过程中运用科技的力量，并为更广泛的社区提出创新和有用的工具。例如，在韩国，一群高中生在小城市公园里安装了有关植物的信息牌。信息牌配有快速响应码或近距离无线通信标签，参观者可以使用自己的智能手机很容易地获得关于公园和植物的信息。这仅仅是一个例子。在韩国的城市里，高度发达的信息技术和高速宽带被用来教育和提升公众的意识，使得城市地区更加宜居和绿色。

促进跨领域伙伴关系

新加坡采取了被称为3P（People，Public，and Private）的结合公众、政府部门和私人企业的跨领域伙伴合作策略来提升城市环境教育。通过建立来自政府部门、非政府机构和企业联合的环境顾问网络，加强把再循环、能源和水资源保护问题纳入正规课程的努力（Ministry of Environment 2002）。也启动其他的项目以提高公众对环境的了解，并为环境关怀注入终生的承诺。例如，民间机构“自然协会”与学校和公众合作，开展自然导赏活动、环境保护项目和调查等。

香港教育局也和多个部门合作，包括和环境保护署、环境运动委员会联合开展“绿色学校奖励计划”。教育局和环境运动委员会还联合在学校开展了“垃圾分类和回收计划”。香港的民间机构也通过宣传、社区参与和教育等方式在提高公众的环境意识上做出了贡献（Lee，Wang，and Yang，2013）。除了和民间机构合作外，香港教育局还推行跨校合作以及学校和校外机构的合作。出版了《小学教师可持续发展教育》手册，实施“户外教育营地计划”，举办诸如“气候学、地理学和生态学研究营”和“科学和生态学旅行”（Education Bureau，2013），发起了“学生环保大使计划”。

建立环境教育中心和场所

绿色空间对个人和集体公民的福祉，以及在环境可持续中作用的重要性怎么高估也不为过。在现代都市中，这尤为明显，因为生活的质量取决于民众可用的绿色空间的数量和便于接近程度（Ministry of Environment, 2002）。新加坡不断寻求发展与保护自然之间的务实平衡。因此，它有意识地保护了现存的自然区域，例如中央集水地带自然保护区和双溪布洛湿地保护区。自然保护区、公园以及公园绿道，包括滨海湾花园的绿色和蓝色空间[①]，都作为环境教育活动的重要场所开展诸如探索和调查环境议题的项目（图 3.1）。

图 3.1　在新加坡的滨海湾花园，人工的大树作为垂直花园和展示可持续城市实践方式的场所。这些实践包括创意设计、调节气候、涵养水源和生产能源。资料来源：Alex Russ

与此类似，中国台湾和中国香港的政府机构及民间组织也在香港湿地公园、米埔湿地自然保护区等地设立了环境教育中心和项目，向学生和公众推广环境学习、户外活动和生态旅游。香港湿地公园面向幼儿园教师举

① 蓝色空间（blue spaces），指海洋。——译者注

办培训班，传授如何在公园里开展面向学生的环境教育。另一个国际知名的景区是联合国教科文组织批准的香港地质公园，它以拥有不同的岩石地层特征、多样的生态资源和中国传统文化村落为特色，这些都作为环境教育活动的场所在组织学生野外学习和公众参观中发挥作用。

结论

亚洲四小龙都采取措施巩固城市环境教育的存在，以提高公民的环保意识和责任感。由于政府强有力和系统性地支持，中国台湾的环境教育牢固扎根于学校课程中。中国香港、中国台湾和新加坡的学校，越来越多地采用整体学校环境教育的方法，不只是集中在设施建设上，也通过野外考察以及其他机会和校内、校外的自然加强互动。亚洲四小龙的学校都通过在教师的指导下，以系统性和结构性的项目为学生提供和环境互动的机会，发挥重要的环境教育场所的作用。

但是，仅仅靠个别学校和教师的努力还是不够的。亚洲四小龙的经验向我们证明，将环境教育成功整合纳入国家或地区课程中，要依赖政府机构、民间组织、私人企业和学校在地方、区域和国家层面的多管齐下的合作和持续不断的努力。利用跨领域的伙伴关系、技术进步和城市内的人力资本，亚洲城市出现了灵活多样的环境教育方法，这有助于应对城市生活和高度城市化带来的挑战。

参考文献

Batten，J.，and Edward，C.（2015）. *Sustainable cities index 2015：Balancing the economic，social and environmental needs of the world's leading cities* . Arcadis Design and Consultancy.

Cheng，M. M. H.（2009）. Environmental education in context：A Hong Kong scenario. In N. Taylor，M. Littledyke，C. Eames，and R. K. Coll（Eds.）. *Environmental education in context：An international perspective on the development of environmental education*（pp. 229–241）. Rotterdam：Sense Publishers.

Cheng，I. N. Y.，and Lee，J. C. K.（2015）. Environmental and outdoor learning in Hong Kong：Theoretical and practical perspectives. In M. Robertson，G. Heath，and R. Lawrence（Eds.）. *Experiencing the outdoors：Enhancing strategies for wellbeing*（pp. 135–146）. Rotterdam：Sense Publishers.

Chu，H-E，and Son，Y-A.（2014）. The development of environmental education policy and programs in Korea：Promoting sustainable development in school environmental education. In J. C. K. Lee and R. Efird（Eds.）. *Schooling and education for sustainable development（ESD）across the Pacific*（pp. 141–157）.

Dordrecht: Springer.

Education Bureau, Hong Kong. (2013). *Environmental report 2013*. Hong Kong: Education Bureau.

Environmental Campaign Committee, Hong Kong. (2008). *Approved case of environmental education and community action projects 2008–2009 (Minor Works Projects)*. Hong Kong: Environmental Campaign Committee.

Hui, S. C. M. (2006). Benefits and potential applications of green roof systems in Hong Kong. In Proceedings of the 2nd Megacities International Conference 2006, December 1–2, pp. 351–360.

Lee, J. C. K., and Efird, R. (2014). Introduction: Schooling and education for sustainable development (ESD) across the Pacific. In J. C. K. Lee and R. Efird (Eds.). *Schooling and education for sustainable development (ESD) across the Pacific* (pp. 3–36). Dordrecht: Springer.

Lee, J. C. K., Wang, S. M., and Yang, G. (2013). EE policies in three Chinese communities: Challenges and prospects for future development. In R. B. Stevenson, M. Brody, J. Dillon, and A. E. J. Wals (Eds.). *International handbook of research on environmental education* (pp. 178–188). New York: Routledge/AERA.

Ministry of Environment, Singapore. (2002). *The Singapore Green Plan 2012: Beyond clean and green, towards environmental sustainability*. Singapore: Ministry of Environment.

Tan, G. C. I. (2013). Changing perspectives of geographical education in Singapore: Staying responsive and relevant. *Journal of Geographical Research*, 59: 63–74.

第 4 章　城市即机遇

Daniel Fonseca de Andrade，Soul Shava，Sanskriti Menon

重点

● 尽管世界各地多维的社会和环境问题有着许多相似之处，但不同国家和城市提供了不同的条件和机会来解决这些问题。

● 发展中国家的城市在教育实践中，把其被殖民历史和非殖民化的观点融入环境叙述。

● 发展中国家的环境教育反映了人们如何构建观点和叙述，以之建构和处理社会和环境问题。这为其他国家如何同时处理环境和社会公正提供样本。

引言

城市中的人们沉浸在多维度的环境中，社会、政治和经济问题不能与污染和浪费分开。此外，城市居民直接感受到环境的微小变化。因此，城市是人们认识到环境问题的复杂性并付诸实践，进而反思本土创新来解决这些问题的理想场所。城市同时也是“部落”聚集地。多样的文化、宗教、种族、阶层和其他“差异的指示器”带来理解历史和当前环境条件相关的机会和挑战，以及需要做什么来改善环境和社区。

从大小、基础建设和复杂性上来说，全球的城市都是大不一样的。虽然全球现代都市都面临共同的环境问题（如空气和水污染、垃圾堆积、汽车拥堵、绿色空间不足），但不同城市的居民对此持有不同的看法，并采用不同的处理方式。因此，不同的城市定义环境优先事项和解决这些问题的“正确”方法也是不同的。

现在是扩大我们对城市中的各种生活方式概念的时候。发展中国家为我们提供了这么做的机会。特别是发展中国家的城市提供了解决这些问题的机会：非西方的文化在促进城市规划，促进个人、社会和环境健康方面的智慧和技术解决方案有什么贡献？本章讨论的是“城市作为机遇”的概念，并不是基于任何特定的城市。相反，它借鉴了在发展中国家更广泛的地缘政治背景下生活的城市经验。

发展中国家

发展中国家为环境教育带来特别的和自身被殖民经历和非殖民视角相关的议题，也就是说，在全球化的世界中“我们的责任”。20 世纪 60 年代暴发的“全球”环境运动反对工业化及其负面环境影响，它遇到并与发展中国家其他不同现实的斗争混合在一起：比如反对殖民独裁政府、反对社会不公正、反对制造和维持贫困等。因此，当有些人在为树木的权利而斗争时，另一些人则反对改变对获取、控制和使用自然权利的规定（Sethi，1993）。而一些人要求呼吸洁净空气的权利，另一些人则关注发展和民主的潜在危机（Wignaraja，1993）。因此，发展中国家的环境教育往往带有政治色彩，而殖民主义、种族主义、环境权、贫困和社会不公正等主题表现在我们的环境教育实践中。

Santos（2002）认为西方文明项目是极权主义，也就是说，它不允许在生活方式的可能性方面出现例外。所以任何非西方中心的事被看作是更糟的或者错误的，应该被“进化”“现代化”或“进步”。因此，一个扭曲的和不完整的同质化进程正在进行中。

相比之下，发展中国家城市的环境教育反映了当地人民对环境问题的看法，以及他们如何构建叙事框架来解决这些问题。这一构建需要解构我们的殖民教育和社会制度所建立的西方霸权认识论偏见。在西方世界统治其他民族和自然时期，现代科技（和现代理性）所扮演的殖民主义者的作用被学者所认可（Shiva，1998；Leff，2006）。有必要通过提出具有挑战性的认识论问题来超越殖民和殖民霸权，例如：什么样的知识是合法的？它是如何被构建、拥有和共享的？

发展中国家城市的生态学知识

生物物理、社会、经济、政治和伦理问题的重叠以及社会和种族背景的多样性使发展中国家的城市能够处理上面提到的复杂问题。发展中国家的人们有机会确定我们想要什么样的城市，并依靠文化多样性来思考、制定和实施解决方案。从根本上说，我们处于从西方的历史路径和消极的环境后果中学习，并创造自己的发展道路的有利地位。通过培养“知识生态学”（Santos，2002，p.250），我们可以提供机会，不仅创造性地评估城市的问题和可能的解决方案，而且把尊重多样性和民主的基本文化引入这一过程。产生的生态知识使得非主流文化的世界观和叙事具有合法性，并创造条件确保多样性可以建立广泛尊重。这意味着尊重“其他”知识拥有的价值。此外，它意味着承认他人对现实的看法。

对环境教育来说，这意味着大量的机会。如促进和调解与周围社会环境议题对话的过程，并认识到通过多样性的视角构建此类话题的力量；让学习者直面复杂的环境问题，认识到快速修正和标准化、片面、强加叙述的不足。这会激发观点、价值和思路的集体创新。

在发展中国家发现的一种方法是将环境教育与其他社会运动联系起来。例如，城市环境教育和住房运动有关系吗？妇女运动能否和环境教育融合？当我们通过少数民族权利运动的眼光看待可持续发展问题时，我们的观念是否发生了变化？环境教育和其他城市社会运动混合的方法可以改变教育话语和实践，并带来语境的相关性和合法性。它还可以使环境教育扩大规模和范围。

这一观点也带来了环境教育解放的元素。通过观察人们生活在哪里以及如何看待他们的问题，教育工作者可以帮助他们重新安排一般教育准则中规定的优先事项，并承认不能强行制定优先事项。它使我们认识到，一个地方可以创造自己的感知和叙述，以及解决这些问题的策略。这是“社会学的缺席”和“知识生态学”的核心，即地方建立自己的认识论并验证自己的知识。这已经在发展中国家的许多城市实践了。下面，我们采用来自南非、巴西和印度这三个国家的例子来说明。

南非的城市环境教育

南非的环境危机促使环境问题被纳入中小学和大学课程。在南非，有个新兴的全国性的项目叫“变革之旅”，它通过师资在职培训和发展课程教学，支持环境内容的教学情境。在最近的一次该项目研讨会上，环境教育的研究者和参与者探讨了以下问题：当环境知识从科学家到官方文件、到基础教育部的政府官员、再到培训教师和教科书、最后到达课堂上的学生手里，是如何被重新包装的？在一直被伪装成中立的、非定位的、脱离实体的和普遍性的课程学科体系中，乡土知识的位置在哪里？

非正式和非正规教育场所的努力也一直在进行。例如，为了加强南非大量特有种的保护，城市动物园、植物园、环境教育中心提供在城市里研学旅行的机会以及聚焦生物多样性及其保护的学习材料（图 4.1）。其中一个是在开普敦的科斯滕布什国家植物园的金田环境教育中心。该中心提供和生物多样性、全球变暖、生物群落等有关的教育项目，特别关注开普敦特有的植物种类。

图 4.1　位于南非开普敦的科斯滕布什国家植物园的金田环境教育中心，提供与生物多样性、全球变暖、生物群落等有关的教育项目。
资料来源：Alex Russ

也有机构通过提供植物和必要的技术指导，支持在城市学校和社区建立蔬菜花园。把校园空地转变成生机勃勃的蔬菜和草药园，不仅能提供学习的机会，还为食品短缺的学生和他们的家庭提供新鲜的食材。在学校里推广可持续性实践创造了额外的教和学的机会。整个学校的活动包括充分利用水资源的本土植物园艺、循环利用和节能节水等。

在南非，城市社区园艺，回收利用和类似项目支持高密度住宅区的生计，同时在缺乏废物处理、污染和废弃土地的困境下，发展环境公民文化。许多废物回收和再利用的创业机会正在出现，例如，从快餐店回收有机材料和废油。有些组织在推广以使用太阳能、办公室绿植、无纸化和减少旅行的会议为特点的绿色办公建筑。这种绿色设计的基础设施为商业和工业部门提供了学习机会。最后，南非城市的国家机关、市政府、大学、非政府组织和工业正在形成网络，共同处理地方事务和管理上的挑战。有的甚至成为联合国可持续发展教育专业区域中心正式成立的实践社区（Westin et al.，2012/2013）。

巴西的城市环境教育

在过去的二十年中，巴西已经认识到，目前的环境状况过于恶劣，无法将环境教育作为个别举措加以实施。因此，国家和城市政府部门正在努力将环境教育纳入政府政策。环境教育公共政策增加了这些教育方案的普遍性、持久性和实施的机会，从而成功地解决了社会环境问题（Andrade et al.，2014）。

这些努力的创新之处在于如何制定这些政策。为了让设计的战略既与本地的社会性、环境性相关，又对教育工作者合法，这一进程涉及决策者和教育工作者之间的持续对话。城市建立了由不同行动者组成的环境教育机构委员会，以制定地方法规和环境教育计划。有趣的是，制定政策的过程本身就变成一种形成性练习；它包含提出政策的原则和方法，如对话、分享、民主和政治参与。这让固定的制度仪式向新角色、新价值观和新现实敞开了。在霸权元叙事中“缺席”（Santos，2002）的与社会环境相关的主题、问题和叙事出现了，并被认为是合法的，取代了之前在世界各地流通的传统的“一刀切式”的环境教育工具包。

在巴西城市盛行的权威主义、精英主义、标准化和不公正的文化里，参与这些委员会的过程是极具挑战性的（图 4.2）。但这本身也提供了教育机会。学会和“他人”共存，并承认他们的叙述和心态是在任何文化和社

图 4.2　在里约热内卢，和生活在贫民窟的人们相比，生活在城市富裕地区的人们经历着完全不同的社会和生态条件以及环境公正问题。资料来源：Alex Russ

会多样性聚居的地方都至关重要的。在巴西，这一过程正在产生新的变量，以融入“正常”的社会环境话语中。排放、浪费和灾难，与权利、司法、种族主义和性别歧视慢慢混合在一起，改变了人们对社会环境问题根源和相关教育方法的看法。整合这些和其他“非传统”环境教育变量的方法是发展中国家的城市更广泛地为教育工作者和环境教育实践提供的巨大机会。在西方城市越来越多样化，居民面临着日益增长的贫困和排他主义之时，这一点尤为重要。

印度的城市环境教育

在印度，公民问题的复杂性和边缘化群体的斗争被视为环境教育背景的一部分。一股环境教育潮流侧重于加强包容性的参与式民主治理，同时应对来自文盲、社会经济差距、社会结构分歧和文化偏见的挑战。例如，自 2006 年以来，在马哈拉施特拉的浦那市，市民可以提交开发工作的建议，作为一个参与式预算过程的一部分（Menon，Madhale，and Amarnath，2013）。支持这一进程的教育侧重于提倡参与式方法的好处，如制定决策、培训社区协调员和制定公平参与过程的方法。

印度的城市环境教育也认识到，选择恰当的、与当地相适应的系统和技术来应对目前公认的不可持续的城市规划模式带来的挑战，如由于汽车运输导致道路蔓延。幸运的是，想象这样一种生活方式对于正在增长的中产阶级如此地吸引人。采用这种方法的一个例子是，学校的校外项目结合了浦那市的彩虹快速公交的发展。该计划不仅帮助学生了解私家车对城市交通的影响，也了解小商贩、行人和骑自行车者的权利，明白为每个人创造高质量的交通基础设施是更好的选择。

浦那市还出现了社会运动，包括妇女教育、种姓平等和工人权利。回溯历史，早在 20 世纪 90 年代初，Shreemati Nathibai Damodar Thackersey 女子大学发起组织城市贫民（主要是妇女）从事废品搜集活动（Chikarmane，2012）。拾荒者从附近的垃圾箱里回收那些可循环利用的资源，他们的生活条件极端糟糕，同时也被警察、种姓和阶级偏见所骚扰。此外，市政垃圾处理系统是低效的，它把混合垃圾倾倒在城市外围的垃圾场。大学组织了一个拾荒者联盟，叫作 Kagad Kach Patra Kashtakari Panchayat。这一联盟和市政府、当地环保组织和公民团体合作，发展了一套垃圾管理系统，专注于废物源头分类搜集（这样对垃圾搜集人员来说更干净、更安全）、堆肥和建设沼气池。在政府部门的支持下，成立了废物搜集合作社，提供从家门口搜集废品的上门服务。每个人都得到了好处。因为随着改善废物搜集服务、材料回收、分散回收和废物处理，降低环境和经济成本，城市更加清洁了，而工人则有了更好的工作条件。

联盟、大学和相关组织开展的环境教育工作是以捡垃圾妇女的权利以及对固体废弃物管理和材料循环经济的全面了解为基础的。教育工作发生在多个层面：与公民讨论，帮助他们了解垃圾分类并接受女性拾荒者；由市政府制定适当的废物管理系统，并与女性拾荒者一起为其尊严和安全的工作权利参与组织和谈判。

结论

发展中国家城市融合了反映其被殖民历史中的生物物理、社会、经济、政治和伦理方面的观点和实践。他们对环境议题的反应，反映了其反殖民主义角色，也反映出文化和种族的多样性带来的在处理环境问题时不同的人生观、价值观和兴趣点。在发展中国家城市环境教育的一个重要角色，就是在制定、理解和处理环境相关问题时，融入这种殖民历史和多样性。

在这一章中，我们描述了三个国家所进行的整合。在南非，城市在正规、非正规和非正式学习情境[①]中开展的环境教育，融入多类型的知识。在巴西，城市环境的不公正问题正在通过制定市政参与委员会来解决；教育工作者和其他行动者积极影响公众政策。在印度的浦那市，提高拾荒者的生活和工作条件创造了环境学习的机会。这些举措意味着，环境问题并不是“中性”的，而是历史的遗产，不仅是客观的，也是主观的和主体间的。在发展中国家的殖民遗产和环境问题的严重程度是惊人的，但也使“城市成为环境教育和城市可持续发展的机会”。

---

① 根据终身学习的理念，一个人的学习包括从摇篮到坟墓的整个生命过程的学习，即正规教育（formal education）、非正规教育（nonformal education）和非正式教育（informal education）。通常认为，正规教育指学习由教育与培训机构提供且是结构化的；学习者的学习是有意识的；学习结束提供资格证书。非正规教育则指学习不是由教育或者培训机构提供；不提供学历或者资格证书；但学习是结构化的；学习者的学习也是有意识的。非正式教育指学习产生于日常生活的活动（如家庭和休闲活动）；学习是非结构化的；没有学历或资格证书；学习者的学习大多数情况下是无意识、偶然和随机的。——译者注

参考文献

Andrade, D. F., Luca, A. Q., Castellano, M., Güntzel-Rissato, C., and Sorrentino, M. (2014) . Da pedagogia à política e da política à pedagogia : Uma abordagem sobre a construção de políticas públicas em educação ambiental no Brasil. *Ciência & Educação*, 20 (4) : 817–832.

Chikarmane, P. (2012) . *Integrating waste pickers into municipal solid waste management in Pune, India*, Series : WIEGO Policy Brief (Urban Policies) , No 8.

Leff, E. (2006) . *Racionalidade ambiental : A reapropriação social da natureza* . Rio de Janeiro : Civilização Brasileira.

Menon, S., Madhale, A., and Amarnath. (2013) . *Participatory budgeting in Pune : A critical review*. Pune, India : Centre for Environment Education.

Santos, B. S. (2002) . Para uma sociologia das ausências e uma sociologia das emergências. *Revista Crítica de Ciências Sociais*, 63 : 237–280.

Sethi, H.(1993). Survival and democracy : Ecological struggles in India. In P.Wignaraja (Ed) . *New social movements in the South : Empowering the people* (pp.122–148) . London : Zed Books.

Shiva, V.(1998). Western science and its destruction of local knowledge. In M.Rahnema and V. Bawtree (Eds) . *The post-development reader* (pp. 161–167) . London : Zed Books.

Westin, M., Hellquist, A., Kronlid, D. O., and Colvin, J. (2012/2013) . Towards urban sustainability : Learning from the design of a programme for multi-stakeholder collaboration. *Southern African Journal of Environmental Education*, 29 : 39–57.

Wignaraja, P.(1993). Rethinking development and democracy. In P. Wignaraja (Ed.). *New social movements in the South : Empowering the people* (pp. 4–35) . London : Zed Books.

第二部分

理 论 基 础

第5章　批判式环境教育

Robert B. Stevenson，Arjen E. J. Wals，
Joe E. Heimlich，Ellen Field

重点

● 随着时间推移，环境教育已经在演化，焦点从自然保护与生态素养转移到环境行为的改变，而且就在最近，开始转移到把社会中不同群体聚在一起共同面对难以解决的可持续性问题。

● 增加人们的环境知识、对环境的了解以及环境意识并不一定能引起他们改变自己的环境行为。

● 现行的城市环境教育发动社会不同行业参与食物、水、能源、生物多样性和健康方面的可持续性议题，它也为那些要求整合不同学科、视角、利益和价值观的有意义的互动和学习创造了空间。

● 学习生态提倡混合正规、非正规和非正式学习，以及运用多媒体信息、通信技术与在地形式的教育。

引言

本章首先概述环境教育的发展历程，从培养人们对自然环境和环境管护的意识与理解（通过交流有关环境问题的信息以及解决环境问题），到批判性思考生活质量和人与自然的相互关系，最后到培养整合环境、社会和生态可持续发展的能力。这些理论立场反映在对城市环境问题的不同处理方法中。采取传统办法的一些市政府误以为通过公益宣传广告、教育宣传册和网站为城市居民提供信息就能增加他们的环境知识并导致他们拥有亲环境的态度，进而带来他们个人行为的改变（Zint and Wolske，2014）。本章的焦点在于环境教育另一种具有社会批判性的视角，它强调文化规范和社会结构特征对人们环境行为的影响，强调参与式方法的必要性，让人们得以参与创造和决定合适的行动来实现他们对可持续城市环境的愿景。新兴的学习空间（或所谓的“学习生态”）正在显现，用于让城市居

民（不论老少）参与到参与式的活动中，比如社区花园、城市学校中具批判性的本地教育以及社交媒体上的环境兴趣网络。

环境教育简史

环境教育的根源可以追溯到一个多世纪前的自然学习和户外学习，它那时的主要目标是，通过野外第一手观察来培养对自然环境的了解和欣赏。随后是保护教育，聚焦于自然资源的保护和管理，包括本土植物、动物以及它们的栖息地。在第二次世界大战之后的欧洲和北美，户外教育运动兴起（特别是在城市化程度更高的地区），以应对城市化以及越来越严重的、丧失直接接触自然区域途径的问题，促使了户外学校和土地实验室的创建。与环境教育领域的成形相伴的是 20 世纪 60 年代和 70 年代初期的环境运动，这段运动引起人们注意到自然资源消耗，人口增长的问题以及空气、土地和水资源的恶化（Gough，2013）。但是，该运动也受到批评，因为它忽视了许多人所居住的城市环境面临的问题。教育小孩及成人，让他们认识这些问题被认为是培养文明进步市民的关键，但是那时的教育普遍只强调对生物物理环境和环境政策的认识。

20 世纪 70 年代后期联合国教科文组织发起的政府间会议及工作坊开始承认城市环境教育的必要性，产生了一系列有影响力的政策声明。这些声明拓宽了环境的概念，超越自然环境以囊括城市和人工环境，超越生物物理因素以囊括社会、文化、经济和政治层面。这些政策同时还强调，环境教育应该让学生参与生活质量议题方面的批判性思考、问题求解和决策，共同积极地朝着环境问题的解决而努力。20 世纪 80 年代，针对可持续发展的一种新语言论述（有些人称之为口号）开始出现在国际政策圈中，它提议有必要用“三条底线”来整合与平衡未来发展中环境、社会文化和经济方面的考量。尽管这个基本概念存在模糊不清的问题，它让可持续发展教育得以兴起；许多国家后来更喜欢称它为“为了可持续性的教育”“可持续性教育”和更新的说法“环境与可持续性教育”。

概念性思考

20 世纪 80 年代以来的理论、研究与实践，尤其在美国，都聚焦于环境教育公认的终极目标——培养负责任的环境行为。许多早期研究和现行教育与交流实践都以为环境教育存在一种线性关系，以为培养恰当的环境意识、知识和态度就能直接带来个人行为的改变。一些市政府也采用这种办法来试图改变城市居民的行为。但是，研究人员还是及时注意到了，行为改变不是简单的线性过程。

后来，把学习中的认知与情感强行分隔的做法受到了挑战，我们加入了尝试、练习或停止某种行为的意向和动机。学习，特别是正规学校系统之外的学习，模糊了思想、观点、事实、价值观、热情和信仰之间的差异，也意味着要理解个人是如何从他们各自的信息来源和情感中获取意义的。古希腊“意动”的概念已经指出，对人的行为起引导作用的是他们对所知、所感以及由此带来的行为意愿的独特构建的混合。

最近一些以培养亲环境行为和行动为中心的理论与研究已经超越了对个人的聚焦，承认集体行动在过渡到可持续性城市过程中的重要性（Gough，2013）。当以下两个情况发生时，一般认为集体行动是有必要的：① 某问题的负面影响已经蔓延开来；② 如果很多参与者在不同层级上采取行动能减小极坏后果（Ostrom，2010）。在考虑个人如何激励集体（Postmes and Brunsting，2002）以及在利用社会运动应对环境问题时（Rydin and Pennington，2010），通过互联网进行的集体行动也是很重要的。

自从20世纪80年代，一个主要由澳大利亚学者组成的团队就宣称，制度安排以及更宽泛的社会结构影响着个人的行为选择，教育系统则仍在复制和保持而不是质疑和转变现行社会状况（比如被动的消费主义），教育系统在培养人们面对社会生态问题的批判性意识中贡献不大。环境教育的另一种社会批判性方法主张发动学生参与议题或问题导向的探究，包括探究社会的文化和结构特征（比如经济优先的现象）对人们在人与环境关系方面的立场和行动的影响（Fien，1993；Robottom，1987）。起初这些探究的目的在于让学生培养批判性和善分析的思维来面对本地或全球社会生态问题的一些特别立场所涉及的价值观、利益和意识形态。这种方法还进而强调，通过深度参与和思考，通过个人与集体努力解决本地问题来培养决策和行动能力。在城市中，这就意味着城市治理结构应该模拟和反省多种视角，并为居民提供途径参与应对本地问题。相关的行动探究方法也以行动能力的形式出现在美国、南非、加拿大，特别是丹麦。同时，源于保罗·弗莱雷的著作和类似的环境教育批判性方向与意识化方向（意识化指的是人通过反思与行动培养对社会现实的批判性意识的过程）也扎根在墨西哥（比如Edgar González-Gaudiano所做的努力）和巴西（比如Moacir Gadotti所做的努力）（见第18章）。

在发动市民参与应对可持续性方面的挑战时，呼吁参与的这种社会批判性视角变得尤其有意义。科学界和社会越来越意识到我们现在就需要更好地去应对那些紧急并难解的可持续性问题，比如气候变化、物种灭绝、不平等的加剧以及水、土壤、空气和生物体中不断增加的毒素。在低海拔海岸地区的城市人口易受到气候变化带来的灾害，如海平面上升、更强的风暴等（全世界有130个国家的主要人口分布在低海拔的海岸地区）（McGranahan，Balk，and Anderson，2007）。这些问题可以看作是“全球系统功能紊乱”的表现，而且这样的功能紊乱不是单一视角能解决的。它们的复杂性要求有不同视角和理解的多元利益相关方参与探讨“变得可持续意味着什么和要怎么做”。应对像气候变化这样的难解的可持续性问题需要那些为合作和社会学习创造新空间的教育和治理形式；有时，这些空间需要变得“有破坏性”，以便从那些不利于人类和地球福祉（Hopkins，2013）的不可持续的惯例和既定的权力与利益中解脱出来。

城市社区中环境学习的新空间和合作关系

既然成为可持续城市要求用创造性的参与来应对紧急变化，我们就需要一些能助力转变不可持续城市系统、价值观和惯例的、新的学习方法和组织学习的方式。开始，我们可以把与本地相关的城市可持续性问题作为起点来进行教育和学习，推动综合性的思维方式，发动学习者参与改变和转变。这样做需要一种不同的方式来设计学习空间或学习场所的生态，以便学习者不仅能跨越不同学科、见解、利益和价值观之间的边界，还能在虚拟或现实中混合正规、非正规和非正式的学习形式。

我们见到许多例子，这种嵌入社会批判参与式方法中的新的学习方式正在得到支持和发展。最近的几十年，通过创造本地伙伴关系带来的代际环境学习机会已经随着城市地区社区花园越来越受欢迎而得到扩展，特别是在北美，人们把一些废弃的空地用作代际、文化和科学学习与行动的场所（Krasny et al.，2013）。另外，人们发现，生产新鲜本地食物的校园花园给儿童、市民和社区带来一系列教育、环境、健康和社会方面的好处（Bell and Dyment，2008）。通常这样的倡议代表的是对邻里附近人们可承担的新鲜健康食物不足的状况的一种抵抗形式。除了增强社区感，通过增加蔬菜食用与锻炼来改善参与者的健康，减少用来运输乡下农产品的化石燃料的使用，参与城市花园活动的人们还能了解到他们的食物来源，并参与有关食物生产的代际之间的知识分享。在“可食用校园花园”和类似项目中，学生在当地政府、商业界和社区组织的支持下设计了一个教育性花园，并在其中种植自己的食物，同时探究和了解食物生产、不同种类的食物以及营养。

这种类型的学习中许多都可以说是在地性的。在地性的教育把市民的学习至少部分放置于本地环境中，为城市环境教育提供了一种尤为有益的方法。本地和地方的哪些方面对学习者的参与来说是重要的呢？尽管如今本地已经与地区和全球相互关联了，本地社区仍然是决定人们幸福安康的地方。地方的生物地理和社会文化边界需要当成教学的内容，同时学习也要用在地性的方法来定义和实践。这样的教育有助于促进学生参与和理解他们的本地社区，同时可能对人们实际居住的地方的社会和生态福祉有一些直接的影响（Gruenewald，2003，p.7）。

“探险学习”（expeditionary learning）就是在美国城市进行的一种在地性学习，它与基于社会批判性议题和基于探究的环境教育相兼容，也是基于“户外拓展训练”（outward bound）教育价值与信仰的一次学校改革和课程框架。它聚焦的是基于项目或问题的、针对社区的学习探索，学生能参与对城市现实中的问题进行跨学科和深入的小组调查。学生可以针对他们街坊社区的贫困性质、程度和起因提出问题，收集和分析数据，讨论如何让贫困群体的福利和环境得到改善，提出计划或设计实验来改善本地弱势群体的社会和环境条件，并创造出产品把他们的观点和发现传播给更多人（Blumenfeld et al.，1991）。在发现、探究、批判性思维、解决问题和协作过程中，学习都在进行着。

社交媒体是另一种参与式空间，被认定有培养环境学习和行动主义方面能力的潜能。青少年利用像 Facebook 和 Twitter 这样的流行社交网站寻找像他们那样对环境可持续性议题有类似兴趣和关切的其他人（特别是他们的学校不提供课外环境小组活动或者他们身边同龄人的环境伦理与他们大相径庭的时候）。一定程度上，社交网站帮助人们认识志同道合的其他人，因为用户可以很容易地创建和分享自己的身份，比如通过创建用户资料、组织管理照片与信息以及发布状态等，这些都让个人得以分享他们的观点和价值取向。Facebook 让个人得以创建和加入一些在城市背景下聚焦具体议题或关注具体街区的兴趣小组。这些兴趣小组能为居民建立新的关系，让个人知悉本地的相关议题，提供围绕具体议题的组织和行动途径。一个名为“Make A Change！”的 Facebook 兴趣小组组织巴布亚新几内亚莫尔兹比港居民参与讨论塑料袋禁令、改善废物处理的方式以及海滩清理实践活动。管理这个小组的虽然是一名不足 25 岁的年轻女性，但几代人一起参与到了重要的在线对话中，表达他们对处理当地问题的观点和创意。由于社交媒体容易使用，让人们得以遇到志趣相投的人，得以创建焦点兴趣小组，并批判性地相互交换观点和创意，它成为人们培养能力和指引自身环境可持续性学习的重要空间。最后，通过培养公民监测本地环境质量和分享从中所获数据的能力，培养他们使用自己的科学带来社会生态环境改善的能力，信息和通信技术支持的公民科学也能在城市环境和可持续性教育中发挥重要作用（Wals et al.，2014）。

结论

为了促进城市环境教育处理难解决的可持续性挑战的能力，政府需要刺激和支持那些模糊了科学与社会的边界的“学习生态”（learning ecology）。这样的学习生态要求教育、研究和民间社团、当地政府以及私营企业在共同的城市可持续性挑战方面寻求合作方式。为了创建更可持续的城市社区，我们需要一种更综合的方式来建立教与学、想与做、虚拟与现实、改进与过渡、学校与社区之间的协同联系，来协助深度学习。深度学习不仅能扩展人们对难解决的可持续问题的知识和理解，还能触动他们的价值观、地方感和责任感。城市环境教育有助于协调这些合作和设计共同学习的空间。

参考文献

Bell，A.，and Dyment，J.（2008）. Grounds for health：The intersection of green school grounds and health-promoting schools. *Environmental Education Research*，14（1）：77–90.

Blumenfeld，P. C.，Soloway，E.，Marx，R. W.，Krajcik，J. S.，Guzdial，M.，and Palincsar，A.（1991）. Motivating project-based learning：Sustaining the doing，supporting the learning. *Educational Psychologist*，26（3–4）：369–398.

Fien，J.（1993）. *Education for the environment：Critical curriculum theorizing and environmental education*. Geelong，Vic.，Australia：Deakin University Press.

Gough，A.（2013）. The emergence of environmental education research：A “history” of the field. In R. B. Stevenson，M. Brody，J. Dillon，and A. E. J. Wals（Eds.）. *International handbook of research on environmental education*（pp. 13–22）. New York：Routledge/AERA.

Gruenewald，D. A.（2003）. The best of both worlds：A critical pedagogy of place. *Educational Researcher*，32（4）：3–12.

Hopkins，R.（2013）. *The power of just doing stuff：How local action can change the world*. Cambridge：Transition Books.

Jensen, B., and Schnack, K. (1997). The action competence approach in environmental education. *Environmental Education Research*, 3 (2): 163–178.

Krasny, M. E., Lundholm, C., Shava, S., Lee, E., and Kobori, H. (2013). Urban landscapes as learning arenas for biodiversity and ecosystem services management. In T. Elmqvist, M. Fragkias, J. Goodness, et al. (Eds.). *Urbanization, biodiversity and ecosystem services: Challenges and opportunities: A global assessment* (pp. 629–664). Dordrecht: Springer.

McGranahan, G., Balk, D., and Anderson, B. (2007). The rising tide: Assessing the risks of climate change and human settlements in low elevation coastal zones. *Environment and Urbanization*, 19: 17–37.

Ostrom, E. (2010). Polycentric systems for coping with collective action and global environmental change. *Global Environmental Change*, 20 (4): 550–557.

Postmes, T., and Brunsting, S. (2002). Collective action in the age of the internet: Mass communication and online mobilization. *Social Science Computer Review*, 20 (3): 290–301.

Robottom, I. (Ed.). (1987). *Environmental education: Practice and possibility.* Geelong, Vic., Australia: Deakin University Press.

Rydin, Y., and Pennington, M. (2010). Public participation and local environmental planning: The collective action problem and the potential of social capital. *Local Environment*, 5 (2): 153–169.

Wals, A. E. J., Brody, M., Dillon, J., and Stevenson, R. B. (2014). Convergence between science and environmental education. *Science*, 344 (6184): 583–584.

Zint, M., and Wolske, K. S. (2014). From information provision to participatory deliberation: Engaging residents in the transition toward sustainable cities. In D. Mazmanian and H. Blanco (Eds.). *Elgar companion to sustainable cities: Strategies, methods and outlook* (pp. 188–209). Northampton, Mass.: Edward Elgar Publishing.

第6章 环 境 公 正

Marcia McKenzie，Jada Renee Koushik，Randolph Haluza-DeLay，
Belinda Chin，Jason Corwin

重点

● 围绕环境公正的教育项目主要关注个人和社区经历中和环境相关的不平等待遇和负面影响。

● 城市环境教育通过讨论在获得自然和生态系统服务方面的差异、暴露于工业污染的环境风险、绅士化等主题来明确地参与环境公正。

● 环境公正的实现途径包括粮食主权、政治动员和气候正义。

● 整合环境公正的城市环境教育帮助参与者用更公平、更可持续的方式来建构、批判和变革我们的城市。

引言

本章概述了环境公正的重要性和城市环境教育中的公正问题。环境公正指的是要应对这样一个现实：环境灾害对某些群体的影响超过了其他群体；同样，环境福利也被某些群体过多拥有（Bullard，1993；Haluza-DeLay，2013）。它关注的是环境问题和利益如何与社会阶层、能力、性别、性取向、种族、殖民、全球化和人类中心主义相关。本章概述了环境公正运动的简史，阐述环境公正运动在城市环境教育中的重要性，并以三个案例说明教育对城市环境不公正问题的回应。

环境公正：简要的历史

在 20 世纪 70 年代早期，一些重要事件让公众意识到，美国环境灾害地点不成比例地频发或影响有色人种的聚居地或低收入社区，包括非洲裔美国人、拉丁美洲人和印第安土著社区（Brulle and Pellow，2006）。1978 年，因为要在北卡罗来纳州沃伦的阿夫顿市（一个以非洲裔美国人为主的聚居区）倾倒有毒废弃物，环境公正运动被引发了（Gosine and Teelucksingh，

2008）。沃伦是北卡罗来纳州最贫穷的地区，因非法排放而受多氯联苯[1]污染的土壤被集中运到沃伦掩埋。和环保运动家、宗教领袖一起，沃伦的居民通过恳求媒体曝光、组织抗议、游说政治家和“美国国会黑人同盟”成员，反对把有毒废弃物点安置在他们的社区（Gosine and Teelucksingh，2008）。另一个引起媒体关注的早期事件是“爱情运河”，有毒化学品进入纽约州尼亚加拉瀑布一个工人阶级社区的地下水，导致出生缺陷、流产和其他健康问题，最后诉诸法律。

随着20世纪80年代末和90年代初联邦环境法规变得更加严格，有公司开始利用印第安土著人的聚居地属于半独立的地位而不归联邦法律管辖的漏洞，在土著人聚居地倾倒垃圾和危险废弃物（Bullard，1993）。还有很多公司能够绕开严格的联邦条例，获得州级的倾倒废弃物的许可，这表明了环境不平等是如何通过政治手段实现的（Brulle and Pellow，2006）。世界各地其他国家也发现类似的贫穷地区被视作垃圾倾倒地的做法，以及较富裕国家把废弃物运送到较贫穷国家倾倒的现象。

由于环境公正领域的工作已经扩大到对社会不平等现象的关注，大量新的方法被引介了过来，如生态女性主义、生态公正和公平可持续发展等（Agyeman，2003）。最近的研究关注，在性别、性取向、种族、能力或其他社会类别基础上，哪些人会感到受欢迎和有安全感。相关的研究，如移民殖民地研究，开始关注北美的印第安人土地以及全球其他类似的土地是如何被欧洲移民通过定居和殖民地化剥夺的（Coulthard，2014）。把土著人的土地变成欧洲定居者的财产，以及随之相关的对土著人的强行搬迁和种族灭绝（包括通过资源开采政策和做法），在北美和其他地方进行着。目前环境不公现象的例子，还包括在加拿大阿尔伯塔和萨斯喀彻温的土著社区焦油砂开发对健康显著的负面影响（Thomas-Müller，2008）；气候变化对沿海居民的影响，那些贫困人口和贫穷国家最容易成为海平面上升和极端气候变化的受害者。此外，国际企业和政府部门在非洲和其他地方对贫困农民广泛的“土地掠夺”造成的负面影响。社会不平等和环境问题的联系与地方紧密相关，包括谁有安全通道或谁正在流离失所或被边缘化。

---

① polychlorinated biphenyls：多氯联苯，一种化工原料，属于致癌物质，容易累积在脂肪组织，造成脑部、皮肤及内脏的疾病，并影响神经、生殖及免疫系统。——译者注

环境公正和环境教育

通过承认和处理个人和社区在环境问题上有着不平等的权利和后果，环境教育开始越来越多地明确地参与到环境公正中。例如，土著学者和支持者从事环境教育相关的土著学、殖民主义和种族主义的研究（Tuck，McKenzie，and McCoy，2014），包括在城市中的研究（Corwin，2016）。环境教育学者也开始关注人类中心主义和动物研究，或者研究人类与其他物种之间权力关系的各个方面；并小范围地涉及种族、性别、能力和性取向（Agyeman，2003；Newberry，2003；Russell，Sarick，and Kennelly，2002）。一些方法强调多重社会和环境不平等如何相交并混杂在一起（Maina，Koushik，and Wilson，尚待发表）。

通过对一些流行的环境教育教材，如 *Project WILD*[①] 以及世界自然基金会开展的环境教育的评估显示，224 篇课程里几乎很少涉及环境公正的话题（Kushmerick，Young，and Stein，2007）。但是，研究者建议，这些教材里的很多课程都可以很容易地改编成以环境公正为核心内容。特别是涉及环境健康的课程，这可能包括关注边缘化社区的健康如何受到环境问题的不成比例的影响（Brulle and Pellow，2006）。可能融入环境公正的其他例子包括：可持续的未来（代际公平）和废弃物能源生产（社会人口和空间分配不平等）。

土著和非殖民化的教育方法也为城市环境教育融合环境公正议题提供有前途的方向。土著人的理论和实践把土地理解为涵盖地球上的一切，包括城市在内（Tuck，McKenzie，and McCoy，2014）。可以通过将学生和教育工作者与土地联系起来，质疑和打断殖民地定居者把土地理解为个人财产并进而不公正地对待土著社区的诠释。教师和学生可以利用土地教育所提供的机会质疑那些美化移民侵占土地和丑化土著社区的实践和理论（Bang et al.，2014）。土著教育工作者越来越多地参与城市土地教育，以支持土著身份认同。下面我们将用三个案例说明城市环境教育如何纳入这些议题。

城市环境公正和数字媒体教育

Corwin（2016）在纽约州小城伊萨卡（Ithaca）开展了针对印第安土著

---

① *Project WILD* 是美国一套以野生动物保护为主题的经典环境教育教材。——译者注

和其他有色人种年轻人的环境教育项目参与式研究。2016年，杰森·科温（Jason Corwin）发起了“绿色游击队青年媒体技术联盟”，这是一个结合工作技能培训和提升青少年能力的项目，用来指导青少年制作社会公正和可持续发展相关的视频和其他多媒体产品。他们自称“挑战现状的可持续故事讲述者”，在五年的时间里，他们制作了几部长篇“大片”和众多的短片，以及平面设计、互联网、音频产品等。参与者利用各种场合介绍他们的作品，举办公众演讲和校外活动等，包括走访幼儿园、初高中、社区学院、大学，参加会议、社区聚会、公众听证会、电影节等。通过他们的多媒体产品和推广活动，“绿色游击队员们”寻求“污染和监狱之间的联系”，倡导广泛的可持续性概念，强调绿色技术和农业方法需要和社会公正联系起来。这个团队还试图把生活在非城市的土著人所面临的环境问题和生活在城市里的土著人所面临的环境问题联系在一起（美国大部分土著人目前都生活在城市）。总之，该团队的活动融合了对促进可再生能源、绿色建筑、地方有机农业和社区园艺的极为推崇，并就有关监禁、种族不公和警察暴行的问题展开宣传。他们开着生物柴油驱动的面包车参加会议，并使用太阳能动力的的媒体实验室在户外播放他们制作的多媒体影像。

除了影像、相关的技术和公正，“绿色游击队”活动还有两个额外的组成部分：土著人的知情方式和亲身体验自然的机会。科温是印第安赛内卡族人，他作为“绿色游击队青年媒体技术联盟”的协调员，促进参与者了解各种土著人的观点和他们所面临的问题。有一些视频还记录了北美洲原住民社区面临的环境公正问题，从纽约州当地的卡尤加族（Cayuga Nation），到阿拉斯加的阿萨巴斯卡族（Athabascan Dene），再到加拿大英属哥伦比亚的塞克温梅克族（Secwepmec）。该团队还花时间制作了去自然保护区和公园考察的短片，强调了自然之美。这些短片在公共论坛里放映，吸引当地社区在学校推广种族平等和反对在周边用水力压裂法[①]开采天然气。用环境整体和综合的观点以及可持续发展的概念，参与者能够把他们在生活中和历史趋势上面临的土著土地被抢占、奴役、歧视和环境不公等问题联系在一起。

---

① hydraulic fracturing，水力压裂法，是目前开采天然气的主要形式。要求用大量掺入化学物质的水灌入页岩层进行液压碎裂以释放天然气。这项技术在美国被大范围推广，但也引发了污染水源进而威胁当地生态环境和居民身体健康的担忧。——译者注

公平和环境运动

自 2002 年以来，美国华盛顿州西雅图市将其“种族和社会公正计划”置于优先的地位。该计划旨在改变长期制度化的种族主义和贫富差距的基础系统。市政府承诺需要曝光和取消歧视性的城市政策、程序和做法，成为一个真正的民主社会。西雅图市公园和游憩管理局根据这项计划，扩大了它的环境教育项目，包括了低收入家庭和有色人种，使得这类项目让多样背景的年轻人和居民更方便地参加。

在此背景下，2014 年初一个多样人种和民族聚居的西雅图社区向市政府社区部申请并获得了一项资助，用来建设一个山地自行车道供当地的年轻人在居住区的公共绿色空间使用。然而，由于“种族和社会公正计划”和西雅图公园和游憩管理局把环境教育作为公平教育的工具，人们对社区青年在规划自行车路线时的意见缺失表示了关切。在这项城市建设中，环境教育对青年在环境公正的作用受到了质疑。

对西雅图公园和游憩管理局的青年项目工作人员来说，自行车道问题的争议触及了在土地利用问题上历史由来已久、根深蒂固的白人特权。他们意识到把环境教育项目向低收入或者少数族裔人群倾斜并不意味着当地青年人理所当然地参与。西雅图市政府也意识到，目前还缺乏将环境公正纳入实践的做法。2015 年，西雅图市政府通过了“公正和环境计划”，这是一个包含了市政府、社区、本地和全国性的基金会的伙伴计划，目的是深化西雅图在环境工作中对种族和社会公正的承诺。这一计划创造了以公正为核心的《环境行动议程》。

纽约市布朗克斯区的环境公正教育

“青年促进和平与公正协会”是纽约市南布朗克斯区的一家社区机构，目标是“培养年轻人成为社区领袖”。这个机构在南布朗克斯区开展社区活动和课外教育项目。这个区是美国最穷的国会选区之一，大部分居民都是拉美裔或者非洲裔。和纽约市其他富裕的社区相比，当地居民经常面临缺乏绿地、有限的医疗保健和新鲜农产品、哮喘发病率上升、贩毒者和穿越居住区的嘈杂的高速公路等问题而苦苦挣扎。与此同时，纽约市唯一的一条淡水河——布朗克斯河——流经这个地区。在 20 世纪的大多数年份里，这个珍贵的淡水资源被忽视了。它的河岸被废弃和工业化，由于下水道合流，河水遭到雨水和生活污水的污染。

“青年促进和平与公正协会”把南布朗克斯的居民（包括年轻人和他们的家庭）召集起来审视环境公正问题。协会的教育工作者、组织者和其他本土的民间机构、社区居民、环境领袖以及选举出来的官员一起，在提高公众对布朗克斯河的支持和保护意识上发挥了关键性的作用。他们成功地把一个建在布朗克斯河岸上的工厂变成了公园，为休闲和学习提供了必备的开放空间。现在，教育工作者继续帮助学生和其他居民认识到他们的社区理应有更好的环境。教育方法包括在布朗克斯河上划独木舟、创造环境艺术设施、培训学生对社区其他成员讲解环境及相关的社会问题、开展社区活动反对工业和交通污染、维护绿色空间等（图 6.1）。这些项目经常和辅导青年、培养学生的社交技能、帮助学生完成家庭作业以及其他积极的青年发展活动相结合（见第 17 章；Russ，2016）。

图 6.1　通过在南布朗克斯的圣女贞德教堂打理屋顶绿化，“青年促进和平与公正协会”的学生学习透水景观如何减少雨水径流。资料来源：Alex Russ

结论

来自“绿色游击队”“公平和环境运动”“青年促进和平与公正协会”的例子展现了种族、殖民、贫穷和其他社会问题与获取、理解、效益、与城市相关的其他考量交织在一起，以及城市环境教育该如何解决这些交集。重视这些问题能够让环境教育避免基于种族、收入、性别和能力的历史压迫关系的延续（见第20章）。我们认为，社会内容和不公正应该在环境教育教学法和方法上处于中心位置，而不是边缘。纳入城市环境教育的具体方法和问题将取决于每个城市或社区的文化和社区环境，以适应环境教育正在发生的城市的历史和当前环境。总的来说，注重抵制和纠正环境不公正，对于更公正地实施城市环境教育至关重要。

参考文献

Agyeman, J.（2003）. *Just sustainabilities: Development in an unequal world.* Cambridge, Mass.: MIT Press.

Bang, M., Curley, L., Kessel, A., Marin, A., Suzukovich III, E. S., and Strack, G.（2014）.Muskrat theories, tobacco in the streets, and living Chicago as Indigenous land. *Environmental Education Research*, 20（1）: 37–55.

Brulle, R. J., and Pellow, D. N.（2006）. Environmental justice: Human health and environmental inequalities. *Annual Review of Public Health*, 27: 103–124.

Bullard, R. D.（1993）. Anatomy of environmental racism. In R. Hofrichter（Ed.）. *Toxic struggles: The theory and practice of environmental justice*（pp. 25–35）, Gabriola Island, B.C.: New Society Publishers.

Corwin, J.（2016）. *Indigenous ways of knowing, digital storytelling, and environmental learning: The confluence of old traditions and new technology.* Ithaca, N.Y.: Cornell University Press.

Coulthard, G.（2014）. *Red skin white masks: Rejecting the colonial politics of recognition.* Minneapolis: University of Minnesota Press.

Gosine, A., and Teelucksingh, C.（2008）. *Environmental justice and racism in Canada: An introduction.* Toronto: Emond Montgomery Publications.

Haluza-DeLay, R.（2013）. Educating for environmental justice. In R. B. Stevenson, M.Brody, J. Dillon, and A. E. J. Wals（Eds.）. *International handbook of research on environmental education*（pp. 394–403）. New York: Routledge/AERA.

Kushmerick, A., Young, L., and Stein, S. E.（2007）. Environmental justice content in mainstream US, 6–12 environmental education guides. *Environmental Education Research*, 13（3）: 385–408.

Maina, N., Koushik, J., and Wilson, A.（in press）. The intersections of gender and sustainability in Canadian higher education. *Journal of Environmental Education.*

Newberry, L.（2003）. Will any/body carry that canoe？A geography of the body, ability, and gender. *Canadian Journal of Environmental Education*, 8（1）: 204–216.

Russ, A.（2016）. *Urban environmental education narratives.* Washington, D.C., and Ithaca, N.Y.: NAAEE and Cornell University.

Russell, C., Sarick, T., and Kennelly, J.（2002）. Queering environmental education. *Canadian Journal of Environmental Education*, 7 (1): 54–66.

Thomas-Müller, C. (2008). Tar sands: Environmental justice, treaty rights and Indigenous Peoples. *Canadian Dimension*, 42 (2): 11–14.

Tuck, E., McKenzie, M., and McCoy, K. (2014). Land education: Indigenous, postcolonial, and decolonizing perspectives on place and environmental education research. *Environmental Education Research*, 20 (1): 1–23.

第7章 地 方 感

Jennifer D. Adams，David A. Greenwood，
Mitchell Thomashow，Alex Russ

重点

- 地方感包括地方依附感和地方意义，有助于人们从生态角度欣赏城市。
- 地方感由个人经历、社会互动和身份认同等因素决定。
- 城市快速发展、城市绅士化、机动性、人口迁移、自然环境与人造环境之间模糊的界限，都使城市中的地方感更加复杂。
- 通过对场所的直接体验、环境教育项目中的社会互动、培养居民生态认同感，城市环境教育能够影响人们的地方感，培养生态的地方意义。

引言

不同的人看待同一城市或者街区的角度都是不同的。当一个人可能欣赏某个街区的生态和社会方面，而另一个人则可能经历了环境和种族的不公正。一个地方也可能会引起矛盾的情绪，比如社区和家庭的温暖与密集的城市生活压力并列。地方感——我们感知街道、社区、城市或地区的方式——影响很多方面：比如我们的健康、我们如何描述以及与一个地方互动、如何评价一个地方、我们对生态系统和其他物种的尊重、如何看待一个地方的功能承受性、我们希望建立更加可持续和公正的城市社区，以及我们如何选择提高城市水平。地方感也反映了我们对一个地方的历史和经验知识，并帮助我们想象它更可持续的未来。在这一章里，我们回顾关于地方感的学术研究，包括对于城市的地方感。然后我们探讨城市环境教育如何帮助居民加强对城市社区或整个城市的依恋，并将城市视为有生态价值的地方。

地方感

一般来说，地方感以人类生活的不同维度来表达和描述我们与地方的关系：如情绪、传记、想象、故事和个人经历（Basso，1996）。在环境心理学上，地方感——我们对一个地方的感知——包括地方依恋和地方意义（Kudryavtsev，Stedman，and Krasny，2012）。地方依恋反映了人与地方之间的联系；地方意义则反映了人们对地方的象征意义。简言之，“地方感就像镜头，通过镜头人们体验某个场所并赋予这种体验以意义”（Adams，2013，p.47）。历史上，地方感因人而异，甚至在同一人的人生不同阶段也是不同的。对同一个地方，人们可能会赋予生态、社会、经济、文化、审美、历史或其他方面的各种意义。地方感是通过个人经历演变而来的，它定义了人们对他们的世界是如何看待、理解和互动的（Russ et al.，2015）。在城市中，地方感呼应了文化、环境、历史、政治和经济的交集，并受到全球流动、移民以及自然环境与人工环境之间模糊界限的影响。

围绕“地方”与学习之间关系的研究和学术探讨反映了多样的观点，其中许多与城市环境教育有关。教育学者指出，人们需要发展出具体的“场所实践”，体现与当地景观（自然、建筑和人类）的融合（感性和概念上的）关系。此外，一些学者和研究人员利用一种流动性的视角（即观点、材料和人形成全球性和网络性的流动），通过在城市中心构建地方感，来建立对地方和全球之间关系的认知（Stedman and Ardoin，2013）。这表明，了解城市的地方感会引申出一系列的情况和挑战，包括动态人口统计、移民叙述视角、复杂的基础设施网络和有争议的对自然环境的定义（Heynen，Kaika，and Swyngedouw，2006）。一个关键的问题是，如何来看待城市中的地方感，因为城市中地点和人总在不断变化。考虑到城乡流动，今天的地方感包括一个人从何而来，以及他或者她现在如何发现自己。在美国一个大城市中心的研究中，Adams（2013）发现，加勒比海地区青少年关于“家庭”和身份认同的概念大多是在东北部城市背景中构建的，他们要么是出生于、要么是移民至这样的城市中。类似的城市关系的多维度是思考有意义的和相关性的城市环境教育的关键。

如果不对城市的社会属性是由那里生活的人继承和创造而来这一因素进行重要考量，对城市背景下的地方感的理解都是不完整的。批判地理学家[1]，如 Edward Soja，David Harvey 和 Doreen Massey 利用马克思主义分析把城市描述为全球资本主义下特定政治和意识形态安排的物质结果。批判教育学者[2]（如 Gruenewald，2003；Haymes，1995）利用批判地理学来论证城市是如何充满种族、阶级和性别社会关系的社会结构，从而使居民的地方感千差万别。例如，Stephen Haymes（1995，p.129）争论说，西方国家种族关系的历史背景，“在城市内的背景下，地方教学必须和城市黑人的抗争联系起来。”虽然 Haymes 写下这句话已经过去了很多年，但他的关于基于地方的城市教育必须和种族政治联系在一起的论断，如今在美国的“黑人的命也是命”[3]（Black Lives Matter）运动中得到响应。而环境教育工作者也需要与政治现实保持一致，因为这种政治现实如此深刻地反映了一个特定个体的地方感。这也回应了不同的人可能对同一个地方有着不同地方感的概念。城市地方意义的复杂性和我们对这种有争议意义的理解为个人探究和集体学习提供了强有力的背景。

在美国，Tzou 和 Bell（2012）以民族志的方法来研究有色人种青年中地方感的构建。他们的研究结果表明了环境教育对公平和社会公正的影响，例如，现行的环境教育叙事在权力和定位方面对有色人种社区造成的损害。更进一步，Gruenewald（2005）认为传统的评估模式，例如标准化测试，在基于场所的教育中是有问题的。相反地，我们需要把教育和研究重新定义为探究形式，这些探究形式要能明确地对地方做出响应，并能提供多种途径来界定和描述人与环境之间的关系。

地方感和城市环境教育

虽然并没有明确地说出来，但地方感确实是很多环境学习课程所固有

---

① Critical geography：批判地理学，产生于 20 世纪 70 年代，关注对不平等、不均等、不公平和剥削性地理现象背后的社会、文化、经济或政治关系的研究和改造。——译者注

② Critical education：批评教育学，产生于 20 世纪 70 年代，流派很多。但是不同流派追求对传统教育的批判与“解放”，强调运用批判理论通过批判的研究方法进行教育研究与分析，是其共同特征。基本的观点包括：教育没有促进社会的公平，而是社会差别和对立的根源；教育再生产了占主流地位的社会意识形态，文化以及经济结构；批判教育学就是要揭示看似正常的教育现象背后的利益关系，使师生对自己周围的教育环境敏感起来，以此“启蒙”；教育从来不是公平的，不能用唯科学的方式研究，而应该用客观的批判思维进行研究。——译者注

③ Black Lives Matter，“黑人的命也是命”运动，是一项起源于美国非洲裔黑人社群的运动及其政治口号。该运动兴起于 2013 年，因射杀黑人青年的警察 George Zimmerman 被宣判无罪，引发了黑人大量的抗议与骚乱。——译者注

的（Thomashow，2002）。这类课程的一个目标是培育**"生态场所的意义"**，这个术语被定义为"观赏自然现象，包括生态系统和相关的活动"，作为一个地方的"象征"（Kudryavtsev，Krasny，and Stedman，2012）。这一方法在生物区域主义、"不留一个孩子在室内运动"[①]、社区园艺、可持续发展农业、博物学、以地方为基础的教育，以及其他环境教育中较为普遍。以地方为基础的教育对城市生活有重要的意义，包括提高对地方的认识、我们与地方的关系，以及我们如何对这种不断发展的关系做出积极贡献，并且，鼓励当地行动者发展有助于促进社区福祉的呼应地方的变革型学习经验。

培养地方感

随着全球人口越来越多地居住在城市，生态型城市要求新的方法来理解地方感。地方感是如何促进人类繁荣、生态公正、生物多样性和文化多样性的？利用上述文献中的理论基础，我们提供活动的案例，帮助读者构建吸引、推动和影响地方感的实地探索（同时请参考 Russ et al. 2015 中 86 页的相关图表）。在实践中，城市环境教育项目将结合不同的方法来培养地方感，也许最突出的是基于地方的方法（Smith and Sobel，2010），这个方法教授在包括城市在内的任何环境中，都要尊重当地环境，包括非人类的环境。

体验城市环境

让学生对本来习以为常的东西有更加自觉的意识，是影响地方感的重要方面。关注学生经常去的地方，教育工作者可以问这样的问题："这是一个什么样的地方？这个地方对你来说意味着什么？这个地方能让你做什么？"通过亲自实践，让学生体验、重建和管理城市中更多的自然生态系统可能是培养生态地方感的途径之一。另一项活动可以利用概念地图来突出对学生重要的地点和圈子，比如通勤车和交通要道、网络、食物和能源或者娱乐。地图和手绘图也可以集中在感官知觉上，例如视觉、声音和气味，或者找到城市可持续发展的中心点。这些地图可以帮助学生了解特定的社区、调查邻里之间的关系，或者在他们或亲属居住的地方建立联系。

---

① No child left inside，不留一个孩子在室内运动，是美国环境教育界为鼓励学生走到室外，更好地接触大自然而发出的号召。其句型是模仿美国政府 2001 年为提高学生总体学业水平而提出的 No Child Left Behind Act（"不让一个孩子落后"法案）。——译者注

此外，地图活动可以帮助学生认识到他们自己的活动是如何与创建一座城市的更大的活动网络联系起来的，并让他们思考与环境有关的权力、准入和公平问题，如废弃物、空气污染和绿地。

另外一些帮助建立地方感的观察类和体验类活动还包括：① 探索边界或者边缘。例如，公路下的空间，社区之间的过渡区，栅栏和墙壁。② 寻找中心或者聚集点，询问人们聚集在何处以及为什么？③ 跟随行人的移动，并将其与城市动物的运动进行比较。④ 追踪鸟类、昆虫和人类的迁徙流动。⑤ 跟踪从事垃圾清理或其他公共服务的市政工作者在城市的移动情况。⑥ 观察一天中不同时间的色彩和光线变化。⑦ 观察建造和拆除建筑的模式。⑧ 与街头艺术家合作创作壁画。所有这些活动都可以帮助人们对那些熟悉或者不熟悉的地方发展新的意义和附加值。这些活动建立在与城市设计有关的开创性作品上，包括 Christopher Alexander 的“模式语言”，Randolph T. Hexter 的“生态民主设计”，Jane Jacobs 的“美国伟大城市的死亡与生命”，Jan Gehl 和 Birgitte Scarre 的“如何学习公共生活”，以及来自哈佛大学设计学研究生院出版的《新地理》期刊的丰富材料。

地方意义的社会构建

允许人们一起去探索和诠释地方的活动有助于形成一种集体的地方感和相应的地方意义。参与式行动研究和其他参与式方法提高了年轻人的批判意识，影响了他们如何看待和地方的联系，建立了对在一个快速变化的城市里对年轻人意味着什么的共同理解。例如，在一个参与式城市环境课程中，采用图片、声音和心理地图的形式使得学生经历了从把社区看作固定的地理位置到动态的、社会建构的空间这一转变，并描述他们如何体验和理解城市的某些现象，诸如腐败、城市绅士化以及使用绿色空间的机会（Bellino and Adams，2014）。这些活动有助于扩大学生对城市居民这一概念的理解，并用促使他们逐步去设想环境、经济和文化上可持续的未来的方法来改变他们的生态身份。

此外，可以通过讲述故事、与环境专业人士沟通、解说、向社区成员学习以及分享学生自己的故事等方式来建立生态的地方意义（Russ et al.，2015），以及通过叙述、图表、音乐、诗歌、照片或者其他的形式来表达对地方的理解，鼓励进行地方是什么和如何来关心的对话和反思（Wattchow and Brown，2011）。其他社会活动，诸如合作艺术创作、恢复当地自然区域、种植社区花园都能够有助于形成一种重视绿地和地方生态价值的集体地方感。新的社会构建的地方意义反过来又有助于促进社区参与保护、改造或创造具有独特生态特征的地方（例如，为保留社区花园而向开发商抗争）和帮助创造机会来维护这些生态特征（如集体购买太阳能）。那些长期参与社区活动的环境教育工作者能够目睹这些改变扎根、成长，见证个人和集体的地方感的改变。

发展生态身份认同

除了重视地方的社会性建设外，环境教育工作者还可以培养生态身份认同，促进对城市生态方面的欣赏。人类有多种身份认同，包括了生态身份认同，这反映了人们看待世界的生态观和生态视角。生态身份认同把注意力放在环境活动、绿色基础建设、生态系统和生物多样性上，包括在城市区域。城市的生态身份认同可以体现在个人对城市可持续发展的责任感和感觉自身有义务且有能力提升当地环境上（Russ et al.，2015）。城市环境教育项目能够影响生态身份认同。例如，通过让学生长期参与环境修复项目，使他们在环境议题中充当专家的角色，重视年轻人在环境规划过程中的贡献，尊重他们对未来城市发展的观点，认可年轻人努力承担的在当地环境以及环境机构中的大使角色（如通过工作 / 志愿者称号，T 恤衫上的标识或者培训班证书等）。即使只是让学生参与项目，让他们从生态角度更加熟悉自己所在社区，也会为他们的身份认同和城市感知增添一个生态层面（Bellino and Adams，2014）。

结论

本章提出的环境教育挑战是如何在动态的城市环境中嵌入地方和身份的深层含义。由于城市设施趋向多元化，从多种类型的绿色空间和基础设施到全球移民，都有无数的方式在进行。此外，虽然环境教育工作者可以通过设计和引导以了解和影响他人的地方感，对教育工作者本身来说，拥有属于自己的强烈的地方感也是非常重要的。这对那些没有在城市中度过他们的形成期的环境教育工作者来说尤其重要。这些人可能更多的是靠频繁地到访自然区域而建立的地方感，而较少接触城市多样性和城市环境中人们的密度和多样性。对于所有的城市环境教育工作者来说，让他们了解自己的地方感从而进行反思是很重要的，包括他们如何看待自然、人类和人造环境的价值。展示自己的持续学习和学习中遇到的挑战，将大大有助于促进其他学习者在多样化的城市环境中培养地方意识。通过分享我们自己在地方的经验，所有的学习者都能加深我们对环境和彼此的认识和敏感性。这种对地方的认识和接受，可以积极地影响集体和个人的行动，有助于创建可持续的城市。

参考文献

Adams, J. D. (2013). Theorizing a sense of place in transnational community. *Children, Youth and Environments*, 23 (3): 43–65.

Basso, K. H. (1996). Wisdom sits in places: Notes on a Western Apache landscape. In S.Feld and K. H. Basso (Eds.). *Senses of place* (pp. 53–90). Santa Fe, N.M.: School of American Research Press.

Bellino, M., and Adams, J. D. (2014). Reimagining environmental education: Urban youths' perceptions and investigations of their communities. *Revista Brasileira de Pesquisa em Educação de Ciências*, 14 (2): 27–38.

Gruenewald, D. A. (2003). Foundations of place: A multidisciplinary framework for place-conscious education. *American Educational Research Journal*, 40 (3): 619–654.

Gruenewald, D. A. (2005). Accountability and collaboration: Institutional barriers and strategic pathways for place-based education. *Ethics, Place and Environment*, 8 (3): 261–283.

Haymes, S. N. (1995). *Race, culture, and the city: A pedagogy for Black urban struggle*. Albany: State University of New York Press.

Heynen, N., Kaika, M., and Swyngedouw, E. (2006). *In the nature of cities: Urban political ecology and the politics of urban metabolism*. New York: Routledge.

Kudryavtsev, A., Krasny, M. E., and Stedman, R. C. (2012). The impact of environmental education on sense of place among urban youth. *Ecosphere*, 3 (4): 29.

Kudryavtsev, A., Stedman, R. C., and Krasny, M. E. (2012). Sense of place in environmental education. *Environmental Education Research*, 18 (2): 229–250.

Russ, A., Peters, S. J., Krasny, M. E., and Stedman, R. C. (2015). Development of ecological place meaning in New York City. *Journal of Environmental Education*, 46 (2): 73–93.

Smith, G. A., and Sobel, D. (2010). *Place- and community-based education in schools*. New York: Routledge.

Stedman, R., and Ardoin, N. (2013). Mobility, power and scale in place-based environmental education. In M. E. Krasny and J. Dillon (Eds.). *Trading zones in environmental education: Creating transdisciplinary dialogue* (pp. 231–251). New York: Peter Lang.

Thomashow, M. (2002). *Bringing the biosphere home: Learning to perceive global environmental change*. Cambridge, Mass.: MIT Press.

Tzou, C. T., and Bell, P. (2012). The role of borders in environmental education: Positioning, power and marginality. *Ethnography and Education*, 7 (2): 265–282.

Wattchow, B., and Brown, M. (2011). *A pedagogy of place: Outdoor education for a changing world*. Monash, Australia: Monash University Publishing.

第 8 章　气候变化教育

Marianne E. Krasny，Chew-Hung Chang，
Marna Hauk，Bryce B. DuBois

重点

● 气候变化教育既包括短期行动，如即时安全和降低风险；也包括旨在加强环境质量的长期行动。

● 鉴于气候变化已经发生，并威胁到居民生计、社区、生态系统和生物多样性，只注重减少我们的碳足迹或节能减排[①]的教育已经不再现实。

● 适应[②]和转型[③]教育可以促进形成健康的生态系统和社区，可同时减少碳足迹。

● “改造、复原力和再生”的气候教育框架包括学习如何减缓、适应和转型。

引言

2012 年 10 月，飓风桑迪猛烈袭击了纽约和新泽西海岸线，风速为 145 千米 / 小时，风暴潮高于平均低水位 4.3 米。飓风淹没了城市的地铁，摧毁了数以千计的房屋，冲走了海滩和栈道，并造成至少 53 人死亡和超过 180 亿美元的经济损失。在地球的另一端，2006—2014 年，新加坡经历的降雨和干旱创下 150 年来的纪录。无论是现在还是未来，城市该如何在这种因气候引起的洪灾和其他自然灾害面前保护它的居民？

环境教育，包括由大学和政府部门发起的中小学生和公众教育，以及由民间机构发起的各项倡议，能够在响应和应对气候变化以及由其带来的灾害面前发挥作用。但这样做的同时，环境教育工作者面临一个两难的境

---

① mitigation：“减缓”，即“减排”，减少温室气体排放，以使大气中的温室气体浓度达到某一稳定值，避免因平均气温持续上升发生不可挽回的危险后果。——译者注

② adaptation：适应，对实际或预期的气候变化及其影响采取的趋利避害调整过程。——译者注

③ transformation：转型，改变系统原本属性特征的行为。——译者注

地：我们如何一边笃定地认为可以通过努力减缓气候变化带来的影响，一边又承认有些因气候变化造成的影响是不可逆的，只能自己去适应和做出改变。我们以新加坡的正规学校课程、工程基础设施发展和公共外展活动为例，并通过探索美国如何利用“3R”① 的方法来应对气候变化的环境和可持续发展教育来回答这个问题。

正规课程和基础设施的方法

新加坡通过加强基础设施建设来确保安全，要求在学校课程中实施气候变化教育以及公众教育等方式结合的办法来应对气候变化（图 8.1）。基础设施的一个例子是有效的排水系统工程。根据政府的指令，气候变化教育已经纳入 8 年级和 9 年级的教学大纲，重点是“多变的天气和变化的气候”（Chang，2014）。新加坡的气候变化教育旨在帮助学习者了解有关气候变化的原因、影响和管理的知识、技能、价值观和行动。学生被期望能够熟

图 8.1　和许多沿海的城市一样，新加坡大部分地区不超过海平面几米；有效的排水系统和教育公众应对洪水就显得十分必要了。资料来源：Alex Russ

① 3R 指的是 reclamation（改造），resilience（复原力），regeneration（再生）。其中复原力是指人类社会及自然系统为维持其固有功能、属性和结构及其适应、进化和转变性能，对危险事件或干扰的反应及重建能力，其中可包含对不利影响的预防、承受、调整和恢复的过程特征。——译者注

悉气候变化科学，对气候变化问题做出理智的判断，说服其他人相信气候变化的原因，并采取个人行动减少碳足迹。除了这些基础设施和学校的努力之外，针对洪水洪灾的公共教育也是一个重要补充，其重点是公众如何预防洪水。例如，新加坡公用事业局在广播、脸谱网、推特和其他网站上更新洪水信息。公众通过汇报各地的洪水位置等积极参与防洪。为了应对干旱，公共教育的重点是信息传播和向家庭提供咨询，以自愿的方式管理用水需求。

尽管新加坡的多方面努力令人印象深刻，Chang 和 Irvine（2014）意识到要想通过教育使公众做好周全准备，需要更加综合的方法。例如，他们建议制定一个项目，帮助公众通过识别脆弱性和风险①为极端降雨做好准备，建立对承载力②概念的理解（例如，通过改进排水系统）和监测降水量。他们还促进了一项减灾项目，告知人们在灾后恢复中应该做什么。简而言之，与世界许多沿海城市一样，新加坡极易受海平面上升的影响，已开始采取一种全面的方法来保护和教育公民，预计今后将做出更大努力。

应对气候变化的环境教育和可持续教育：改造、复原力和再生（3R）

除了像新加坡那样，帮助居民预防和应对灾害的直接威胁所做的努力之外，Hauk（2016）呼吁更多地从根本上重新思考我们该如何应对持续的气候不稳定。她提出了 3R 策略来应对气候变化的环境教育和可持续教育。第一个 R 是“改造”（reclamation），一种缓解或减少人类对环境的影响，提高环境质量的方法。第二个 R 是“复原力”（resilience），它包含适应和自适能力的概念；第三个 R 是“再生”（regeneration），与转型或展望新的社会生态过程和系统有着最密切的联系。针对环境教育可以如何支持每一个过程，我们在下面给出建议。

改造

改造包括设计出能够从破坏中恢复生态能力和社会能力的系统。它

① 气候变化常见术语。脆弱性（vulnerability）是指对不利影响的易感性或程度，包括过程脆弱性和结果脆弱性。风险（risk）指某些人类财产（包含人类自身）处于危险境地，其后果不确定的潜在影响。——译者注

② adaptive capacity，承载力，指系统、机构、人类社会和其他有机体在降低气候变化潜在损害、挖掘有利机遇或应对影响后果的能力。——译者注

是类似于诺亚方舟一样的保存或者保护手段，可以是保护区、防水图书馆、种子库以及保存主要文化生活方式的区域。鉴于当说到“改造”时，大家更多地是想到类似于“开矿”[①]，在这里，我们说的“改造”指的是更完整的可持续生活系统，比如那些接纳土著生态知识的系统。创新的技术，包括那些深度的仿生学（Mathews，2011）所提供的技术，有助于改造工作。由于改造是由一种关怀的伦理，以及允许表达这种关怀的政治和社会结构所驱动的，它取决于一种文化对可持续性的承诺。此外，因为它开始对边缘生态系统和生活方式的反思，改造也取决于文化的共性、连续性以及对旧文化（这种文化提供了一种高碳足迹的替代方法）的尊重（Bowers，2013）。虽然这似乎排除了许多城市改造的可能性，但社会和生态记忆的遗迹常常会被保留下来。例如，移民或迁移到城市中心的农民，会在社区花园里种植蔬菜和草药。20 世纪 90 年代，古巴的朴门永续农业[②]、有机农业改革和使用适当的技术弥补苏联援助的退出就提供了一个改造的例子。这样的都市农业，以及规模较小的市民农园和社区花园，将多代人和不同技能的人聚在一起，从而创造了环境学习的机会。

复原力

一个人、一个社区、一个生态系统，或者一个社会生态系统都是有复原力的。因此，心理学、社会学和生态学发展了“复原力”的定义。所有这些定义都含有困难、干扰、恢复、适应以及在个体、社区和系统经历“引爆点”后的变化和改变等共同概念（表 8.1）。

Krasny、Lundholm 和 Plummer（2010）建议了以下四种方法，环境教育项目能够促进社会生态或者其他形式的复原力：

- 环境教育可以培养社会生态系统复原力的特性，如生物多样性、生态系统服务和社会资本（Walker and Salt，2006）。

---

① 在英语里，reclamation 有开垦、开发的意思。——译者注

② permaculture，朴门永续农业。字面上是永续（permanent）和农业（agriculture）的结合，也有永续文化（permanent culture）的意思。朴门永续农业舍弃使用现代农业的化肥农药，转而使用有机肥料，如厨余堆肥或蚯蚓肥，用人力或动物代替机器，耕地上保留多样的栖息地，种植天然抗虫花草代替化学农药等，这种概念发展起来的农业生态体系，有助于农业、生态、经济和防灾多方面的共赢。——译者注

表 8.1 复原力的定义

复原力的类型	定义
社区	社区应对来自外部社会、政治和环境变化的压力，并从中恢复的能力（CARRI，2013）
生态	一个系统，通过对结构和功能不同的控制，在进入另一种状态之前经历的扰动量（Holling，1973）
心理	暴露于可能干扰或破坏正常功能或个人发展的不利经历的过程中或之后的积极适应的过程、能力或模式（Masten and Obradovic，2008）
社会生态系统	适应或改造社会生态系统的能力，以维持正在进行的过程，以应对渐进和小规模变化，或在面对毁灭性变化时进行改造（Berkes，Colding，and Folke，2003）

- 通过与政府机构、非营利组织和社区组织合作，环境教育组织可以成为多中心治理系统的一部分，它提供了对小型干扰和重大灾害的适应和恢复（Ostrom，2010，cited in Krasny，Lundholm，and Plummer，2010）。
- 通过显示环境教育可以同时培养社会生态系统（工具性的）和心理（开放性的）复原力，“复原力”可以帮助弥合环境教育是促进行为改变的工具还是促进批判性思维和开放性手段的争议。
- 学习理论和社会生态复原力概念之间的相似性可能有助于找到迫切需要的跨学科方法，用以解决社会和环境问题。例如，学习理论表明，不一致或意外的事件促进了转化学习；社会生态系统复原力表明，重大的干扰刺激了环境管护和环境教育的新方法。

对在纽约经历了飓风桑迪的环境教育工作者的一项研究表明，教育工作者通常用“复原力”这个词来描述他们的项目。他们利用环境教育实践创造了“复原力”的实践定义，大致反映了心理学、社区和社会生态对“复原力”的学术定义。强调心理复原力的项目，旨在使参加者具备应对未来干扰的技能；支持社区参与规划的项目，反映了社区复原力；那些促进公民生态实践的人，如牡蛎和沙丘恢复，反映了社会生态的复原力（DuBois and Krasny，2016）。

虽然在研究中，纽约市的教育工作者通常不会严格区分“复原力”和“适应”，但他们平常说的更多的是“复原力”。可能的解释是，他们受以培养“复原力”为目的的资助和强调“复原力”相关的政府报告的影响。

但一个令人感兴趣的可能性是，在面对个人困难和更大的系统干扰时，复原力作为前进道路的概念，更容易与教育工作者产生共鸣。或者，就如一名教育工作者所指出的那样："适应比复原力缺乏主动感。有时候，我不想用让你感到无力的词。复原力说的是一个途径和过程；适应和缓解并没有很多爱在里面。"

再生

再生涉及创造更基本的变革性的改变，认识到气候变化正在改变当前的社会 – 生态过程，而系统可能会失去适应能力（Hauk，2016）。这种转变与适应周期中临界点中断之后的重组阶段相一致，并伴随着多尺度上全新过程的出现（Gunderson and Holling，2002；Krasny，Lundholm，and Plummer，2010）。和复原力系统类似，再生系统的特点是多个和多尺度的反馈机制，包括社会资本、赋权、城市粮食生产、司法和知识共享网络之间的反馈。例如，从事社区花园营造的学生可能建立社会资本[①]，这反过来又可能促进他们愿意为共同利益而采取进一步行动，包括建立新的管理集体资源的系统，如城市开放空间。城市环境教育可以在再生中发挥作用，不仅帮助年轻人从事创建和监测用于过滤污染物或产生能量的人工藻类系统，还能反映推动这类系统迅速发展的人类、社会和生态系统过程。我们可以把再生看成"再造生活系统"。Williams 和 Brown（2012，pp.44–45）认为，这些更彻底的变革性方法"重新设计心灵景观"，同时通过"再生性隐喻性语言的发展为可持续发展教学和学习提供信息"来重构环境和可持续发展教育。学习的特点是合作、互利互惠、活力和在学习情境的结构与教化法中催化转化。

小结

所有三个 R——改造、复原力和再生——都可以同时发生。事实上，我们可以把它们想象成互相嵌套的过程，其中"改造"涵盖范围较小，然后是复原力，最后是再生。此外，所有这三个过程可能取决于由非政府组织、科学家、政府和善于动员的社区团体组成的横向网络，也取决于对拥有更大政治结构的社区行动的纵向整合，从而产生更大的变化（Soltesova

---

① social capital，社会资本。是指个体或团体之间的关联——社会网络、互惠性规范和由此产生的信任，是人们在社会结构中所处的位置给他们带来的资源。——译者注

et al.，2014）。

环境教育可以和改造、复原力和再生结合在一起。当学生维护、保护和建立示范系统的保护区，包括小的城市公园或花园，为了改造的环境教育就发生了。为了社会生态复原力的环境教育，侧重于建立适应能力，包括通过建立社会网络来支持协作和学习，而这些又反过来应用于正在进行的合作和自适应管理过程或所谓的“通过经验学习”。与为了复原力的环境教育类似，为了再生的环境教育将重点放在反馈过程和培养参与管理活动；然而，它通过创建全新的系统，如藻类能源生产以及反思新类型的复杂系统如何运作，增加作为学习的重点。

结论

回到我们最初的关于环境教育在这个气候变化的时代所面临挑战的问题，我们主张环境教育可以将“缓解”和“适应”纳入“适应”基于健康生态系统和社区中发生的过程的情况（Krasny and DuBois，2016）。所谓“基于生态系统的适应”例子包括恢复牡蛎种群，用以提供过滤和其他生态系统服务；恢复沙丘作为风暴潮的天然屏障。环境教育也可以通过纳入“基于社区的适应”选项，以符合其社会价值的方式处理适应问题，包括参与和公平。这些措施包括努力使青少年和成年人参与合作，亲自动手管理和监测。虽然很多这样的举措听起来并不像环境教育本身，我们提出了城市环境教育的一个定义，除了结构化的课程，包括在参与动手改造、恢复、创造或监测再生系统过程中的学习。在某些情况下，这意味着参与恢复和其他形式的管理，通常被认为是环境教育的目标，发生在学习之前，并创造了学习环境。

我们如何把环境教育与缓解气候变化、适应气候变化和改造气候变化，以及3R气候变化教育结合起来？我们可以从注重环境教育的长期传统开始，重点放在缓解环境问题上。当努力促进环境友好行为来保护环境时，环境教育与第一个R（改造）相一致。应对气候变化的环境教育扩展到包括基于生态系统和社区的气候变化适应，这就和第二个R（复原力）相一致。最后，应对气候变化的环境教育包括转化或再生，这是第三个R（表8.2）。虽然这里我们指的是社会生态复原力和社会生态系统的转变，环境教育也促进了心理的复原力，改变了个人的生活。个人和生态系统的复原力和转变对于应对气候变化至关重要。

表 8.2　3R 和缓解、适应、转变之间的对应关系

气候的响应类别	3R	例子
缓解（mitigation）	改造（reclamation）	保存本土知识、种子库等
适应（adaptation）	复原力（resilience）	基于生态系统和社区的适应方法（如沙丘恢复）
转变（transformation）	再生（regeneration）	“重造”新系统（如藻类能源生产系统）

在本章中，我们提出了城市气候变化教育的两种范式。第一个是基于新加坡的实际经验。这是一个沿海的小城市国家，经常面临洪水泛滥的风险，其选择受规模和地点的限制。在这里，一个以确保个人和其供水安全的主要由政府主导的方法已经成功地挽救了很多生命。3R 范式则努力超越现有的思维方式和政治结构，改变社会和经济不公正和环境退化。它还建议超越自上而下的应急准备战略，即使这种战略出于挽救生命和基础设施的原因在短期内还被迫切需要。当我们应对社会和生态环境变化带来的变暖的和更不稳定的气候时，环境教育所面临的一个关键挑战就是如何找到平衡，也就是在实时响应确保安全和挽救人类生命、以对社会生态系统的反思和综合理解相伴的保护行动，以及长期的能力建设创造转化能源和社会系统之间的平衡。

参考文献

Berkes, F., Colding, J., and Folke, C. (2003). *Navigating social-ecological systems: Building resilience for complexity and change*. Cambridge: Cambridge University Press.

Bowers, C. A. (2013). The role of environmental education in resisting the global forces undermining what remains of indigenous traditions of self-sufficiency and mutual support. In A. Kulnieks, D. R. Longboat, and K. Young (Eds.). *Contemporary studies in environmental and indigenous pedagogies: A curricula of stories and place* (pp. 225–240). Rotterdam: Sense Publishers.

CARRI. (2013). Definitions of community resilience: An analysis (pp. 14). Community and Regional Resilience Institute.

Chang, C. H. (2014). Is Singapore's school geography becoming too responsive to the changing needs of society? *International Research in Geographical and Environmental Education*, 23 (1): 25–39.

Chang, C. H., and Irvine, K. N. (2014). Climate change resilience and public education in response to hydrologic extremes in Singapore. *British Journal of Environment and*

Climate Change, 4（3）：328–354.

DuBois, B., and Krasny, M. E.（2016）. Educating with resilience in mind: Addressing climate change in post-Sandy New York City. *Journal of Environmental Education*, 47（4）：255–270.

Gunderson, L. H., and Holling, C. S.（Eds.）.（2002）. *Panarchy: Understanding transformations in human and natural systems*. Washington D.C.: Island Press.

Hauk, M.（2016）. The new "three Rs" in an age of climate change: Reclamation, resilience, and regeneration as possible approaches for climate-responsive environmental and sustainability education. *Journal of Sustainability Education*, 7（2）.

Holling, C. S.（1973）. Resilience and stability of ecological systems. *Annual Review of Ecology, Evolution, and Systematics*, 4: 1–23.

Krasny, M. E., and DuBois, B.（2016）. Climate adaptation education: Embracing reality or abandoning environmental values? *Environmental Education Research*. http://www.tandfonline.com/doi/abs/10.1080/13504622.2016.1196345.

Krasny, M. E., Lundholm, C., and Plummer, R.（2010）. Resilience, learning and environmental education. *Environmental Education Research*（*special issue*）, 15（6）：463–672.

Masten, A. S., and Obradovic, J.（2008）. Disaster preparation and recovery: Lessons from research on resilience in human development. *Ecology and Society*, 13（1）：9.

Mathews, F.（2011）. Towards a deeper philosophy of biomimicry. *Organization & Environment*, 24（4）：364–387.

Soltesova, K., Brown, A., Dayal, A., and Dodman, D.（2014）. Community participation in urban adaptation to climate change: Potentials and limits for community-based adaptation approaches. In E. L. F. Schipper et al.（Eds.）. *Community-based adaptation to climate change: Scaling it up*（pp. 214–225）. New York: Routledge.

Walker, B. H., and Salt, D.（2006）. *Resilience thinking: Sustaining ecosystems and people in a changing world*. Washington, D.C.: Island Press.

Williams, D., and Brown, J.（2012）. *Learning gardens and sustainability education: Bringing life to schools and schools to life*. New York: Routledge.

第9章 社 区 资 产

Marianne E. Krasny, Simon Beames, Shorna B. Allred

重点

- 社会资本结合了社会联系、信任、共有社会规范和公民参与。
- 社区感是一种归属的感觉、一种有影响力的感觉以及通过参与一个群体实现自己需求的一种感觉。
- 集体效能指的是社会凝聚力、信任以及通过行动改善社区的意愿。
- 那些发动人们一起朝一个共同目标努力的城市环境教育活动可能建立社会资本和社区感，也可能展现集体效能；以这种方式，他们为城市的可持续性做出贡献。

引言

社区中心和公共空间的城市环境教育活动通常把社区福祉与环境目标整合在一起。例如，纽约市 Abraham House 的社区中心发动了年轻人参与社区园艺工作。尽管这些年轻人了解并改善了他们的当地环境，但是这个社区中心的真正目标其实是“强化家庭与整体社区”。

城市环境教育如何强化城市社区和提高城市环境质量呢？在这一章中，我们将关注三项社区资产——社会资本、社区感和集体效能，它们一直被用来理解为什么一些社区比另一些更好，为什么人们有时候能抛弃狭隘的自我利益而为集体利益做出行动。我们把社会资本、社区感、集体效能和城市环境教育联系起来，目的在于更好地理解哪些路径能通向强调集体行动而不是个人行为改变的那种城市可持续性。

社会资本

尽管社会资本有多个定义，它可以被看成社会联系、信任、共有社会规范和民间参与的结合体。社会资本对城市环境教育来说很重要，因为它既是社区福祉的指标，也是为公共利益管理自然资源的集体行动的先驱

（Krasny et al.，2013）。在这部分内容中，我们将回顾两位有影响力的学者的研究：一位是 Robert Putnam，他专注于“社会资本如何促成社区福祉”；另一位是 Elinor Ostrom，她解释了“社会资本如何培养集体行动”。

哈佛政治学家 Robert Putnam 同样认为社会资本能贡献于社区福祉，认为社会资本是参与式民主的一部分基础，他在这些方面有不少的文章和作品。事实上，研究已经显示，社会资本能减少青少年怀孕、行为不良、学业荒废、虐待儿童现象的发生，能加强他们的快乐和健康水平、他们与成人之间的关系以及民间社团技能，比如召集富有成效的会议（详见 Krasny et al.，2013）。Putnam 对社会资本的定义中，最基本的是志愿服务以及其他的社区公民生活参与形式。Putnam 称，随着人们向城市的人口迁移以及电视和其他社会变化带来的结果，传统公民生活的参与形式（比如扶轮社或者保龄球社）正在萎缩，他认为这样的萎缩对我们的社会来说凶多吉少（Putnam，2000）。但是其他的政治学家（比如 Carmen Sirianni）提醒说，传统的公众参与形式正在被新形式取代，比如水质检测、社区花园，或者更宽泛来说，是环境管护活动（Sirianni and Friedland，2005）。这对环境教育来说是个好消息，因为尽管环境管护不是环境教育本身，但它能提供充分的机会给青年和成人去学习环境。同时，嵌在环境管护活动中的环境教育项目能贡献于社会资本，因此有助于巩固我们的社区。

但是，社会资本并不仅仅能够促进社区福祉，它的重要性还体现在：它有助于可持续资源保护，这对环境教育领域来说是极为重要的。诺贝尔奖得主 Elinor Ostrom 把社会资本定义为“一整套惯例、价值观和关系”，它们由个体创建于过去、利用于当下或未来以协助他们克服社会困境（Ahn and Ostrom，2008，p.73）。为集体利益而管理我们的自然资源是让政治学家和环境教育工作者都很关切的一个社会困境。拥有更高社会资本水平的社区更有可能为集体利益去管理自然资源，更可能拥有学习和适应环境变化的能力。

Garrett Hardin 提出“公地悲剧”一说，认为在缺乏外在控制的情况下，个人行为总是从自身利益出发利用公共资源，从而不可避免地导致环境破坏。Ostrom 则研究人们在何种条件下会为公共利益对资源进行集体管理，提出了与“公地悲剧”不一样的选择。那么，问题就来了：既然社会资本是避免公地悲剧的关键因素，那么环境教育如何助力创建社会资本呢？

尽管相关研究还在起步阶段，但是不断累积的证据表明，环境教育项目能为社会资本的多个方面做出贡献。例如，代际环境教育项目能创建社交网络，让参与者朝向一个共同的目标进行合作，并以此建立互信（McKenzie，2003）。类似的活动有，攀岩户外拓展项目中一起征服悬崖峭壁的合作活动。城市环境教育通常还组织参与者参加社区花园工作，海岸清理活动，以及其他管护和解决问题的活动。这样的民间参与正是 Putnam 所定义的社会资本中的一个成分。研究表明，参与民间活动有助于培养环境公民行为（Chawla and Cushing，2007）。简言之，研究发现，组织公众参与民间行动并朝向共同目标一起合作的环境教育能提供创建社会资本的机会（Krasny et al.，2013）。

社区感

社区感是一种感觉：社区成员能感觉到归属，觉得自己对他人和对集体有意义，觉得他们的需求能够通过相互坚守得到实现（McMillan and Chavis，1986）。社区感包括四方面：**成员身份**，有归属感；**影响力**，觉得自己对集体有意义；**需求实现**，相信自己的需求能通过集体中的成员身份得到实现；**情感联系**，能感到自己与他人共有的历史、地方和经历。

当人们离开了农村社区，搬到城市后；或者当一条新高速路扰乱了城市街坊社区的社会结构后，相关的人可能会失去社区感。人们通常会试图重建归属感，重获影响力，实现自己的需求，以及重建情感联系。而重建的方式，可能是毁灭性的，比如加入帮派；也可能是积极的，比如参加环境学习和管护相关的青年项目。

鉴于环境教育通常聚焦于当地或基于场所的教育，社区作为场所一部分的重要性也变得越来越受到重视（Smith and Sobel，2010）。类似地，环境教育研究已经关注到地方感（见第 7 章），地方感能预测环境行为（Jorgensen and Stedman，2006）。未来的环境教育研究聚焦的地方可能不仅是环境教育项目如何影响地方感，还可能会是它对参与者的社区感带来的影响，以及社区感如何影响民间环境行为。另外，有了社区感与社区健康和民间行动的联系之后，环境教育工作者可能要考虑更直接地集中创建归属感和影响力，满足参与者的需求，以及创建他们与项目的关联度（参见第 17 章）。

集体效能

集体效能被定义为社会凝聚力、信任以及为改善社区而付诸行动的意愿（Sampson，Raudenbush，and Earls，1997）。传统上，环境教育把注意力集中于自我效能。相信自我效能的人认为，个人有能力采取行动并产生想要的结果。集体效能则帮助我们理解集体行动（而不是个人行动）在城市环境教育中的作用。

1999 年关于芝加哥低收入街坊社区的一项研究展示了集体效能如何与社区健康相关。研究人员在一辆车的两侧安装好相机，在城市街道上行驶了几千公里，录下沿途发生的一切。结果发现，凡是有迹象表明居民们在协作解决问题的街坊社区犯罪率都较低。例如，当研究人员查看录像视频并看到社区花园而不是荒芜的地块时，就以此为证据认为人们在协作。当他们把这些社区与警察的一些数据进行比对时发现，这些社区犯罪率较低（Sampson and Raudenbush，1999）。在纽约一项针对公共住房租户的研究中，研究人员发现，那些为公寓美化竞赛发起花卉蔬菜种植的居民们后来组织起监控行动，以便有人扬言要摘他们的花时可以及时发出警报并动员制止行动，他们还安排了那些爱闹事的小孩保护那些植物不被偷窃。简而言之，以种植花卉为开端的活动发展成清理和保护新建的珍贵公共区域和花园的行动。所有这些都需要合作和组织工作配合（Lewis，1972）。

我们可能不会把社区花园活动当作环境教育，但是，就像那些在城市中整合环境管护和社区福祉的许多其他民间生态学实践一样，社区花园活动为环境学习提供了机会（Krasny and Tidball，2015）。在参与社区花园活动过程中，大人和小孩一起种植物时，谁没看到过年轻人显露出来的好奇心，谁没看到过他们提问并去了解植物、鸟类或昆虫呢？通过社区花园活动，人们不论老少，都展现了他们为管护城市公共空间而付诸行动的意愿，这恰好就是城市环境教育的一个目标。

因此，除了在教室里进行的更结构化的课程之外，如果我们把城市环境教育扩展到能包含像社区花园活动这样通过管护行动发生的学习，那么我们就能理解城市环境教育如何成为一个社区的一部分并展现集体效能。我们可以把集体效能看作照料周边环境，而且这样的周边环境甚至包括空地、毁坏的建筑以及其他不文明行为在城市中留下的痕迹（Sampson，Raudenbush，and Earls，1997）。这些日常不文明行为显露出了一种态度，一种漠不关心、无助甚至无望的态度，就像一些人对环境显露出来的无望那样。为集体利益而行动能为这些态度提供补救办法，能带来关心、效能甚至希望。

讨论

至此，我们已经说明了社会资本、社区感和集体效能是城市环境教育想要的结果，因为它们能为社区福祉做贡献，并助其为共同利益进行集体行动。那么问题就来了：我们如何创建这些社区资产？那些能够创建社区资产的城市环境教育途径包括基于地方和基于社区的教育（Smith and Sobel，2010）、环境行动（Schusler and Krasny，2010）、积极青年发展（参见第17章）和社区环境教育（参见第13章）。这些以“学生与社区中其他人协作”为特色的项目还为学习过程增添了独特的一层含义和真实性（Beames and Atencio，2008）。

基于与当地居民进行集体行动、基于特定地方的学习理念一旦形成，就该开始考虑详细的环境设定和活动了。公有或社区管理的绿色空间（比如社区花园或城市公园）可以成为校园小组、青少年课外活动项目和居民用来创建社区资产和展现集体行动的地方。由于在城市公共空间进行的社区花园、植树活动以及其他民间生态学实践展现了街坊社区的集体效能，我们可以避免在一些项目中遭遇误区（这些项目往往把当地居民误想为几乎没有能力决定如何采取行动的弱势群体）。创建社会资本和社区感的基础是各种各样的个体在社区花园项目或城市河流沿岸清理活动的协作中进行的互动。

像城市社区花园这样的环境设定，像植树或海岸清理这样的活动，不仅带来了社区和环境产出，也促进了学习（Krasny and Tidball，2015）。对参与者来说，这种学习包括学习终身受用的技能（如园艺），包括把数学、语言艺术、科学和地理当中的抽象概念应用起来。Beames、Higgins和Nicol（2012）证实，这种途径并不是把社区发展放在比数学和读写能力更高的位置（p.70），而是把它们当作共生体，它们能通过发动学生参与真实和现实世界的活动而相互充实对方。这种综合的教学法还能改善当地环境，这也正是环境教育的基本目的。简言之，能提供机会给不同人群一起协作发展社区和环境资产的城市环境教育能很到位地加强共有的社会结构并以有意义的方式促进学习。

结论

环境教育与社会资产（如社会资本、社区感）和环境行动三者之间的关系不是单向的。相反我们可以把它们看作能相互加强的“复杂的系统反馈”。例如，城市环境教育可以是创建社会资本的一种方式，而社会资本反过来可以带来集体环境行动。参考社区花园活动的例子来看，环境学习以及更正式的环境教育课程可以成为社区花园活动的一部分，而且当青少年与成人通过协作铸造信任和社交网络时，社区花园活动可以创建出社会资本。这种社会资本反过来可以促进参与者进一步参与到社区花园活动或其他集体行动中，比如拥护城市公共空间。而且，当青少年参与到这种宣传活动中时，他们就拥有了额外的机会来建立信任和网络，或者社会资本。同样地，社区感既能促进集体行动，也能通过参与集体行动而被建立，这种集体行动包括像沙丘恢复或植树这样能提供城市环境学习机会的活动。

那么，所有这些如何应用到城市环境教育中呢？可持续性这个观念连接了社会产出与环境产出，但达成可持续性目标的具体路径是很难获得的。这些路径通常受到根深蒂固的一些看法的阻碍，这些旧看法往往把处理社区福祉问题的努力和聚焦于环境改善的努力对立起来。同时，研究表明，花时间在自然中或管护自然上（常见的城市环境教育活动）能促进个人和社区的复原力和福祉（Krasny and Tidball，2015）。简而言之，城市环境教育包括那些跨越社区与环境之间鸿沟的活动。这些城市环境教育项目整合建立社区资产（如社会资本和社区感），通常把学习嵌入集体行动中，也因此展现了一个街坊社区的集体效能。这些项目为人们提供一种方式来理解：环境教育为什么不仅仅是学习，也和建立可持续城市息息相关。

参考文献

Ahn，T. K.，and Ostrom，E.（2008）. Social capital and collective action. In D. Castiglione，J. W. van Deth，and G. Wolleb（Eds.）. *Handbook of social capital*（pp. 70–100）. Oxford，UK：Oxford University Press.

Beames，S.，and Atencio，M.（2008）. Building social capital through outdoor education. *Journal of Adventure Education & Outdoor Learning*，8（2）：99–112.

Beames，S.，Higgins，P.，and Nicol，R.（2012）. *Learning outside the classroom.* New York：Routledge.

Chawla，L.，and Cushing，D. F.（2007）. Education for strategic environmental behavior. *Environmental Education Research*，13（4）：437–452.

Jorgensen，B.，and Stedman，R. C.（2006）. A comparative analysis of predictors of sense of place dimensions：Attachment to，dependence on，and identification with lakeshore properties. *Journal of Environmental Management*，79（3）：316–327.

Krasny，M.，Kalbacker，L.，Stedman，R.，and Russ，A.（2013）. Measuring social capital among youth: Applications in environmental education. *Environmental Education Research*, 21 (1): 1–23.

Krasny, M. E., and Tidball, K. G. (2015). *Civic ecology: Adaptation and transformation from the ground up*. Cambridge, Mass.: MIT Press.

Lewis, C. (1972). Public housing gardens: Landscapes for the soul. In *Landscape for Living* (pp. 277–282). Washington, D.C.: USDA Yearbook of Agriculture.

McKenzie, M. (2003). Beyond "The Outward Bound Process:" Rethinking student learning. *Journal of Experiential Education*, 26 (1): 8–23.

McMillan, D. W., and Chavis, D. M. (1986). Sense of community: A definition and theory. *Journal of Community Psychology*, 14 (1): 6–23.

Putnam, R. B. (2000). *Bowling alone: The collapse and revival of American community*. New York: Simon & Schuster.

Sampson, R. J., Raudenbush, S. W., and Earls, F. (1997). Neighborhoods and violent crime: A multilevel study of collective efficacy. *Science*, 277 (5328): 918–924.

Sampson, R. J., and Raudenbush, S. W. (1999). Systematic social observation of public spaces: A new look at disorder in urban neighborhoods. *American Journal of Sociology*, 105 (3): 603–651.

Schusler, T. M., and Krasny, M. (2010). Environmental action as context for youth development. *Journal of Environmental Education*, 41 (4): 208–223.

Sirianni, C., and Friedland, L. A. (2005). *The civic renewal movement: Community building and democracy in the United States*. Dayton, Ohio: Charles F. Kettering Foundation.

Smith, G. A., and Sobel, D. (2010). *Place- and community-based education in schools*. New York: Routledge.

第 10 章　信任与协作治理

Marc J. Stern，Alexander Hellquist

重点

- “难解决的”城市可持续性议题需要基于商议的协作治理。
- 城市环境素养应该包含对治理的理解，以及与有成效的商议相关的技能。
- 对信任发展机制的理解能加强建设性商议和协作治理的潜能。
- 环境教育工作者能担任城市社区多方利益相关者协作过程中的培训师和协助员。

引言

城市可持续性挑战常常被看作“难解决的”问题（Rittel and Webber，1973）。它们既复杂又备受争议，尤其是构成城市的社会生态系统之间的紧张关系。它们通常涉及有利益分歧的相关者之间不平衡的权力关系。另外，它们的促成因素通常在转变，使得原因和对策都很难界定。解决难解决的问题不能用简单的政策方法，而应该跨越单一机构或政府职能的责任范围。城市可持续性方面的努力因此反映出“治理”的挑战。

治理在概念上包含社会中人们分享权力和做决策时涉及的结构、过程和传统。它超越了国家行为体的政府干预，进而包含广泛的一系列利益相关者。有效的治理是不同水平和规模上运行的个人和小组之间动态连接与互动的结果，它常常模糊了激励集体行动的传统权力界限（见第 11 章）。在西方世界，从“政府”转到“治理”这一走向（包括在城市规划和政策制定方面）始于 20 世纪 60 年代，为的是回应公众对专家主导的大型资源开发的抗议。在许多国家的法规和实践中，大多已经能接受利益相关者的参与和对话，并把它们当作治理复杂的城市问题时至关重要的部分。这样的趋势在有关城市治理和规划的文献中有时被称为“商议转变”。

这种商议转变强调的是公众参与的重要性、对有意无意的排他形式的关注、利益相关者之间对话的价值以及能减小权力扭曲效果的环境的创建，以便让人们觉得可以安全自在地表达自己（Parkins and Mitchell，2005）。商议过程通常需要公职人员投入更多的时间，放弃部分决策控制权，尊重并有耐心地对待意见分歧，积极响应各种参与者的关切。这些过程的混乱通常让官员们感到受挫（Predmore et al.，2011）。一些学者甚至支持回归信息公开但由专家主导的规划过程（Burton and Mitchell，2006）。

在承认需要改进现有商议方法的同时，我们认为，在面对难解决的城市可持续性问题时，商议过程对产生必要的创新理念起着至关重要的作用。成功的商议过程支持分享和审视存在分歧的意见，让更广范围的替代选择能得到考虑。它们还可能让参与者建立一种主人翁意识，创建关系去催化创意向行动的转化。另外，不论我们喜欢与否，在一个网络化的社会中，已经不可能平静地回到公众参与决策的传统形式了（比如只告知公众有意实施的政策，或仅仅记录公众评论的原声片段）。市民和利益相关集团期待的是通过新的渠道影响城市治理，因此有必要寻找创新的方式让他们参与其中。

在本章中，我们将从“商议转变”的角度来检查城市环境教育和城市环境治理之间的联系（在第 11 章，我们将了解实施环境教育的组织如何为环境治理网络贡献力量）。参与城市环境治理的人们需要他们自身职业技术知识之外的一些技能，包括批判性思考的能力，觉察传统学科训练之间或组织边界之间联系的能力，合作解决问题的能力以及建设性地与广泛多元的利益相关者共同努力的能力（Willard et al.，2010）。虽然专家知识极为重要，但是它必须置身于更大的城市系统中的社会、政治和经济结构中，以便能将实质知识与价值规范清楚地区分开来。如此，科学便能发挥恰当的作用去减小不确定性以及做出预测，同时，基于价值的决策也能在利益相关者当中得到商议。

环境教育的角色

环境教育想要在应对城市可持续性挑战时变得相关和成功，就必须认识到这种挑战的复杂性，认识到跨越传统政治、社会经济、行业（如非政府组织和政府）以及学科边界进行商议的复杂性。在这种背景下，我们强调两个关键结果。首先，环境教育能培养城市环境素养，人们通过有扩展性地考量环境治理来处理难解决的可持续性问题时必须有这样的素养。其次，环境教育能够改善个人在多种角色中的协作能力，强化商议过程的潜能并利用执行与适应解决方案的能力产生长期承诺和伙伴关系。而改善协作能力和商议过程的一个关键方面就是信任的培养。

培养城市环境素养

“环境素养”这个词包含了知识、态度、秉性和让人们得以有效分析和应对环境问题的必要能力（Hollweg et al.，2011）。在城市背景下，我们认为首要的是，这意味着把“环境”定义为人们生活的社会生态系统，而不是把它视作与城市居民的生活相隔甚远的“其他”自然环境。这个定义的系统组件强调的不仅是环境成分之间的相互作用（比如水和野生动物），也包括人工成分之间的互动。这意味着要跨越传统自上而下的考量，去厘清更复杂的因果链和反馈，兼顾政策选择、社会项目、基础设施挑战和社会环境影响之间的相互作用。我们需要重新考虑治理结构和过程，通过憧憬跨越政府和非政府部门后能做什么，来取代政府部门的传统观点和狭隘定义的组织界线。

例如，弗吉尼亚西南部的一个倡议正通过一个项目来整合能效和老龄化这两个传统上看起来相隔甚远的领域。这个项目遵守《美国残疾人法案》，对老年人的房屋进行改造。这个倡议旨在让老年人安享晚年，不用被迫搬进疗养院，同时进行能源审计和改善能效。把这两个议题放在一起处理，不仅节省开支，也打通了原本难以获得的经费来源。这样的努力需要对治理过程有整体观，以便政府机构（本地住房供给、劳动力培训、能源部门和区域规划委员会）和非政府组织之间能建立起新的联系。

这样的系统思维也能应用在较小规模的局部范围。例如，一个名为Green Bronx Machine的非营利组织结合环境教育、本地食物生产和劳动力发展等要素，在一个学区同时应对贫困、青少年营养状况和社区发展等多个议题。这里的商议过程涉及学校管理层、董事会、师生、父母和本地社区组织之间的互动。这些社区组织能把学生与校园之外的机会联系在一起。城市环境素养应该包括用来理解治理和商议过程的工具。可持续性挑战要求不仅要理性考虑现存可选方案（如批判性思维），还要有能力在现存结构和系统内建立新联系。然而，与我们合作的有些人看待这个世界的方式与我们不尽相同，如果不兼顾培养这种合作能力，上面提到的那些技能将收效甚微。

加强协作能力

成功的协作治理基于参与者投入治理过程的程度和他们创建整体解决

方案的意愿（这样的整体方案比它的部分总和还要强有力）。但是，公众参与和政治对话常常快速转变成“我们对阵他们”的辞令和策略，被推向事先形成的方案，而不是基于多种利益相关者的多元观点产生的解决方案（Predmore et al.，2011）。通过协作强化的解决方案常常依赖于社会学习，在这样的学习中，参与者基于他们的互动经历理解层面的改变（Reed et al.，2010）。我们相信，通过训练参与者协作解决问题，通过直接的协助，环境教育能让社会学习成为可能。

长久以来，信任就被认为是促成社会学习和有效合作的关键成分。信任被定义为在不确定性面前对脆弱性的接受意愿（Rousseau et al.，1998）。这样的意愿让参与协作治理的人们可以去冒险，更自由地分享以及更大方地倾听。Stern 和 Coleman（2015）指出了在环境领域与协作治理有关的四种信任形式：意向性信任、理性信任、亲和信任和基于系统的信任（或程序性信任）。

意向性信任指的是个人早已存在的比较信任别人的倾向。因此，它设置了一个底线，基于这个底线，其他形式的信任得到发展或受到侵蚀。那些露面参与环境议题有关的公共事件的人们意向性信任水平普遍比较低（Smith et al.，2013）。来自多种行业参与复杂的治理商议过程的人们在互动的起初，常常比与更熟悉的人互动时更显多疑。

其他三种形式的信任在整个商议过程中会直接受到互动情况的影响，包括精心设计的城市环境教育。理性信任涉及的是信任者对信任别人之后的可能后果的明确评估。因此，这种信任通常基于信任者从自身目标出发对潜在受信人能力和过去一贯能力的看法。在商议过程中，这意味着要展现相关知识、遵守承诺和及时合格地完成增量的任务。

亲和信任与理性信任类似，它基于人际互动，但是它并不计较或预测详细的后果。它建立在对潜在受信人的亲和态度基础上。这种亲和力或积极吸引力通常涉及对共有价值的假设，它可以来自积极的社会经历、对积极倾听的认知、响应能力、关怀以及对普世价值的讨论。在协作治理的背景中，练习沟通潜在价值观而不是简单地陈述事先形成的立场，常常能揭示出对培养亲和信任很重要的共同基础（Fisher and Ury，1999）。理性信任和亲和信任都是人际信任的形式。

基于系统的信任涉及的是对产生互动的系统的信任，而不是信任某个特定实体。研究显示，能促进权力共享、包含利益与风险公平分配的、高度透明共同建立的规程常常能促进基于系统的高水平信任的产生（Stern and Baird，2015）。这些条件与 Ostrom（1990）发现的、共有资源可持续与公平管理所必需的条件是一致的（比如多个农民共有的村镇森林或灌溉系统）。

Stern 和 Baird（2015）证明，提供足够的、均匀分布的所有三种可行的信任形式（理性信任、亲和信任和基于系统的信任）对协作弹性地持续应对变化来说是必要的。例如，如果政策变化了（与基于系统的信任有关），人际信任（理性或亲和）能让利益相关者在建立规程时计划出新路径。又比如，如果在变更的过程中，高度受信任的领导者的人际信任丧失了，基于系统的信任可能得以让群体在新领导体系建立过程中继续协同工作。如果有人表现不佳（违反理性信任），亲和关系能在理性信任重建过程中帮助减少损失。

通过培训参与者和协助合作式商议（表 10.1），环境教育工作者能在促进培养这三种信任形式过程中发挥重要的作用。理解信任如何产生可能让环境教育工作者具备必要的技能为不同利益群体建立沟通的桥梁。承认不同信任形式的存在或缺失对环境教育工作者设计项目过程中进行的背景分析来说是至关重要的。它让教育工作者得以根据参与者的需求定制项目，并创建相应的氛围让参与者充分参与、有效商议可持续性议题。

表 10.1 环境教育项目中建立信任的策略（引自 Stern and Baird，2015；Stern and Coleman，2015）

信任类型	定义	环境教育策略	
		培训参与者	协助引导
理性	信任基于对另一个参与者预计行为导致的预期后果的评估	培养批判性思维能力，评估不同信息来源，基于客观信息促进有效论证	提供机会让他们展示能力和可靠性
亲和	信任基于对另一个参与者的亲和力，通常凭借共有价值的假设和积极的社会经历	尊重多样的观点，理解其他论点的价值，显示不确定性，练习协作式学习和真诚倾听	把参与者从自身立场转移到对自身价值观的讨论
基于系统	在减小个人脆弱性过程中的信任	讨论权力分配和参与式过程及团队建设程序方面的教育	建立参与者都同意的透明决策程序

结论

在本章中，我们的目标是强调商议过程在环境治理中的重要性，并为想要促进必要合作来应对难解问题的那些环境教育工作者提供指导。我们认为城市环境教育应该包括：① 集中阐释跨越不同组织、机构和人建立新联系的可能性；② 通过培训和协助来加强以建立信任为途径进行建设性商议所需的协作能力。我们的号召对这个领域来说并不完全是新的；许多实践人员毋庸置疑已经在使用这些技巧，研究人员在之前也已强调了环境教育在促进社会资本发展和协作行动方面的潜力（例如，Krasny et al.，2015）。

我们建议，环境教育工作者把工作力度转向至少两个特殊途径来利用这些潜力。第一，环境教育工作者能帮助其他人看清在任何一种难解的环境挑战中起作用的环境治理复杂网络（见第 11 章）。这揭示了潜在行动的多个层面，而且随着对新机会的探索，可能加强权力赋予感。第二，环境教育工作者能培养结构化学习过程和协作过程的技能，从而引起足够信任的产生，让可靠的辩论、知识共享、价值讨论和创新得以进行。这涉及不让人们轻易叙述不可违逆的立场或展示自己的价值观与利益（Fisher and Ury，1999），从而创造机会进行能力展现（建立理性信任），促发积极的社会互动，帮助参与者理解他人的视角（建立亲和信任），共同建立公正透明的决策程序（建立基于系统的信任）。

能整合治理与商议过程的环境教育涉及利用多种视角和承认不确定性。一些城市问题可能通过提升意识或传授技术方案得到解决，但是在面对难解的问题时，这往往是不够的。因此，虽然规范性、强调即时技术解决（如回收利用）的环境教育项目可能引发负责任的环境行为，但是它们不可能帮助参与者产生创新的解决方案去应对城市可持续性问题。因此，Louise Chawla、Roger Hart、Arjen Wals、Jeppe Laessoe 等作者（例如，Reid et al.，2008）称道有加的环境教育参与式方法是很关键的。另外，环境教育工作者能发挥关键性作用，帮助学生在“专家”知识、本地知识和多样化公众价值观之间的交叉部分寻找方向。或许正是在这样的交叉部分，环境教育能对促进城市可持续发展产生最大的影响。

参考文献

Burton, E., and Mitchell, L. (2006). *Inclusive urban design: Streets for life.* London: Routledge.

Fisher, R., and Ury, W. (1999). *Getting to yes: Negotiating agreement without giving in.* 2nd edition. New York: Penguin.

Hollweg, K. S., Taylor, J. R., Bybee, R. W., Marcinkowski, T. J., McBeth, W. C., and Zoido, P. (2011). *Developing a framework for assessing environmental literacy.* Washington, D.C.: North American Association for Environmental Education.

Krasny, M. E., Kalbacker, L., Stedman, R. C., and Russ, A. (2015). Measuring social capital among youth: Applications in environmental education. *Environmental Education Research*, 21 (1): 1–23.

Ostrom, E. (1990). *Governing the commons: The evolution of institutions for collective action.* Cambridge: Cambridge University Press.

Parkins, J. R., and Mitchell, R. E. (2005). Public participation as public debate: A deliberative turn in natural resource management. *Society and Natural Resources*, 18 (6): 529–540.

Predmore, S. A., Stern, M. J., Mortimer, M. J., and Seesholtz, D. (2011). Perceptions of legally mandated public involvement processes in the U.S. Forest Service. *Society and Natural Resources*, 24 (12): 1286–1303.

Reed, M. S., Evely, A. C., Cundill, G., et al. (2010). What is social learning? *Ecology and Society*, 15 (4).

Reid, A., Jensen, B. B., Nikel, J., and Simovska, V. (Eds.) (2008). *Participation and learning: Perspectives on education and the environment, health and sustainability.* New York: Springer.

Rittel, H. W. J., and Webber, M. M. (1973). Dilemmas in a general theory of planning. *Policy Sciences*, 4: 155–169.

Rousseau, D. M., Sitkin, S. B., Burt, R. S., and Camerer, C. (1998). Not so different after all: A cross-discipline view of trust. *Academy of Management Review*, 23 (3): 393–404.

Smith, J. W., Leahy, J. E., Anderson, D. H., and Davenport, M. A. (2013). Community/ agency trust and public involvement in resource planning. *Society and Natural Resources*, 26 (4): 252–271.

Stern, M. J., and Baird, T. D. (2015). Trust ecology and the resilience of natural resource management institutions. *Ecology and Society*, 20 (2): 14.

Stern, M. J., and Coleman, K. J. (2015). The multi-dimensionality of trust: Applications in collaborative natural resource management. *Society and Natural Resources*, 28 (2): 117–132.

Willard, M., Wiedemeyer, C., Flint, R. W., Weedon, J. S., et al. (2010). The sustainability professional: 2010 competency survey report. *Environmental Quality Management*, 20 (1): 49–83.

第11章 环境治理

Marianne E. Krasny，Erika S. Svendsen，Cecil Konijnendijk van den Bosch，Johan Enqvist，Alex Russ

重点

● 环境治理指的是政府、民间社团或商业组织参与到环境管护方面的规则制定和决策中，参与到环境政策的形成中。

● 环境教育组织在城市环境治理网络中发挥着作用。

● 城市环境教育能让参与者准备好在当地的决策和规划过程中发挥作用，但是它并不明确地聚焦于环境治理和治理网络。

● 通过理解所在组织在环境治理中的角色，城市环境教育工作者和项目参与者能更好地摆准自己的位置来影响城市的可持续性。

引言

环境治理这个词被用来反映多个政府机构（不仅仅是单个政府单位）、民间社团组织（如基于社区的、非营利的国内或国际非政府组织）、营利商业组织如何在环境管护和政策中发挥作用。更具体而言，环境治理指的是，包括政府、民间社团和商业人员在内的各方参与到涉及公有环境资源的规则制定、决策和政策制定过程中。近年来，治理工作变得越来越分散化和具有参与性，而以前的惯例是这方面完全由政府机构把控（Buizer et al.，2015）。但是，环境治理和城市环境教育有什么关系呢？答案指向了一个事实，那就是许多在环境治理中发挥作用的政府机构、民间社团组织和商业体也在城市中进行环境教育。

在这一章中，我们首先介绍环境治理网络。然后，我们会呈现一些时下流行的研究——关于一些组织在亚洲、欧洲和美国城市治理网络中进行环境教育的研究。最后，我们鼓励环境教育组织考虑如何在城市环境治理中成为有效的贡献者，并提供一些实用的建议，让教育工作者和参与者清晰明了地看到环境教育在治理中的角色。在此过程中，我们得出的论点是，环境教育组织是城市治理网络中的行动者。组织的领导者和项目的参与者意识到这一点之后，这些组织能在环境治理中成为更具战略性的参与方。我们觉得，更明确地聚焦于治理工作能让组织的领导者得以找到他们的合作伙伴和得以集中努力在城市可持续性中发挥更大的影响作用，能让青少年和其他参与者得以理解环境管护和政策中的关键概念。通过聚焦于环境教育组织，本章是对第 10 章的一个补充（关于“环境治理”议题，第 10 章探讨的是，环境教育工作者如何培养项目参与者在治理方面的能力，包括加强信任这个途径）。

环境治理

欧洲在环境政策方面的环境行动主义和民间社团参与可以追溯到 19 世纪晚期，特别是和城市森林有关的那段时间（Konijnendijk，2008）。之后，美国与欧洲的环境治理成为民间社团在环境管护和政策方面参与日渐增多的 40 年趋势的一部分。20 世纪 70 年代期间，美国的政府机构通常是为了回应大型环保非政府组织（如 Sierra Club）的施压而发布相关规定。环保主义者与产业界之间的关系是敌对的，在有些情况中甚至是暴力的。20 世纪 90 年代，美国社会管理资源的方式开始发生变化。厌倦了冲突之后，生计依赖于自然资源的人们（如伐木工）和那些因为娱乐与美学价值而欣赏森林与海岸的人们开始寻求共同点。同时，对新形式的公民参与活动的兴趣也扩散开来，包括像社区花园、水质检测和海岸清理这样的志愿管护活动。一个新的公民环境运动诞生，当中，参与管护行动和环境倡议的民间社团组织同政府机构与商业体形成了伙伴关系（Weber，2003；Sirianni and Friedland，2005）。

随着越来越多民间社团组织参与到环境管护中，创新性的治理部署已经浮现。这些部署已经从政府控制和相关规定中分离，并融入公民参与，不仅仅包括由政府指导的、寻求利益相关者投入的努力，也包括民间驱动的、影响政策与实践的努力。而且，民间社团的人员已经变得更加专业化，并善于利用战术和策略（Fisher，Campbell，and Svendsen，2012；Fisher and Svendsen，2014）。例如，在印度的班加罗尔，民间发起的保护和恢复城市湖泊的运动生成了一个由民间管护和环境倡议群体组成的全市水治理网络。由于网络中的行动者在湖周边的社区中工作和生活，他们比政府部门能更好地监测水质和环境恶化情况（Enqvist，Tengö，and Boonstra，2016）。随着这些分散化的治理网络在环境政策设定中发挥越来越重要的作用，有关各种政府和非政府行动方的角色的问题、权力关系问题、问责的问题以及伙伴关系如何运转的问题都开始出现（Buizer et al.，2015）。

班加罗尔的例子阐释了治理网络（网络中的行动者、他们的交互和关系）在环境治理中的重要性。在 21 世纪早期，纽约市的环境管护网络包括了 2000 多个政府组织、民间社团和商业组织，它们共享信息和资源，而且通常围绕具体资源行事，如社区花园或哈德逊河口。政府机构（包括纽约市公园与娱乐管理局和纽约州环境保护部）则作为连接中枢组织，协助环境网络中资源和知识流的疏导。尽管没有像政府机构那样的中心位置，非营利组织同样扮演着为其他组织提供信息的重要角色。纽约市环境网络结构的主要特点就是所谓的“一松一紧”。“松”指的是，聚焦于具体资源的民间环境群体之间较松的连接；“紧”指的是，民间社团与政府行动方之间较紧较强的连接（Svendsen and Campbell，2008；Connolly et al.，2014）。尽管聚焦于不同资源并在不同层面上运行，这些组织的这种连接创造了它们应对多种尺度环境问题的能力。

治理网络很重要，因为各行动方带来了管理当地资源的多样经历和知识，因为这些行动方之间的连接让跨组织交流和学习成为可能。承担连接角色的组织通常对管护工作和全市管护工作行动者有更广泛的了解，能进行跨组织的知识共享，也能把兴趣和关注点互补的不同行动方联系起来。除了知识共享，成员组织和利益相关个体能通过尝试新管理途径、观察结果或边做边学等非正式过程对资源管理产生新的理解（Olsson et al.，2007）。和政府机构比起来，较小的社区组织少有官僚主义现象，可能有更强的应变能力或更快产生创新，但他们通常缺乏组织和领导方面的延续性；因此，政府行动方在协助讨论和提供延续性与稳定性方面有重要的作用。我们可以把治理网络中的大型政府机构比作根系更发达更稳固的树，把较小的组织比作更灵活更能随机应变的蜜蜂（Young Foundation，2012）。

治理网络中的信息共享和不同行动方让城市得以应变，这对解决气候变化、海平面上升、洪灾和热浪这样的棘手问题来说是至关重要的（Armitage and Plummer，2010）。政府行动方能为应变提供激励机制并承认那些为应变付出的努力，民间社团和商业组织则通常创造实践创新。例如，美国马里兰州发布了规定，要减小发展对雨水径流的影响。呼应这一规定的是，高度城市化的乔治王子郡与一家私人公司合作，启动了暴雨雨水管理公私清洁水伙伴关系（storm water management public-private clean water partnership），支持为当地创造新工作岗位和提供就业培训，雇佣弱势群体进入企业去执行城市绿色基础设施项目。白宫（美国总统）把这种伙伴关系认可为“全国最具创新性的伙伴关系之一”（Prince George's County，2016）。这个项目不仅对环境教育来说很重要，它的职业培训和相关学习机会也让年轻人得以获得建设绿色基础设施的技能。

环境教育组织

在印度、欧洲和美国的城市中，进行环境教育的组织是环境治理网络的行动者，为城市可持续性带来了重要的产出。例如，在印度的班加罗尔，绿色空间管理网络的成员们提到，提高公众意识和把环境问题列入城市议程是他们最重要的成就。这种不断增长的意识可归功于一些治理网络活动（比如为各种公民创造平台以讨论绿色空间管理所需的改变），也归功于一些在不同街坊社区分享其他可供选择的城市愿景的运动。连同班加罗尔甚至印度民间参与的其他表现，治理网络活动已经影响了媒体的报道、当局的反应以及公众的看法，以致现在主要公共项目启动时，人们都期待这些项目进行公开咨询，人们对传统的发展途径也已普遍存疑（Enqvist，Tengö，and Bodin，2014）。

类似地，在欧洲的 20 个城市，参与绿色空间治理的民间社团组织中 25% 的组织提供教育服务，40% 的组织鼓励城市居民去体验绿色空间或自然环境（Buizer et al.，2015）。对教育的强调程度在不同类组织中是不一样的，城市公园机构中有 7% 的组织强调教育，城市农业倡议组织中有 45%，保护组织中有 66%（保护组织把保护行动看作提高环境意识和提升教育的一种方式）。芬兰的赫尔辛基和奥地利的林茨都有这种环境外展项目的例子，在这些地方，民间社团组织还创造和分享了公有果树和可食用灌木植物的网络在线地图。

在纽约市，有 2000 多个环境管护组织围绕城市公园、街坊社区的开放空间、社区花园、纽约港河口以及其他城市资源行事。20 世纪早期，这些组织有一半以上都是较小的社区组织，大约三分之一是大型非营利组织，还有少数是在联邦、州或地方层级上运行的政府机构以及营利商业组织。采访发现，他们提供给社区的资源中，11 种里面有 4 种是和教育相关的，包括提供信息或数据，提供实践培训和课程，以及发动学生和实习生参与。另外，当被问及他们的社会和环境影响时，大约 70% 的组织说他们提供环境教育，60% 多的组织则提到发动青少年参与并提供教育体验（Svendsen and Campbell，2008）。最后，对治理网络起到中心作用的政府机构和民间社团组织（包括城市公园与娱乐管理局、州环境教育部、布鲁克林植物园、纽约环境恢复项目和 Grow NYC）（Connolly et al., 2014）进行的环境教育和解说项目有长期的夏令营和课后社区花园项目，也有公共钓鱼日和花园竞赛。

像政府机构和民间社团组织进行环境教育这样的事其实并不新鲜。学者已经记录了社区花园在科学、文化和公民教育中的作用（Krasny and Tidball, 2009），也记录了那些把聚焦于青少年和社区发展作为自己使命的组织如何发动青少年参与水质检测、社区花园活动、入侵物种清除和其他在布朗克斯进行的环境管护和公民生态学实践活动（Kudryavtsev, 2013）。但细看环境教育组织就会发现，与项目和课程相比，环境教育领域不仅通过持续的教学活动，也通过有目的地参与治理网络，为城市的可持续性作贡献。

给环境教育的启示

这给环境教育带来的好消息是，进行环境教育的组织已经成为治理网络的一部分。而且，专注教育的组织可以为治理网络做出重要贡献，包括它们在教学、交流和实践中学习这些方面的专长。了解到环境治理网络在应对城市可持续性问题过程中的重要性之后，有目的地关注环境教育行动者在这种网络中的作用是重要的。接下来，我们先概述一下环境教育组织如今参与环境治理的方式，这些组织包括社区花园、青少年和社区发展组织、博物馆、植物园、城市公园、环境非政府组织、州立机构运营的营地和游乐园（如迪士尼）。最后，我们将提议环境教育工作者如何把治理工作融入他们的教育项目中去。

在城市中进行环境教育的组织通常也参与一些治理活动和相关的管理与规划活动，包括为环境法规游说，让当地社区了解可持续性问题和潜在解决办法的宣传运动，绿色基础设施规划、设计和执行，通过公民科学监测野生动物种群和水质。环境教育项目中的青少年参与者也加入了这些相关活动。例如，联合国教科文组织的“在城市中成长”项目让世界各地城市中穷困街坊社区的孩子们参与到当地绿色空间的规划中；美国的“Garden Mosaics”项目发动青少年和成年人参与到社区花园的管理和学习中；康奈尔大学“BirdSleuth”项目的参与者监测美国和拉丁美洲的鸟类种群。有了政府机构、民间社团和商业组织对教育的兴趣，加上边做边学作为产生城市可持续性创新的一种方式，当地、州、国家和国际级别的环境教育组织就有形成额外伙伴关系的机会。环境组织还可以把教育研究支撑的知识与教学策略以及它们的参与者与物质资源网络（比如自然中心或营地）推上台面供了解。

作为加强现有网络的一种方式，环境教育组织可以成为其他网络行动方或者环境教育组织本身项目参与者的培训场地（例如关于教学法和青少年发展的培训）。把重点放在参与者身上，教育工作者可以指出，青少年已经在参与的一些与治理工作相关的活动（比如决策、规划、实践管护和监测）是如何涉及多个政府机构、非营利组织和私营部门伙伴的。他们可以举行一些讨论和活动来帮助参与者理解治理网络和网络中组织行动方的作用，并把这些讨论和活动融入与治理工作相关的活动中。

虽然我们还没发现哪些环境教育组织已经以这种方式特意兼容治理工作，但是我们呈现了一些这样做时能用到的策略。青少年可以使用环境组织或青少年组织的网站去获得合作方名单。例如，布朗克斯河沿岸一个环境教育组织的网站上列出的合作伙伴包括：纽约市公立高中，布朗克斯社区组织和商业体，科学、技术和环境组织（地方到国家级别的都有），与船舶有关的组织，以及文化和公共组织（http://www.rockingtheboat.org）。

或者，教育工作者可以请项目参与者把他们在环境教育项目中接触到的来自不同组织的所有人都列出来，比如政府科学家、其他组织的青少年以及公园管理部门的职员。项目参与者可以考量一下这些组织的使命，并对他们组织能加入的潜在治理网络进行头脑风暴，包括环境网络，也包括那些专注于青少年和社区发展的网络。教育工作者和青少年也可以通过参与城市绿色空间和其他类型的环境治理活动去认识更多人，比如保护、管理、监测、恢复、倡议和教育公众等环境治理活动（Connolly et al., 2014）。然后，他们可以确定，他们的组织已经或可能在哪里发挥作用，他们的活动如何才能最好地服务于那些专注于绿色空间、社区发展和其他可持续性问题的治理网络。

结论

环境教育项目试图促进思考和决策能力并为参与者建立互信（见第10章）。我们主张，在让环境教育组织和参与者的治理角色得到明晰之后，这些加强参与者参与制定当地政策能力的活动会得到更好的补充。了解环境治理，了解包括环境教育组织在内的一些组织如何为治理网络做贡献，对理解城市中的环境管护和政策过程来说是至关重要的。教育工作者和参与者在理解他们和所在组织的角色之后，他们可能会更有效地摆准自己和所在组织在治理网络中的行动方角色位置，这对产生应对社会和环境变化与城市可持续性所需的应变和创新来说也是至关重要的。

参考文献

Armitage, D., and Plummer, R. (2010). *Adaptive capacity: Building environmental governance in an age of uncertainty*. Berlin: Springer-Verlag.

Buizer, M., Elands, B., Mattijssen, T., van der Jagt, A., Ambrose, B., Gero"házi, É., Santos, A., and Steen Møller, M. (2015). *The governance of urban green spaces in selected EU-cities*. Green Surge, E.U.

Connolly, J. J., Svendsen, E., Fisher, D. R., and Campbell L. (2014). Networked governance and the management of ecosystem services: The case of urban environmental stewardship in New York City. *Ecosystem Services*, 10: 187–194.

Enqvist, J., Tengö, M., and Boonstra, W. (2016). Against the current: Rewiring rigidity trap dynamics in urban water governance through civic engagement. *Sustainability Science*, 11 (6): 919–933.

Enqvist, J., Tengö, M., and Bodin, Ö. (2014). Citizen networks in the Garden City: Protecting urban ecosystems in rapid urbanization. *Landscape and Urban Planning*, 130: 24–35.

Fisher, D. R., Campbell, L., and Svendsen, E. S. (2012). The organisational structure of urban environmental stewardship. *Environmental Politics*, 21 (1): 26–48.

Fisher, D. R., and Svendsen, E. S. (2014). Hybrid arrangements within the environmental state. In S. Lockie, D. A. Sonnenfeld, and D. R. Fisher (Eds.). *Routledge international handbook of social and environmental change* (pp. 179–189). London: Routledge.

Konijnendijk, C. C. (2008). *The city and the forest: The cultural landscape of urban woodland*. The Netherlands: Springer.

Krasny, M. E., and Tidball, K. G. (2009). Community gardens as contexts for science, stewardship, and civic action learning. *Cities and the Environment*, 2 (1): 8.

Kudryavtsev, A. (2013). Urban environmental education and sense of place. PhD dissertation. Cornell University, Ithaca, N.Y.

Olsson, P., Folke, C., Galaz, V., Hahn, T., and Schultz, L. (2007). Enhancing the fit through adaptive comanagement: Creating and maintaining bridging functions for matching scales in the Kristianstads Vattenrike Biosphere Reserve Sweden. *Ecology and Society* 12 (1): 28.

Prince George's County. (2016). Clean Water Partnership. http://thecleanwaterpartnership.com.

Sirianni, C., and Friedland, L. A. (2005). *The civic renewal movement: Community building and democracy in the United States*. Dayton, Ohio: Charles F. Kettering Foundation.

Svendsen, E. S., and Campbell, L. (2008). Urban ecological stewardship: Understanding the structure, function and network of community-based land management. *Cities and the Environment*, 1 (1): 4.

Weber, E. P. (2003). *Bringing society back in: Grassroots ecosystem management, accountability, and sustainable communities.* Cambridge, Mass.: MIT Press.

Young Foundation. (2012). Social innovation overview: A deliverable of the project: The theoretical, empirical and policy foundations for building social innovation in Europe (TEPSIE). European Commission – 7th Framework Programme, DG Research, Brussels, Belgium.

第三部分

教 育 场 域

第 12 章　非正规教育场所

Joe E. Heimlich，Jennifer D. Adams，Marc J. Stern

重点

● 非正规环境教育进行的场所通常是城市公园、动物园、图书馆、非营利教育中心等，在非正规环境教育中，学习者可以自己决定是否参与。

● 城市居民多种多样的社会角色为环境学习创造了丰富的“学习景观”。

● 城市非正规环境教育涉及内容包括：把环境内容联系到城市学习者的日常生活中，保证学习者的自主性，以及从城市环境广泛的社会机构中整合出提供环境教育的机构。

引言

旧观念认为城市居民没有接触自然和环境教育的途径。但几乎在任何城市背景下都有大批可用的资源，这是对旧观念的挑战。公园、动物园、水族馆、自然中心、花园、树木园和其他机构都提供了接触自然的途径，许多为城市居民提供环境教育和外展项目的非政府组织和政府机构亦然。尽管接触绿色空间的实际机会与收入是负相关的（Lee and Maheswaran，2011），但是即便在密集和经济不佳的城市社区中，依然存在无数的机会让人们参与到环境教育中。确实，城市非正规环境教育能以各种形式出现在城市景观中。本章将对各种类型的城市非正规教育机会进行定义，利用“学习景观”这一概念把这些教育机会置入城市居民的生活中，并审视针对城市受众的非正规环境教育教学法。

非正规城市环境教育

几十年来，教育工作者一直在讨论把正规学校教育之外发生的有组织的学习称为什么。非正式（informal）、非正规（nonformal）、偶然、日常、自由选择，这些都是有效的术语，但它们在教育信息的构建和呈现的背景和方式上存在些许意思上的差别。在这里，我们选择了“非正规”一词，依据的是 Mocker 和 Spear（1982）对它的定义以及后来科学和环境教育领域对它进行的澄清，它指的是学习环境或背景，在这种背景中，学习者之外的人决定学习内容（或者创立学习项目），但是学习者可以决定要不要参与。

在大多数城市，任何一天，人们都有大量的机会去参与环境学习。这种机会可能是当地电力公司提供的一次有关节约能源的社区会议，或是水域下水道管理机构提供的一个节水项目，或是非政府组织（如奥杜邦协会、山岳协会、大自然保护协会）提供的一次讲座。这种机会也可以是在科学博物馆举行的一次环境问题讨论会或在自然中心举行的实践活动。我们提出非正规环境教育提供者的五大类型：政府组织、准政府组织、环境组织、商业或产业界组织以及社区机构。提供环境教育的政府组织包括环境监管者和管理者，准政府项目则依托大学和以环境和自然教育为使命的公共支撑组织进行。除了商业以外，其他的环境教育提供者还包括自然中心和动物园，以及非政府组织、环境与青少年社区群体。

非正规环境教育可以根据三个维度进行分类（表 12.1）。“选择”维度涉及的是参与者的动机。在这个维度的一端，参与者以自己的兴趣为焦点，为特定的环境问题寻找解决办法。而另一端可能是学校组织的一次实地考察，学生的选择很有限；或是一些项目，当中的一些参与者可能只是陪同其他参与者来的。第二个维度涉及的是参与者的目标。这里说的目标可以指毫无目标，可以是为了满足一般好奇心，或为了学习某个特定环境问题，也可以是为了娱乐。第三个维度涉及的是非正规项目提供者的目标。这里说的目标与提供者的使命有关，可以是为了影响与保护有关的行为，或是为了提供安全的娱乐机会，也可以是为了帮助组织获取支持。

城市环境学习景观

大多数的环境学习发生在正规学校教育环境之外。这种学习跨越经历和场域，并以个人生活的环境背景为基础（Lave and Wenger，1991）。为了理解非正规环境教育，我们不仅需要把学习者放在相应场域中，也要考虑他们在特定环境背景下的身份和社会角色。社会角色理论（Biddle，1979）告诉我们，我们每个人都承担着一系列的角色，有时也叫身份，从父母到

表 12.1 非正规城市环境教育项目类型（根据参与者选择度、目标和提供者目标而分类）

非正规项目类型	参与者选择度	参与者典型目标	提供者典型目标
学校组织的实地考察或相关项目	无选择度	娱乐 学术成就 内容型知识	提供内容型知识 影响保护行为 教授批判性思维
对社区机构（如自然中心）的偶然拜访	选择度不定	社会经历 教育	具体内容 环境保育或保护的态度和行为
具体的项目（如外延或外展展示或管护活动）	选择度高	话题型知识或背景信息 技能发展 社会经历 应对具体问题	具体内容或技能发展 环境保育或保护行为
娱乐项目	选择度不定	锻炼 乐趣 社会经历	健康 环境意识 保护行为

孩子，从专业人士到业余爱好者，从朋友到同事，从发烧友到专家。我们通过扮演不同的角色来凸显我们自身的不同方面。一个人当下的角色能影响其注意的事物和对其经历的诠释（Feather，1982）。例如，我们带着小孩拜访自然中心的经历可能和我们自己拜访时的经历完全不同。一个人的角色对其视角和经历诠释的影响将决定其最可能学到什么。

随着生命历程不断往前，人们在其中付出的努力是多种多样而且不一定是线性或相联系的。一个人可能某天晚上去听交响乐，而第二天早上去河上划独木舟。另一天可能又去做园艺，然后去附近的篮球场打篮球。人们有潜能把不同的经历通过一定的意义联系起来。这就是学习景观的一部分，是一个人承担着多种多样的社会角色在生命历程中的穿梭，是一个人用一定的意义把不同经历联系起来，以及跨越不同经历进行累积学习的方式。非正规环境教育项目能帮助人们把他们的许多生命经历联系起来，并协助他们从不同的经历之间找到意义。能把这些联系变得清晰明了的城市地区环境教育提供者可以帮助学习者联系到环境问题，因此可能为他们带来参与可持续城市生活的更大兴趣和更有力行动。

一个学习者的身份会影响其学习过程中的前进方式，而学习景观也会影响学习者的身份。例如，一位社区成员注意到当地城市湖泊令人生厌的颜色和气味，开始质疑在那儿租用新脚踏船是否安全。于是她访问了环保署网站，发现了一个关于蓝绿藻藻华毒性的公共项目。参与了这个非正规教育项目之后，她把自己的所学发到了一个社区博客上，为其他人提供了解这个信息的途径，并号召他们付诸行动。这个人的身份可能已经从关注此事的公民转变成了社区倡议者，因为她已经开始鼓励其他人表达关注并尝试补救湖泊面临的情况（Stapleton，2015）。

把身份和行动能力连在一起可以帮助人们发展环境身份，这里的行动能力指的是在某种情形下采取行动的能力（Adams and Gupta，2015）。对那些力图推动公共倡议的非正规环境教育提供者来说，培养与环境问题有关的行动能力并注意现有身份及与环境的关系是他们的关键目标。有了与提高行动能力有关的项目和学习材料后（通过了解问题所在并提供通向改变的途径），非正规机构能影响个人和群体的环境身份。

显然，并不是每一段经历都能加强一个人对环境的理解或环境身份的。一项针对环境教育利益相关者的改良后的德尔菲法研究发现，一个人生命中的许多环境学习并不总是和自然连在一起的，而是与其他相关关注点有关，比如健康、家庭、休闲和安全。尽管环境教育的核心是一种素养（这种素养能让人们获得有利于自身和环境的环境知识、情感与行动），但环境教育也包括公共卫生、环境公正、社会公平、多元性、公正和其他关注点，其中很多关注点在城市背景下显得更强烈。

在城市非正规环境教育中的学习

在各种各样的非正规项目中，教学法途径也有强烈的差异。尽管在有些情况下参与者从人身自由上来说没得选择（比如小孩参加学校项目或家长报送的项目），但是孩子们从认知层面来说是相对自由的。没有明显的后果或评估，参与者得到了解放，他们把参与程度控制在自己的兴趣点或好奇点那儿，或者根据自己与教育提供者的好恶关系来决定参与程度。环境教育有更广的目标，包括强化与解决环境问题有关的知识、技能、态度和意向。对那些力图达到这些目标的教育提供者来说，有三个理论模型可能尤其重要：思考可能性模型、自我决定理论和参照组理论。

思考可能性模型（Petty and Cacioppo，1986）来自说服性沟通研究，它对力图改变人们环境态度的教育工作者来说是适用的。在理解受众自主性强的教育时，该模型的应用体现在它描述的两条说服路径上：中心路径和边缘路径。中心路径涉及的是信息接收者对信息的直接认知加工（“思考”）。换句话说，信息接收者提取以往的经历和知识，用以检查和评估在沟通中呈现的与问题相关的论点。这种认知加工过程能导致明确的态度被整合到信息接收者的信仰结构中。通过这条路径发展来的态度往往相对而言更易觉察到、更长期稳固、更可预见行为以及更不易改变。想要让中心路径的认知加工产生，信息接收者必须有足够的动机，并且要能够加工信息。当动机和加工论点的能力比较弱时，信息传递的环境背景（而不是信息内容本身）将起到更重要的作用，且依然可能说服信息接收者，这就是边缘路径。但是，这种边缘路径的认知加工往往只有当环境暗示所在位置恰当时才能影响到信息接收者。例如，一些人可能看到别人捡垃圾后自己也去捡，但是自己一个人时可能不捡，除非这种行为已经通过中心路径的认知加工被内化了。

对自主性强而且对环境话题熟悉程度有限的受众来说，中心路径认知加工的启动很大程度上取决于以下几个因素。首先，项目中是否存在控制注意力的东西？ Moscardo（1999）的一项关于提升访客注意力的研究显示，新奇、多感官调用和选择度可以加强人们接受新观点的开放程度。同时，来自构建主义传统学派的其他学者强调，突出显示主题与参与者生活的相关性也是很重要的。这就表示，在参与者能进行有意义的参与的环境下，在参与者保有足够自主性以追求自己的兴趣的环境下，新奇与熟悉程度的恰当融合是很重要的。

例如，北湾历险中心在马里兰州切萨皮克湾的一处改造环境中为来自巴尔的摩市中心的中学青少年提供教育服务。对大多数参与者来说，到北湾的一个多小时的旅程是他们第一次离开城市。位于州立公园内海滩位置的北湾还拥有一个大型体育馆和一个多媒体剧场，在那儿，来自白天所学课程的环境主题被转化成有关参与者家乡环境的类似课程。例如，白天了解完入侵物种之后，参与者要参加一个聚焦市中心社区犯罪和毒品的夜间演出。北湾的教育工作者直截了当地讨论学生们所处的环境，而不是遥远的某个地方或原始的远方，以此进一步帮助参与者把课程与他们的家庭生活联系起来（Stern，Powell，and Ardoin，2010）。

自我决定理论（Ryan and Deci，2000）进一步强调了自主性对学习者的作用。该理论和相关的研究表明，人们对自主性、能力和关联性的感觉是导向内在动机的关键，而内在动机又能加强学习和中心路径认知加工。非正规环境教育项目处理自主性、能力和关联性的方式可能如下：对学习者的兴趣做出回应和允许学习者在项目中有选择的自由（即自主性）；专注于内容型知识之外的技能发展和应用，提取以往的相关知识、技能和已知情形（即能力）；创造支持性和合作性环境和鼓励创新、敢于冒险和开放探索的环境（即关联性）。在城市环境背景下，把内容和当地相关的状况联系在一起同时考虑社区关注点可能对于对抗“封闭式”自然项目的传统概念来说尤其重要，这些“封闭式”自然项目不会有意义地去连接那些对自然和环境的定义与教育提供者不同的受众。

城市人口在兴趣、文化和社会经济地位等多种维度上呈现出多样性，非正规项目在接近不同类型的人群时它们的潜能也各不相同。例如，那些被大学外展项目吸引的与访问当地自然中心的可能不是同一群人。而且，大多数人可能对他们所在社区的环境教育机会基本不在意或不感兴趣，或者参与了项目却并不知道自己参加的是环境教育项目。最近，一项关于人们对他们当地社区自然中心所感知的价值的研究（Browning et al.，审稿中）发现，这些自然中心（想必类似的社区机构也一样）的价值可能远不止他们传统形式的环境项目策划组织和休闲服务。社区成员们重视这些中心还因为它们在加强民间参与社区复原力方面发挥的作用。也就是说，这些组织通常认为“偏离使命”的一些活动可能实际上比原先设想的要更有价值。

参照组理论（Merton，1968）能帮助我们理解，城市社区内部的联系如何能加强公众信任和非正规环境教育项目的扩散和影响。对各种形式环境项目提供者的信任是推动他们成功的重要因素（Stern and Coleman，2015）。我们的价值观、观点以及因此导致的评价大多通过对比那些我们觉得重要或值得信赖的人而获得。我们可以把参照组理论看作城市环境中的一个复杂的“文氏图”[①]，图中对个人的影响可以来自家庭成员、其他社区成员、政治家或名人。通过积极参与到“环境类型”相关话题之外的社区领域工作中，环境教育提供者可以建立一些信任关系，并将这些关系当作途径来影响非传统受众，使他们变得对环境项目策划与组织感到好奇。通过与多种多样的社区成员产生更广泛的互动，教育提供者可以成为越来越多人的参照组的一部分，这样不仅能启动项目参与，还能带来有关环境教育跨行业角色的更广泛的对话讨论。在城市社区典型的密集社交网络和多样学习景观中，这些连接性的活动（例如为当地识字扫盲活动当志愿者

① 文氏图（Venn diagram），又译为维恩图、韦恩图等，用于展示在不同的事物组群（集合）之间的数学或逻辑联系。——译者注

或为社区音乐会提供场地）可能会产生指数级的影响。

结论

我们觉得，针对城市受众的有效非正规环境教育项目与独立的或正规的教育展示或讲座不同。它们发动城市社区成员参与和他们生活环境（包括人为环境）直接相关的活动。它们发动人们参与学习环境问题和日常生活面临的问题，这些问题可能很平常，也可能很特别。它们强调在当地空间中驾驭环境问题的技能。不管是在动物园、博物馆还是图书馆，不管在工作、在家还是在公共交通中，不管是和朋友在一起、和家人在一起还是独自一人，我们都处在我们生活方方面面的环境中，都能遇到参与周边非正规环境教育的机会。城市环境教育提供者有独特的机会去联系传统受众之外的人群，这归因于城市环境中密集多样的项目网络，包括青少年运动联盟、识字俱乐部和邻里守望组织。跨行业建立关系不仅能为项目带来参与者，也能通过整合环境内容和非传统受众认为更相关的内容从而加强城市环境教育的影响，进而引起应对环境问题的更广泛意识和潜在动机。与社区组织建立关系还能使环境教育向社会问题开放，进而反映大学中那些专注于综合社会生态系统的，以环境和可持续性为导向的当前的学术方向。最后，通过建立这些关系，非正规教育提供者能更好地协助参与者为日常生活中遇到的各种不同经历建立联系。

参考文献

Adams, J., and Gupta, P.（2015）. Informal science institutions and learning to teach: An examination of identity, agency and affordances. *Journal of Research in Science Teaching*. http://dx.doi.org/10.1002/tea.21270.

Biddle, B. J.（1979）. *Role theory: Concepts and research*. New York: Academic Press.

Browning, M. E. M., Stern, M. J., Ardoin, N. M, and Heimlich, J. E.（in review）. The values of nature centers to local communities. *Environmental Education Research*.

Feather, N. T.（1982）. *Expectations and actions: Expectancy-value models in psychology*. Mahwah, N. J.: Lawrence Erlbaum Associates.

Heimlich, J. E.（2009）. Environmental education evaluation: Reinterpreting education as a strategy for meeting mission. *Journal of Evaluation and Program Planning*, 33（2）: 180–185.

Lave, J., and Wenger, E.（1991）. *Situated learning: Legitimate peripheral participation*. Cambridge: Cambridge University Press.

Lee, A. C. K., and Maheswaran, R. (2011). The health benefits of urban green spaces: A review of the evidence. *Journal of Public Health*, 33 (2): 212–222.

Merton, R. K. (1968). *Social theory and social structure*. New York: The Free Press.

Mocker, D. W., and Spear, G. E. (1982). *Lifelong learning: Formal, nonformal, informal, and self-directed*. Information Series No. 241. Columbus, Ohio: ERIC CSMEE.

Moscardo, G. (1999). *Making visitors mindful: Principles for creating sustainable visitor experiences through effective communication*. Urbana, Ill.: Sagamore Publishing.

Petty, R. E., and Cacioppo, J. T. (1986). The elaboration likelihood model of persuasion. *Advances in Experimental Psychology*, 19: 123–205.

Ryan, R. M., and Deci, E. L. (2000). Self-determination theory and the facilitation of intrinsic motivation, social development and well-being. *American Psychologist*, 55 (1): 68–78.

Stapleton, S. (2015). Environmental identity development through social interactions, action, and recognition. *Journal of Environmental Education*, 46 (2): 94–113.

Stern, M. J., and Coleman, K. J. (2015). The multi-dimensionality of trust: Applications in collaborative natural resource management. *Society and Natural Resources*, 28 (2): 117–132.

Stern, M. J., Powell, R. B., and Ardoin, N. M. (2010). Evaluating a constructivist and culturally responsive approach to environmental education for diverse audiences. *Journal of Environmental Education*, 42 (2): 109–122.

第 13 章　社区环境教育

Marianne E. Krasny，Mutizwa Mukute，Olivia M. Aguilar，
Mapula Priscilla Masilela，Lausanne Olvitt

重点

● 社区环境教育利用环境学习和环境行动来促进城市或者其他环境中社区的健康。

● 社会学习包含了多种学习理论，所有这些理论都聚焦在通过与他人的互动来学习。

● 实践社区和文化历史活动理论是在理解社区环境教育中非常有用的两种社会学习框架。

引言

社区环境教育把社区健康优先于环境结果。因此，环境学习不仅仅是一种在环境里、关于环境和为了环境的学习，而且成为实现社区健康和康复的手段。这样，社区环境教育与青年和社区发展、参与式、环境教育中的复原方法相一致。社区环境教育计划虽然优先考虑的是社会而不是环境，但实际上，通常对社区和环境两方面都能产生积极影响。

考虑到社区环境教育是一个新兴领域，尚缺乏明确的定义（Aguilar 2016；Aguilar，Price，and Krasny，2015），在这里，我们使用在美国城市背景下发展起来的一个定义（Price，Simmons，and Krasny，2014）："社区环境教育旨在通过深思熟虑的环保行动，增强社区的健康。它考虑到社区的社会、文化、经济和环境条件，促进协作学习和行动。"

术语"社区"也有多种定义，包括围绕一个共同的地域、社会关系或归属、文化认同和利益（Delanty，2003）。我们使用的术语是将当地（例如邻里）、共同利益（例如青年发展、有机食品生产）和社区的关系或归属结合起来，这与我们对社区健康的关注是一致的。我们将社区健康定义为可支撑健康和有品质生活的社会、环境和经济条件，包括健康的绿地、

食物和水的存在以及与他人进行健康活动的机会。尽管注重社区健康的环境教育可以在任何地方发生，但我们对社区环境教育的理解大多来自城市工作。

因为建立人与人之间的联系对于实现社区健康至关重要，学习理论强调如何通过与他人的互动来进行学习，这有助于阐明社区环境教育的学习过程和结果。社会学习包括一组理论，但它们都有个共同点，即关注通过与他人和环境的互动来学习（Wals，2007）。两个社会学习理论被用来理解环境教育，包括实践社区和文化历史活动理论。例如，Aguilar 和 Krasny（2011）应用实践社区理论来理解在得克萨斯州小城市里的课外活动中，学习是如何在环境中发生的。Krasny 和 Roth（2010）应用文化历史活动理论来验证加拿大不列颠哥伦比亚省维多利亚市附近的流域规划活动。重要的是，这两个理论并不只是由知识和专家视角占据主导，而同时以环境教育活动中的社区成员和青少年参与者为主角。对城市环境教育工作者来说，这些理论能够促进人们去了解，在为了促进个体和组织转变从而带来社区健康的计划中，学习是如何发生的。

在这一章中，我们应用了实践社区理论来验证美国的一个关注水质量的青少年项目，用文化历史活动理论来验证两个南非的项目，一个是关注有机农业的，另一个则是有关医疗废弃物的。虽然对通常只是和青少年群体打交道的西方环境教育工作者来说，南非的例子可能显得有些异域化，但这些案例通过和学者、专家、基层实践者之间的互动，以辨识和解决矛盾，进而带来促进社区健康相关的变化和结果。这些案例和更广泛意义上的社区环境教育相关。

实践社区

实践社区理论最初是为了了解人们如何通过与更熟练的工匠的交互来学习一种手艺或者技能，该理论把个体和群体的身份形成和转化看作一个学习过程。根据 Wenger（1998）的观点，实践社区是一个有共同兴趣或关注的人参与并成为成员的地方，同意并追求某一特定的事业（如社区健康），并培养一个共同的价值取向（如文化价值观）。该框架将学习视为一种社会过程，即个人参与特定的物质、历史和文化背景相关的群体，通常类似于围绕共同兴趣或关注点的学徒（Lave and Wenger，1991）。有研究人员利用这一框架确定学徒式的学习方法，而其他人则研究了参与实践社区的个人身份和权力差异。

水资源守护者：一个在美国得克萨斯州奥斯汀的实践环境教育社区

水资源守护者（为了保护参与者的隐私，这不是真正的机构名称）是一个在美国得克萨斯州奥斯汀市吸引来自低收入家庭的青少年开展的环境教育项目。它的目标是“通过环境监测、教育和探险，提高个人和学术成就”。它提供了一个案例，说明机构工作人员如何关注实践社区的多元因素来促使青少年参与。在学年结束，项目工作人员带领学生参访各个地点去检测水样，然后再把学生带到项目总部，在那里学生和来自不同地区的同龄人互相了解、分享食物、做家庭作业。在整个夏季，工作人员带着学生去不同的水资源监测点，工作之余去游泳或者参加远足。通过这个过程，水资源守护者发展了一个实践社区，包括会员制、共同爱好和分享文化（Aguilar，修订中未发表）。

一个实践社区依赖来源多样但一致的会员理念。水资源守护者全年为青少年创造参会机会，给予交通补贴（鼓励参加），提供多个活动和志愿者机会，并举办专家讲座和邀请社区成员。这就给学生创造了多样的参与理由：他们喜欢科学；想和朋友在一起；老师建议他们这么做；或者他们只是想放学后做一些事情。

该项目的共同事业目标围绕青少年发展（包括学业成绩、社会支持、代理业务和能力培训）和周围环境管护，这两项都促进了社区健康。尽管学生们经常把项目的事业目标看成水资源监测和社交，他们也承认该项目给予他们表达的机会，有受尊重和被接纳的感觉。项目的领导者认为当学生结束该项目时，能够“准备为自己去创造一个更好的未来”，因此，他们要求学生不仅为参与项目制定目标，也要为他们的学校和家庭制定目标。学生开始时作为学弟学妹工作，直到通过考试才能成为导师。反过来，这些导师们在帮助新来者进行水质监测时，对自己的能力发展出自信。学生们也在诸如划船和服务学习等新领域应用他们的水质知识。最后，实践社区发展出更多轨迹，如促进成员扩大学术和社会技能以及和其他实践社区建立联系。

水资源守护者也是对每一个参与者分享尊重和互助文化的项目。当学生互相帮助成功地进行水质检测，通过野外露营和旅行了解大学生活，这种文化被加强了。例如，一个非裔男生最近在一次全部是男同学的过夜野营之旅中，承认自己是同性恋，发现他在水资源守护者社区被接受而不是被嘲笑。另一个学生认为高中是一个很难感到被他人接受的地方，但水资源守护者让她感到更容易有归属感。

除了一致的会员、共同的事业和分享的文化，水资源守护者还提供诸如食物、以补贴的形式给予财政补助，以及做家庭作业和娱乐的场所。这些服务营造了一个“安全空间”，加强了来自不稳定家庭学生的“归属感”。简而言之，水资源守护者通过提高学生社会和教育技能，增强了他们的能力，并通过青少年发展和监测水质促进了社区健康。

文化历史活动理论

文化历史活动理论是建立在如下想法之上的：人类在特定的文化、历史背景下和环境中，从事有创造性的活动时会做出改变或者学到东西，进而改变了那种环境。有创造性的活动在某种活跃的系统中产生，由以下几个因素组成：一个活动的目标或者结果、工具、规则、对象、主体、社区和社会分工，以及这些因素之间的相互作用（Engeström，1987）。学习是通过学习者与这个系统其他组件交互而发生的。

当活动系统中不同元素之间的矛盾产生冲突时，也会发生学习。例如，当指导如何进行活动的规则与项目目标不一致时。这可能导致转换或者扩展活动以包含新的规则、工具或目标。进一步说，一个活动系统可能产生的结果会被另一个活动系统所使用，例如，当通过水质检测活动产生的知识被政治家用于立法活动系统。简而言之，一个学习活动系统是动态的，它所包含的要素之间，以及它和其他系统之间存在多重交互作用，从而导致活动系统和相关学习的转换。

有机农业学习系统中的扩展学习，南非德班

2008 年，在文化历史活动理论中具有“工具”功能的南非罗得斯大学（Rhodes University）和负责制定教育政策和标准并提供“规则”的南非资格认定委员会（South African Qualifications Authority）联合实施环境教育中的一项名为“研究工作和学习”的项目。伊西多尔有机网络（Isidore Organic Network）和其市场营销部门“地球母亲有机业”（Earth Mother Organic）成为一个研究点（Mukute，2010）。为了满足德班市日益增长的对有机产品的需求，这些组织面临着诸多挑战，例如符合有机标准、得到有机产品认证、能够盈利等。文化历史活动理论对理解这些有机农民团体和利益相关者如何克服这些障碍很有用，特别是在合作学习、当前实践的转型和矛盾等方面。

和罗德斯大学的研究者合作，有机农业组织的成员采取一系列的措施，在当地层面为扩大社会学习做出贡献，并有可能扩大到全国层面开展教育。他们分析了伊西多尔有机网络和地球母亲有机业的农业和农业企业实践，其中浮现的主要挑战及其根本原因（矛盾）。然后，他们合作制定和实施了一套方案来解决这些矛盾。

二十多名有机业农民、培训人员和营销人员在一个扩展性的学习过程中，共同定义了关键性的挑战、揭示其原因，并制定了解决方案。他们把合作学习的目标确定为人类健康、盈利和环境可持续性，这只能通过一种全新的实践来实现。研究者决定把工作重点放在有机产品法规（规则）和当地社会生态条件（社区）的矛盾上。他们发现，这种矛盾的产生有以下原因：有机企业之间缺乏合作联系，而缺乏合作的原因是盈利困难（其中部分盈利可以用来集体学习和创新）；历史原因形成的有机价值链参与者之间的文化壁垒和相关的低信任度；由于过去合作的失败培养出来的强烈的个人主义文化；支持有机农业运动的基础设施不足，包括采集中心、培训、检查和认证。

作为对这一矛盾的回应，该项目开办了一场培训，把有机业农民、培训师、营销人员、认证者和市政府联合起来，组成了绿色种植者协会（Green Growers Association），目标是连接和协调德班地区有机农业社区的学习和行动。该项目同时还确定了 11 个有意参与的利益相关者群体和相应的活动系统，包括农产品加工企业、农具供应商、消费者群体、资金合作伙伴、研究机构和大专院校（图 13.1）。第二种解决模式是确定和采用国际有机农业运动参与保证制度（International Federation for Organic Agriculture Movements' Participatory Guarantee System），使当地有机农业社区能够按照商定的标准来制定、实施、监测当地的有机生产。绿色种植者协会招募了有机产品检验员和信息技术专家，以适应国际有机农业标准、宣传和市场营销。

虽然上述过程有助于德班有机农业社区共同学习和找到农业挑战的解决方案，它也揭示了有机农业培训者和指导者需要较高水平的技能来履行他们的职责。此外，研究表明，农业的认知不仅仅是培训者的知识，也是农场主、农场工人、检验员、营销人员应该立足和发展的（Mukute, 2010）。最后，研究建议形成当地长期的集体学习、创新和行动组织框架。这些观点分享给了可以影响南非教育政策的南非资格认定委员会以及罗德斯大学。这些见解和建议表明了地方层面和国家层面的学习过程之间的联系，其可以加强跨尺度的环境教育影响。

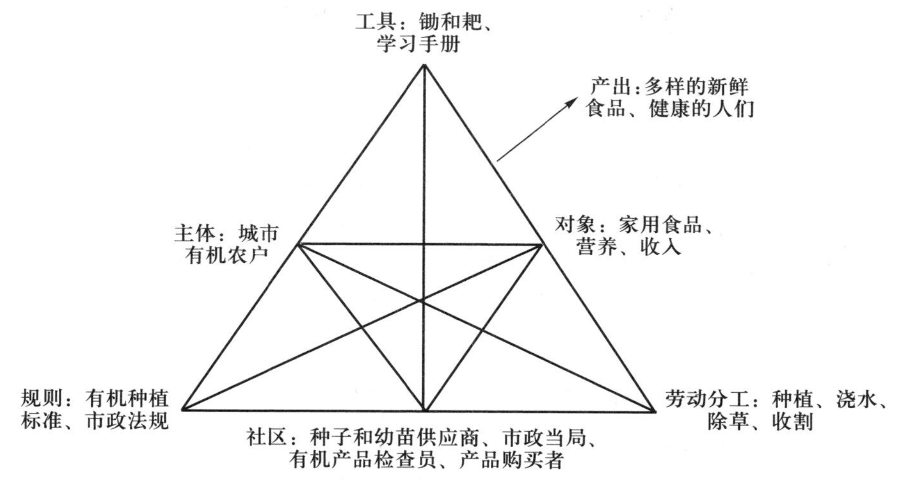

图 13.1　城市有机农业活动系统，南非德班。
改编自 Engeström，1987

南非社区居家照护中的知识分享实践

由于艾滋病流行和相关性疾病的传播，南非对社区居家照护有着较高的需求，如果不正确处理医疗废弃物，就会造成公共健康风险。通常，医疗废弃物包括拭子、成人尿布和使用过的敷料、针头和手术手套。有人看到年幼的孩子玩耍被丢弃在一块空地上的外科手套，给它们充气、灌水，然后喝掉。

不同的社区活动者对健康照护废弃物的可持续管理有着不同的贡献。有的加强废弃物管理的法规，有的生产健康照护废弃物，而有的分类、管理和处理废弃物。历史文化活动理论认为这些人在活动系统中的互动是动态的和多视角的，作为个人的想法和实践，可以在扩展性学习过程中通过持续的对话来实现转化。

研究表明，家庭照护设施的废弃物管理实践不够好和知识及知识分享不足之间存在关系（Masilela，2015）。很明显，需要环境教育过程去加强环境管护实践。例如，医疗废弃物通常被丢弃在家庭垃圾桶里或被非法焚烧，而环境健康官员缺乏此类知识。类似的，社区居家护理人员，尽管有着照顾病人的丰富经验，但不知道如何处理诊所外产生的医疗废弃物。虽然高级管理人员似乎有着更多医疗废弃物管理的经验，但他们和一线的环境健康官员以及社区家庭照护之间的沟通却不通畅。导致的结果是，贫困的拾荒者在成堆的家庭垃圾里翻捡可回收或转售的物品面临着医疗废弃物带来的健康风险。

三个培训班提供了一个扩展学习过程的基本框架，其中家庭护理设施管理人员、环境健康官员和医疗废弃物检查员确定了他们的长处和短处，并合作寻求长期解决办法。通过访谈和照片，拾荒者和照护者的声音被带到培训班，使利益相关方对复杂的和有争议性的问题有着更为丰富的视角。培训班为拥有不同背景和技能的人提供了达成共识的机会，围绕共同的目标发展新的实践（如提高医疗废弃物管理水平）。参与者学习了和医疗废弃物管理相关的日常实践经验（谁来负责，做什么）；深入了解其中的迫切问题和矛盾；多问“为什么”“怎么办”“在哪里”和“是什么”等问题来厘清混淆的概念。

医疗废弃物管理活动系统为社区环境教育提供了更广泛的经验。城市设施中环境可持续性的挑战要求多方在了解更多相关知识的基础上合作。激发对话和在活动系统中知识的生产、流通、反思性批判的过程，例如针对医疗废弃物管理的培训班，为扩展学习引发的可持续创新创造了机会。

结论

社区实践框架允许我们研究通过参与社区共同关心的问题而发生的社会学习。文化历史活动理论让我们看到活动是如何通过解决挑战和矛盾扩展的，从而导致更高层次的学习。

通过互动来学习也建议平等的知识分享，这对城市环境教育尤为重要。它揭示了一个微妙的视角变化，扩大现有的外展活动项目只是更包容一些非传统意义上的受众，如低收入青少年、农场主或社区卫生保健工作者。相反，重点是把青少年、农场主和医护人员的知识和经验，和大学科学家和专业环境教育工作者的知识经验一起带到桌面上来。承认和尊重每一个人的知识和经验，不仅揭示了在解决可持续性问题方面可能有用的信息和思路，而且增强了本来比较弱小的社区成员的能力。由于这些原因，认可这些知识和经验是旨在促进社区健康和环境可持续性的社会学习和城市环境教育中至关重要的一环。

参考文献

Aguilar, O. M. (2016). Examining the literature to reveal the nature of community EE/ESD programs and research. *Environmental Education Research*.

Aguilar, O. M., and Krasny, M. E. (2011). Using the community of practice framework to examine an after-school environmental education program for Hispanic youth. *Environmental Education Research*, 17 (2): 217–233.

Aguilar, O., Price, A., and Krasny, M. E. (2015). Perspectives on community environmental education. In M. Monroe and M. E. Krasny (Eds.). *Across the spectrum: Resources for environmental educators*. Washington, D.C.: NAAEE.

Delanty, G. (2003). *Community*. London: Routledge.

Engeström, Y. (Ed.). (1987). *Learning by expanding: An activity-theoretical approach to developmental research*. Helsinki: Orienta-Konsultit.

Krasny, M., and Roth, W.-M. (2010). Environmental education for social-ecological system resilience: A perspective from activity theory. *Environmental Education Research*, 16 (5–6): 545–558.

Lave, J., and Wenger, E. (1991). *Situated learning*. Cambridge, UK: Cambridge University Press.

Masilela, K. (2016). Draft MEd thesis. Rhodes University, Grahamstown, South Africa.

Mukute, M. (2010). Exploring and expanding farmer learning in sustainable agriculture workplaces. PhD dissertation, Rhodes University, Grahamstown, South Africa.

Price, A., Simmons. B., and Krasny, M. E. (2014). Principles of excellence in community environmental education. Unpublished document.

Wals, A. E. J. (2007). *Social learning towards a sustainable world: Principles, perspectives, and praxis*. Wageningen, the Netherlands: Wageningen Academic Publishers.

Wenger, E. (1998). *Communities of practice: Learning, meaning and identity*. Cambridge: Cambridge University Press.

第 14 章　学校合作伙伴

Polly L. Knowlton Cockett，Janet E. Dyment，
Mariona Espinet，Yu Huang

重点

● 城市里的学校可以利用当地环境作为触媒、情境和内容来教授和学习可持续性。

● 学校课程和教师教学法既限制又促进了城市环境教育的可能性。

● 当学校和当地社区建立了丰富的和可持续的合作伙伴关系，城市环境教育的机会就大大增强了。

引言

城市里任何公立的、私立的或者提供正规初等教育或中等教育的特许学校都是塑造充满活力和可持续发展城市的关键机构。对这种城市的设想取决于那些参与改造城市场所的人的先验假设和意识形态，而且需要超越“把城市学校视作问题机构”的旧观念（Pink and Noblit，2007）。在全球范围内，偏远地区和冲突地区的移民成为一种稳定的城市化进程。这股潮流显示了发展对应方案的迫切性。这些方案以学校为关键目标，服务多样性的、流动的，甚至常常被忽视的学生群体，这其中就包括了环境教育。此类城市环境教育能够促进那些生活在困境中的人们团结起来提高社会生态福祉，培养“受到良好教育，充满热情追求更可持续性生活的公民，他们对保护环境拥有责任感，并帮助实现未来一代高质量的生活”（Alberta Council for Environmental Education，2015）。

鼓励学生参与环境倡议的各种项目都支持世界各地的学校。两项最主要的国际举措是 1992 年欧洲开展的“生态学校”（Eco-Schools）项目和 2007 年美国推出的“绿色学校联盟”（Green Schools Alliance）。他们利用学校设施和场地提供环境教育方案和环境管理系统，并奖励那些促进和认可环保行为以及向可持续转变的方案。此外，《联合国 21 世纪议程》（United

Nations Agenda 21）确认地方司法管辖区最适合为学校和社区的个别需要量身定制方案。

在这一章中，我们将城市环境教育的定义确立为“城市中发生的任何环境教育”（Russ and Krasny，2015，p.12），承认正规教育机构设定的总体课程目标的重要性。下面的讨论中介绍的“社会生态行动准则”（socio-ecological refrains），改编自 Knowlton Cockett（2013），它综合了环境管护、教学法、互相关系和传承的概念，并突出学校在通过城市环境教育塑造可持续城市中的作用。这些行动准则通过以下方面促进和地方的连通：① 利用当地环境来激发学习；② 发展课程和教学法加强可持续城市的发展；③ 和社区建立联系，培养友好关系、生态管理和复原力。来自加拿大、澳大利亚、中国和西班牙的案例描绘了这些行动准则，同时显示了学校是如何更广泛地参与到绿色学校计划中的。

作为触媒、设施和内容的当地环境

如何创造一种学习环境，让学生能够成为深入理解可持续意义的公民，是一项主要的教育挑战。尽管在学校的正规教育体系内融入可持续教育已经发力很多，但最近的研究显示，重要的可持续性学习可能发生在教室之外（Knowlton Cockett，2013；Russ and Krasny，2015；Tidball and Krasny，2010）。能够用作传递环境教育的典型的城市设施包括自然中心、公园、社区花园、资源恢复中心和垃圾处理场等。扩展到其他关键的城市设施，如医院、监狱、收容所、政府廉租房、移民组织、企业、妇女和老年人中心也为学校提供了有意义的机会去结成合作伙伴，把城市可持续性教育融入其中。类似的合作伙伴能够激发学校的学生理解环境、政治、社会、文化和经济的动态系统。

通过这种合作伙伴关系，城市环境教育提出了具体的社会生态问题，培养学生解决问题的能力，并承认城市社区是强有力的场所，以指导学习者对可持续性的理解、信心和能力。在我们的案例中，我们提供了学生和公园管理者、景观设计师、自然教育工作者共同工作以理解管理入侵物种保护本土多样性的案例。其他案例包括和建在前煤矿工地上的人造湿地的科学研究机构一起，研究城市河流系统中的水问题。我们还举出一个例子，一个学校网络和城市管理者、大学合作开发食品系统和种子库，以扩大城市设施中的生态农业。在每一个案例中，城市学生都在当地的社会生态环境中工作。

面向可持续城市的课程和教学

世界范围内课程里出现的可持续教育和环境教育的面貌多种多样。在有些国家，可持续教育或环境教育是独立的课程；有些国家则是跨课程的多学科领域；有的国家则对可持续只字不提（Dyment，Hill，and Emery，2014）。无论课程任务如何，教师都可以将城市环境作为学习场所，在某一特定地点开展动手或者互动体验。这些体验通常是以探究式学习为框架的，让学生作为调查员、设计师、科学家和园艺工作者（Stine，1997）。

对教学法有了解的老师支持课堂之外的学习是促使孩子利用城市空间学习可持续发展的关键因素（Skamp，2007）。在城市空间教学需要新的和不同的教学法，超越在课堂内学习的限制和安排，允许学生冒险。幸运的是，潜在的绿色学校活动正在蓬勃发展。学生可以利用诸如周长或者面积这样的数学概念来确定屋顶把水收集到水箱中的能力。户外场所，如社区花园能够提供个人写作、艺术创作或者科学活动的灵感。在这种情况下，学生学习的重点是城市环境的具体特点，可能是由课程或教师指导，或从该环境中自然而然地获得学习的思路。

建立社区关系，促进人际关系和管理

《21世纪学校议程》（School Agenda 21）和绿色学校项目通过帮助城市学校和周边社区合作，提高学校和市政当局在社会和环境上的可持续性。尽管有这些主流上的努力，一些城市学校在合作过程中仍面临着挑战（Sandäs，2014）。“学校社区合作促进可持续发展”，这个欧盟提供资金的多边网络由“环境和学校基金会”（Environment and School Initiative）网络支持，开展了一项国际比较跨案例研究（Espinet，2014），调查学校所面临的挑战，如资金、有效的网络、文化背景和政治倾向。

为了促进可持续性，学校可以采用非传统的教学方法，邀请社区行动者跨越专业边界，与其他行动者和其环境建立重要的关系（Wale，van der Hoeven，and Blanken，2009）。例如，在我们来自中国和加拿大的案例研究中，学生通过网站和解说标识，把他们学到的东西传达给公众。在来自澳大利亚和西班牙的案例中，几个相邻的学校建立了网络，以便共同获得资助或让高年级学生辅导低年级学生，每个案例中都和社区伙伴一起朝着共同的目标努力。

四个案例

加拿大阿尔伯塔省卡尔加里的“自然属地”和“低语标牌”

“百年自然属地”，位于加拿大阿尔伯塔省卡尔加里一个拥有从幼儿园到六年级学校的校园里，是一个对外开放的、再生的和重建的以本地植物为主的可持续迷你生态系统。植物的来源有好几种，包括因为市政发展用地而从原来的自然区域抢救或移栽过来的，或者从种子直接长出来的，还有一部分是为了开展全人教育①和休闲而栽种的幼苗。这个区域，是由学生和志愿者于 2004 年建立起来的，在校学生在上课期间照顾，当地居民在学校放暑假时照看。这些看护者阻止外来物种入侵，培育了城市的生物多样性，进而支持了传粉动物，如蜜蜂、鸟和蝙蝠。学校组织学生定期访问这个区域，开展和课程相关的生态学习，也作为阅读、写游记和绘画的空间。“自然属地”也可以作为生物过滤用的盆地、洼地和涵洞来储存雨雪融水，这样就减少和过滤了雨水径流，避免暴雨时水流从路边带来的污染物直接进入露天的水系统。

“低语标牌”是一个和课程相关的项目，设置和“自然属地”以及邻近的本土低矮草原相适应的系列解说牌。学生、老师、父母和社区公众一起，花费了几年时间，制作了 44 块漂亮的、有启发意义的包括原创艺术、诗歌和文字形式的解说牌，用于学校教学和公众教育。例如，一个字母解说牌展示了一种常见的长耳兔随着季节改变毛色，伴随着一系列的天气条件和太阳在一年中不同高度的变化。所有的概念都和学校课程相关（图 14.1）。纬度、经度和海拔显示在每个解说牌上，可用于空间地理课程和定向运动。这些标牌源于该地区开展的一项以地方特色为基础的文化项目，学生研究、表达和交流有关植物、动物和自然景观特征的信息。通过这些和其他绿色学校项目，参与者建立了有意义的相互关系，变得越来越和地方相连。

---

① Holistic education：全人教育，即以促进学生认知素质、情意素质全面发展和自我实现为教学目标的教育，此理论的代表人物为罗杰斯，他认为真正的学习经验能够使学习者发现他自己的独特品质，发现自己作为一个人的特征。从这个意义上说，学习即“成为”，成为一个完善的人，是唯一真正的学习。而这正是全人教育的理念基础。——译者注

图 14.1 长耳兔的四季变化，加拿大阿尔伯塔省卡尔加里。
资料来源：Polly L. Knowlton Cockett

澳大利亚拉特罗布山谷的人工湿地和青蛙

在澳大利亚，一个不同寻常的城市环境教育中心建在一个令人惊奇的地方：维多利亚吉普斯兰（Gippsland）的拉特罗布山谷（Latrobe Valley）的核心地带。这个地区通过褐煤发电提供电力，在社会和经济上处于不利地位。这个地区有巨大的露天褐煤矿、大量的电线、变电站、冒着黑烟的大型电站和小型电站。拉特罗布山谷的空气质量差，污染浓度高。

然而，一个当地的小学，开始使用摩威河（Morwell River）湿地作为基地，在这个充满争议的地区教授和学习复杂的社会、文化、经济和环境问题（Somerville and Green，2012）。湿地修建在为煤矿而改道的河床上，包括池塘、河岸、岛屿和许多动植物，如青蛙、树木、灌木和草地。这个小学从湿地一开始改造就参与其中。学生监测湿地中植物和动物的情况。湿地建成不久，三个当地的学校申请了一笔科学研究资助，用获得的 2 万美元建了一个湿地学习中心，开发了一套课程模板。学校和两栖动物研究中心合作，设计了一个青蛙普查项目，因为青蛙是理解湿地生态系统的入门物种。

学校所有年级的学生定期参观湿地。课程连接贯穿不同学科领域。低年级的学生们研究青蛙的生命循环，在校园的小湿地里饲养蝌蚪。中年级的学生监测湿地，高年级的学生则测量湿地的水质，鉴定水中微生物和其他生命体。从一个碍眼物到健康的生态系统，这些人工湿地为学生提供了丰富的受教育的机会。

中国北京长河的“爱水”学习

北京理工大学附属中学位于长河的南岸，该河流是北京市水系统中不可缺少的一部分。受中国政府 1996 年开始支持的绿色学校运动影响，北京理工大学附属中学从 2001 年起开展了一系列的环境教育活动（Liu and Huang，2013）。例如，在进行常规的水调查基础上，教师成立了“爱水”学生小组。这些小组以年级为单位开展许多项目，例如调查学校和家庭的用水情况，以及研究校园周围的流域。

在老师的指导下，“爱水”小组成员研究学校以及长河系统和水相关的问题。经过初步的调查和分析，学生们开展长河流域的水资源调查，发起了综合地理、生物、化学和物理的环境野外考察活动。作为“小科学家”（图 14.2），学生们设计实验、合理分工、重新思考面临的困难，持续和同

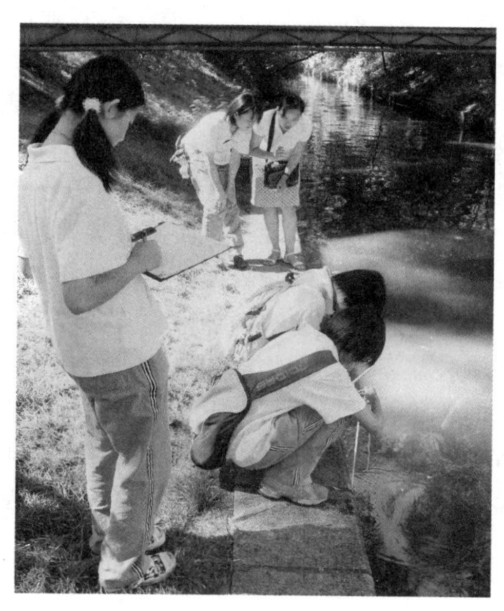

图 14.2　调查长河，中国北京。资料来源：Guochun Zhang

伴讨论和修改计划。老师和同学们也利用信息技术记录和分享学生的研究进程和结果，并把搜集的数据作为信息技术课程的资源。他们还建立了“爱水”行动的网页，例如保护措施和水质监测，为寻找和表达其研究过程和结果提供了方便的途径。因此，项目式学习提供了丰富的信息技术课程资源，并为项目成果和行动提供了一种交流的媒介。“课程学习 + 实践活动”这两个阶段相辅相成，相互促进。

通过在长河开展的这些活动，“爱水”主题得到有效传播，形成了一系列的“爱水”行动。这些活动在激发学生探索学术和可持续发展的兴趣方面发挥了重要作用，为今后的调查奠定了基础。此外，教师更新自己的教学认识，从而提高了适应和实施课程改革的能力。

西班牙加泰罗尼亚桑特村的学校农业生态和社区合作

西班牙巴塞罗那自治大学的科学教育系和加泰罗尼亚省圣库加特市环保局连续七年合作加强“21 世纪学校议程”项目在该市的开展。始于 2001 年，该项目吸引城市学校致力提高可持续发展，并建立学校和社区的联系，发展名为“学校生态农业”（School Agroecology）的新学习领域（Llerena，2015）。该项目建立了一个城市学校网络，吸引所有公立的学校，包括从学前班到中学、大学研究者、当地管理部门、环境教育工作者参加，致力于加强学生、教师和社区发展生态农业的食品生产和消费（Espinet and Llerena，2014）。

其中的一个合作项目是把学校和社区的食物花园变成种植濒危本土物种（图 14.3）。在咨询了本地一家种子库后，每个学校选择一种特别的本土植物种植。学生负责收获、保管种子，并把种子分享给其他学校和社区，以便种在他们的食物花园里。中学生通过服务学习方式，走访小学生进行种子保存教学。在种子交换的过程中，当捐赠种子的学校不是仅仅提供种子，而是包括故事会、戏剧表演和种植实践的可视化展示的时候，这就成了一种节日。学校从不同的植物上搜集种子，开始建立自己的校内种子库。做这件事的时候，在社区的帮助下，城市里的公立学校成为真正的本土植物保护代理人。这项城市环境教育项目的一个结果是建立了新的专业领域：农业环境教育工作者，负责学校和城市之间对接的食物系统，促进和维护城市环境教育活动。

图 14.3　种植本地植物，西班牙加泰罗尼亚省圣库加特市。
资料来源：Mariona Espinet and Lidia Bassons

结论

通过城市案例的介绍，正在进行的绿色学校活动——不管是学习生命循环、监测水质还是种子收集保存——引导学生对周围环境的理解。在复杂的城市环境网络中，学生也有机会直接从事紧急或相互关联的全球运动，比如关于种子安全，以及“生物多样性或城市生物多样性保护的本地行动”（Local Action for Biodiversity or BiodiverCities）的全球倡议。因此，社会生态行动准则，涉及地方为主、课程相关、社区参与和协作实践，作为城市中小学校为学生提供丰富有意义的体验式学习机会的有效框架，培养学生的系统性思维、生态管理能力和可持续性意识。

参考文献

Alberta Council for Environmental Education.（2015）. *Mission and vision.* Canmore, Alberta，Canada：ACEE.

Dyment，J. E.，Hill，A.，and Emery，S.（2014）. Sustainability as a cross-curricular priority in the Australian curriculum：A Tasmanian investigation. *Environmental Education Research*，21（8）：1105–1126.

Espinet, M. (Ed.). (2014). *CoDeS selected cases of school community collaboration for sustainable development.* Vienna, Austria: Austrian Federal Ministry of Education and Women's Affairs.

Espinet, M., and Llerena, G. (2014). School agroecology as a motor for community and land transformation: A case study on the collaboration among community actors to promote education for sustainability networks. In C. P. Constantinou, N. Papadouris, and A. Hadjigeorgiou (Eds.). *Proceedings of the ESERA 2013 Conference: Science Education Research For Evidence-based Teaching and Coherence in Learning* (pp. 244–250). Nicosia, Cyprus: ESERA.

Knowlton Cockett, P. (2013). In situ conversation: Understanding sense of place through socioecological cartographies. PhD dissertation, University of Calgary.

Liu, J., and Huang, Y. (2013). Practices and inspirations on a school-based curriculum for ESD. *Research on Curriculum, Textbook and Teaching Method*, 33 (3): 98–102. (In Chinese.)

Llerena, G. (2015). Agroecologia escolar. Doctoral dissertation, Universitat Autònoma de Barcelona.

Pink, W. T., and Noblit, G. W. (Eds.). (2007). *International handbook of urban education*. Dordrecht: Springer.

Russ, A., and Krasny, M. (2015). Urban environmental education trends. In A. Russ (Ed.). *Urban environmental education* (pp. 12–25). Ithaca, N.Y., and Washington, D.C.: Cornell University Civic Ecology Lab, NAAEE and EECapacity.

Sandäs, A. (2014). Travelling through the landscape of school-community collaboration for sustainable development. In C. Affolter and M. Reti (Eds.). *Travelling guide for school community collaboration for sustainable development.* ENSI i.n.p.a.: CoDeS Network.

Skamp, K. (2007). Understanding teachers' "levels of use" of learnscapes. *Environmental Education Research*, 15 (1): 93–110.

Somerville, M., and Green, M. (2012). Place and sustainability literacy in schools and teacher education. Paper presented at Australian Association for Research in Education, Sydney, Australia.

Stine, S. (1997). *Landscapes for learning: Creating outdoor environments for children and youth*. Toronto: John Wiley & Sons.

Tidball, K. G., and Krasny, M. E. (2010). Urban environmental education from a social-ecological perspective: Conceptual framework for civic ecology education. *Cities and the Environment*, 3 (1), article 11.

Wals, A., van der Hoeven, N., and Blanken, H. (2009). *The acoustics of social learning: Designing learning processes that contribute to a more sustainable world.* Utrecht, the Netherlands: Wageningen Academic Publishers.

第 15 章　可持续校园

Scott Ashmann，Felix Pohl，Dave Barbier

重点

● 可持续大学校园涉及了城市可持续性方面的基础设施、教学和学习，以及与社区的联系。

● 人造环境和生活方式对城市校园尤其重要，因为它们位于高度集中的建筑和人口稠密地区。

● 城市环境教育的趋势在许多城市校园里是显而易见的，如“城市即教室”（city as classroom）、“问题解决”（problem solving）和“环境管护”（environmental stewardship）。

● 城市校园的学习和可持续项目影响它们所在的社区，同时也被社区所影响。

引言

大学校园有能力成为城市环境教育的改变者。可持续的校园现在以及在规划中的未来，在它们研究、教学、外展、设施和开放空间等方面都开展“绿色”实践。可持续性的最佳实践仍然在进展过程中，它创造了挑战既存现实和未来的机会。环境范式不断演变，挑战着现代文化的基础。有些大学校园，如斯坦福大学，已经不再依赖化石燃料提供能源。微软等和大学联系密切的企业都主动缴纳碳排放税，力争未来 100% 使用可再生能源。随着千禧一代引导的生活方式，消费者在推动新的分享经济。面对这些思维方式，今天的学生将成为引导我们的社区和社会走向未来的教育工作者和领导者。在这一章中，我们先描述可持续城市校园的各个方面，然后审视城市可持续校园可能会对学生和当地社区产生的影响。最后，我们通过城市环境教育趋势的视角（见第 30 章）将重点放在基础设施、学习和社区的元素上，包括城市即教室、问题解决和环境管护。

可持续校园的各个方面

城市高校有能力成为可持续发展努力的领导者，无论是在大学内部还是在他们居住的社区中，包括在他们周围的社区中激发现代城市设计（Wiewel and Perry，2008）。让这些努力可见、可理解、可靠和可接触，整个社区都可以感受到大学走向可持续发展的过程。采用公认的协议，如旨在减少80%温室气体排放的《美国大学校长气候承诺》（the American College and University President's Climate Commitment），或提供了一个自我报告的框架来衡量高校的可持续性举措表现的《可持续性跟踪、评估和评级系统》（Sustainability Tracking，Assessment and Rating System），有助于制度化和记录高校的努力。

发展一个可持续的校园需要考虑多个组织维度。Thomashow（2014）描述了一个可持续校园的九个元素，包括能源、食物和物资（基础设施元素）；管理、投资和福利（社区元素）；课程、诠释和审美（学习元素）。这些元素可以作为一个针对某个城市高校的战略发展和可持续性叙事演变的指南。此外，城市环境教育的潮流，如城市即教室、问题解决和环境管护（见第30章）能够和Thomashow的元素相联系。我们将在下面的三个小节里深入探讨这些联系。

基础设施元素

校园景观和设施在可持续发展中起着很大的作用，因为它们是大学最直接的物理表现，也反映了大学的理念（Orr，1994）。几十年来，校园规划总是试图塞进更多的建筑物。然而，从20世纪初开始，对环境负责的设计（尤其是使用绿色空间）不再是新奇的思路，而是理所当然的（Franklin，Durkin，and Schuh，2003）。创建可持续发展的校园，并展示超出法规要求的有效的资源管理实践，使城市里的大学有机会利用校园进行教学，展现先进的原则，并成为整个社区的典范。绿色建筑、负责任采购、可持续交通、零碳排放和零废弃目标、可持续发展课程、生态景观规划以及学生获得接触自然的机会都是来自城市高校的例子，可以作为当地社区的典范。学校团体和社区成员参观校园，了解这些资源和其他资源，只是使用“城市即教室”的另一个例子。例如，在德国的慕尼黑工业大学（Technische Universität München，图15.1），参观者可以参与校园设施调查，研究建筑服务工程和可再生能源、建筑物理和能源效率，以及建筑技术和生命周期工程。

图 15.1 慕尼黑工业大学主要校区的物理边界位于中心左侧的一个城市街区，与周围社区融为一体，体现了可持续发展计划和举措可能影响大学所在的社区，同时又受其影响的理念。资料来源：Maximilian Dörrbecker，Wikimedia Commons

另一个例子来自美国的威斯康星大学密尔沃基校区（University of Wisconsin-Milwaukee），在那里社区成员和学校团体参观校园，学习大学的可持续性举措。校园花园为社区提供健康、便宜、当地的食品；向大学内外的人传授种植技术，分享种植和健康饮食快乐；培养可持续的生活方式。社区组织和公众也通过参观校园，学习绿色屋顶和环境友好的景观设计，以减少热岛效应、雨水流失、对杀虫剂的需求，以及保护野生动物栖息地和本地物种。校园参观还展示了校园的绿色清洁计划。该计划的特点是使用生物可降解的产品进行清洁，利用电离的水分子吸收污垢的清洁机器来低强度维护地板。

一些城市高校采取了全校（whole-of-university）的方法（McMillin and Dyball，2009）寻求连接课程、研究和实施的核心功能。每个功能能够影响教学和学习。教育焦点从课堂转向整个大学，从物理布局和建筑开始，有时延伸到校园边界之外。如果大学与城市、学生和居民、课程和日常活动之间的相似性得以明确，那么这种全校的方法可以为城市地区提供指导。

学习元素

将可持续性概念嵌入课程、教师研究项目、基础设施发展和政策使城市校园能够展示他们坚持可持续性的决心。例如，苏格兰的爱丁堡大学社会责任和可持续发展系为所有有兴趣学习如何在工作和生活上采用更可持续方式的学生和职员提供培训。该大学提供多个与可持续性主题相关的学位、课程、学生社团和论坛，并为学生提供以工作为基础的实习机会和志愿者机会，以应用与可持续发展相关的技能和知识。通过校园项目的支持和接受“大学作为生活实验室”（University as A Living Lab）的培训（即利用自己的学术和研究能力，解决与校园基础设施和实践相关的可持续性问题），爱丁堡大学的教职员工面临使自己的工作领域更具可持续性的挑战。

在香港城市大学，Thmashow（2014）有关课程、阐释和审美有关的想法被结合在“极端环境项目”中。该项目调查了科学和艺术如何共同合作，以创造性和创新的形式收集和分析气候变化数据。尽管可持续设计课程的大学生在南极远程科学站进行研究，但是他们根据自己的经验创造的媒体艺术和设计产品为科学界和公众提供了可视化数据和更好地理解关键概念的方法。例如，在2014年的“冻结”展览上，学生们使用图像、视频和科学数据集来探索气候变化如何影响地球上最孤立的景观。展示的学生作品包括一个看起来像份日报的有关企鹅行为的手机游戏应用程序；在一个指南针上方布置的四个反射镜内可视化地显示地衣的生长和颜色；以及使用可回收材料制作的体现冰山纹理、造型和几何形状的雕塑。虽然这个展览没有提供与香港居民直接相关的信息，但其新颖性可能会吸引他们的兴趣，从而帮助他们了解气候变化。

社区元素

尽管Thomashow（2014）关注大学内部社区的发展，但在本章里，我们把社区看作将大学和其所在区域联系起来的一种方式。在城市高校里发生的事情不仅可以通过社区成员参观校园，还可以通过外展、学生服务学习、实习和教师研究的方式与社区分享，以协助解决问题和应对事件。这是信息共享的重要手段，因为社区往往把城市校园视为合作伙伴和社区成员。

研究和教学直接解决城市化和民主化等复杂问题的城市校园成为它们所在的城市中心的资源。关于可持续发展问题，大学可以就以下问题提供技术咨询服务：节能、回收利用、运输和用水等；行为干预策略；社会心理学课题，如价值取向、动机和世界观；社会营销；项目开发和评估等（请看 Chan et al.，2012 提供的案例）。除了提供研究专长、技术咨询或技术转让，这些努力还可以培养长期的合作关系，使校园在城市转型中发挥重要作用。一个真正的校园 – 社区合作伙伴关系的重点是建立信任、诚实、透明、尊重和平等，导致知识的共同生产和应用，以实现积极的地方变化（Klopp，Ngau，and Sclar，2011）。下文我们讨论外展和参与研究项目，说明这些校园 – 社区合作伙伴关系的要素。

城市校园的外展项目通常重点在加强当地社区的经济、文化、教育或者社会服务，提高当地居民的生活水平。有效的外展项目包括以下几个原则：① 关注参与者的需求；② 牢记方案实施之后产生结果的背景；③ 提供高质量的资源和学习体验；④ 让方案的价值透明；⑤ 雇用具有适当证书和激情的工作人员；⑥ 评估方案，以确定要保留和修改的要素。例如，在美国密苏里州，林肯大学（Lincoln University）的“创新小农户推广计划”（Innovative Small Farmers’ Outreach Program）重点集中在圣路易斯市和堪萨斯市的食物生产上，帮助资源有限的居民获得有营养的食物。不仅是美国的高校校园，在其他国家，如日本东京的庆应义塾大学（Keio University）、英国伦敦大学学院（University College London）和澳大利亚珀斯的科廷大学（Curtin University），都有责任提供外展教育项目，作为大学使命、目标和举措的一部分，对城市的可持续性和复原力做出贡献。

在密苏里州和其他外展项目的努力下，大学和社区机构建立了合作伙伴关系（如社区花园）。这些伙伴关系利用教师的专业知识、专业网络和大学的物质资源（如基础设施），以及合作机构的经验和知识。大学与社区之间的合作关系该如何构建才能既有效果又效率高？根据社区参与和赋权理论，麦克奈尔等人（McNall et al.，2009）描述了建立和维持伙伴关系的四个品质：① 合作目标的制定和规划；② 共享权力、资源和决策；③ 团队凝聚力；④ 合作伙伴管理。一个由大学和社区合作解决当地可持续发展问题的经典案例发生在佛罗里达州南部。2012 年，迈阿密大学（University of Miami）启动了“城市和环境可持续发展倡议”（Urban and Environmental Sustainability Initiative），以解决该地区自然资源日益减少、城市化加速、贫穷、饥饿和环境恶化的问题。大学生和教职员工、国家和地方学者、活动家、当地从业人员和社区成员齐聚一堂讨论有关可持续发展的问题，并创建社区与大学的合作关系，从多个角度来看待问题。这一举措创造了一个跨学科、跨部门的对话，把新知识运用到更可持续的实践和公共政策中。

有关可持续性问题的研究可以被描述为以问题为导向和以解决方案为导向，致力于科学严谨性和社会相关性（Brundiers and Wiek，2011）。苏黎世瑞士联邦理工学院（Swiss Federal Institute of Technology）的“可持续发展跨学科案例研究”项目（Scholz et al.，2006）和加拿大大不列颠哥伦比亚省温哥华市四所研究机构开展的“可持续发展教室模型”是两个包含了学生、教职工和社区成员，以解决可持续性问题为目标的大尺度研究计划。在这些案例中，学生和教职工把在大学里的知识和技能应用到社区层面的议题上。

本科生和研究生参与研究和外展活动，获得现实世界的体验，为机构提供不同类型的帮助（Lucas，Sherman，and Fischer，2013）。Peter 和 Gauthier（2009）描述的社区参与研究模型将服务学习的概念提升到学术界的一个更高层次，使用对话的方法，研究者和社区成员以双方的需求为基础，合作决定研究项目的重点。社区成员为数据搜集和分析做出贡献，确保数据与他们的需求相关。

2007 年，美国可持续发展教育合作组织（US Partnership for Education for Sustainable Development）主席 Debra Rowe 描述了她关于可持续发展教育的愿景，其中包括学生可以定期承担由城市政府、企业、非营利组织和其他机构提出的可持续性问题。实现这一愿景的一个途径是通过本科实习，使学生获得对当地城市可持续发展问题的认识和理解，并使他们成为未来城市领导者。实习生经常反映城市环境教育中“问题解决”和“环境管护”的趋势（见第 30 章）。

结论

校园可持续性项目才刚刚成为变革者。然而，它们已经被校园和社区所重视。社区给大学带来现实世界的问题，其中许多涉及可持续性问题。这些问题影响到教给学生的课程，促进校园 – 社区伙伴关系的发展。有效的伙伴关系基于诚实的沟通、确保意图和工作的透明度、共同决策、利用创造力应对出现的挑战以及持续评估进展。城市的环境教育因此可以从利用大学校园内的学术、基础设施和社区相关的力量中大大受益。

参考文献

Brundiers，K.，and Wiek，A.（2011）. Educating students in real-world sustainability research：Vision and implementation. *Innovative Higher Education*，36（2）：107–124.

Chan，S.，Dolderman，D.，Savan，B.，and Wakefield，S.（2012）. Practicing sustainability in an urban university：A case study of a behavior based energy conservation project. *Applied Environmental Education and Communication*，11（1）：9–17.

Franklin，C.，Durkin，T.，and Schuh，S. P.（2003）. The role of the landscape in creating a sustainable campus. *Planning for Higher Education*，31（3）：142–149.

Klopp，J.，Ngau，P.，and Sclar，E.（2011）. University/city partnerships：Creating policy networks for urban transformation in Nairobi. *Metropolitan Universities*，22（2）：131–142.

Lucas，C. M.，Sherman，N. E.，and Fischer，C.（2013）. Higher education and nonprofit community collaboration：Innovative teaching and learning for graduate student education. *International Journal of Teaching and Learning in Higher Education*，25（2）：239–247.

McMillin，J.，and Dyball，R.（2009）. Developing a whole-of-university approach to educating for sustainability. *Journal of Education for Sustainable Development*，3（1）：55–64.

McNall，M.，Sturdevant Reed，C.，Brown，R.，and Allen，A.（2009）. Brokering community-university engagement. *Innovative Higher Education*，33（5）：317–331.

Orr，D. W.（1994）. *Earth in mind：On education，environment，and the human prospect.* Washington，D.C.：Island Press.

Peters，M.，and Gauthier，K.（2009）. Integrating community engaged research into existing school of education graduate research courses. *Collected Faculty Scholarship.* Paper 8.

Rowe，D.（2007）. Education for a sustainable future. *Science*，317（5836）：323–324.

Scholz，R. W.，Lang，D. J.，Wiek，A.，Walter，A. I.，and Stauffacher，M.（2006）. Transdisciplinary case studies as a means of sustainability learning：Historical framework and theory. *International Journal of Sustainability in Higher Education*，7（3）：226–251.

Thomashow，M.（2014）. *The nine elements of a sustainable campus.* Cambridge，Mass.：MIT Press.

Wiewel，W.，and Perry，D. C.（2008）. *Global universities and urban development：Cases tudies and analysis.* Armonk，N.Y.：M. E. Sharpe.

第四部分

参　与　者

第16章 儿童时代

Victoria Derr，Louise Chawla，Illène Pevec

重点

● 城市幼儿环境教育借鉴了约翰·杜威（John Dewey）的"进步主义教育"，雷焦艾米利亚（Reggio Emilia）的学前教育、人工环境下的环境教育和可持续发展教育理念。

● 城市环境教育促使儿童与自然及人造环境接触，并从中学习。

● 幼儿环境教育的成功模式可以培养公民意识，促进可持续发展。

● 包括参与式规划、森林幼儿园、流动幼儿园、校园小花园在内的多种方式可以融入城市幼儿教育。

引言

儿童时代——通常被定义为3岁至8岁——是一个基础时期，期间儿童快速通过身体发育、认知成型、社会意识提高、情感成熟和语言发展等里程碑阶段（McCartney and Philips，2006）。城市提供了独一无二的学习机会，因为它们向儿童展示了多样背景的人群和文化，反映了上百年甚至上千年人类历史的建筑和公共空间，以及规范环境行为和决策的政治体制。在公园、河岸、空地和花园，自然世界随时显示它们的存在。本章从介绍鼓励儿童探索城市环境的幼儿教育思想流派开始。这些传统流派追求类似的目标：创造性的自我表达、民主决策、同辈和多代人之间的协作学习、沟通技巧以及深化儿童基于地方的体验式学习。本章阐述了在城市中实现这些目标的多种方式，包括参与式规划和设计、流动幼儿园、绿化学校和幼儿园的场地、花园园艺以及大都市区的森林学校和自然学校。它借鉴了来自南北半球的例子，涵盖资源丰富或者贫乏的学校和幼儿园。

支持性教学理念

19 世纪 90 年代，杜威的“进步主义教育”[①]试图通过解决问题的民主过程来让孩子适应不断变化的世界（Zilversmit，1993）。这个理念的核心是社区的理想。孩子们需要机会，以同情心和服务于世界的精神与他人合作。杜威的实验学校证明，利用孩子在交流、调查、搭建事物和艺术表达方面自身的兴趣，可以教授阅读、写作和数学等基本技能。杜威的思想鼓励了项目式学习，在一些学校扩展到探索当地城市和自然环境。

起源于第二次世界大战期间意大利北部废墟的雷焦艾米利亚学前教育方法[②]与进步主义教育的许多目标一致。它也试图以更加宽容、共同、平等和以儿童为中心的价值观培育的民主取代专制教育体系（Hall and Rudkin，2011）。雷焦艾米利亚市所有的市立幼儿园都采用了这个理念，它的影响力已经遍布全球。

因为进步主义教育和雷焦艾米利亚的方法支持社区民主进程和受孩子自身兴趣驱动的项目，它们开辟了调查城市环境的新空间。通过城市设计和规划的参与过程来了解城市并塑造城市，这是 20 世纪 60 年代和 70 年代英国兴起的建筑环境教育运动的核心目标。1969 年，斯凯芬顿的政府报告[③]把社区咨询作为规划的一个组成部分。作为回应，城乡规划协会（The Town and Country Planning Association）发布了《环境教育公报》，倡导教育，使人们更加认识、了解和负责与环境的相互作用“以建立明确的方式使人们能够与他人合作，更好地控制自己如何塑造和管理世界”（Bishop，Kean and Adams，1992，p.51）。结合英国小学的进步主义教育倡议，包括

---

① Progressive Education，进步主义教育。19 世纪末并持续到 20 世纪 50 年代的美国的一种教育革新思潮，亦称“进步主义教育运动”。其特点为强调教育要使学校适应儿童，而不是使儿童适应学校；重视学校的社会功能；主张学校课程应尽可能与儿童的实践活动联系起来；强调培养儿童自我探索和创造的精神。——译者注

② Reggio Emilia，雷焦艾米利亚，是意大利北部的一个城市，以先进的学前教育理念著称，也被翻译成瑞吉欧幼儿教育。它的主要特点包括：以孩子的思维、孩子的立场来看待一切，不压制孩子，让其充分表现潜能；课程从儿童的兴趣和需要出发，教师尽可能地减少介入；儿童的自我表达和相互交流特别重要；强调与家长、教师、同伴的互动和合作；重视艺术活动在儿童学习中的重要作用等。——译者注

③ Skeffington Report，《斯凯芬顿报告》，它制定了公众参与城市规划的方法、途径和形式，是讨论公众参与城市规划的最重要的理论基础和里程碑，规划学术界把它作为公众参与城市规划发展的标志。——译者注

通过直接经验、团队教学和进入社区实地考察进行学习，把“建筑环境”[①]教育引入系统的课程，使建筑师、规划师、艺术家和其他专家进入教室，并把学生送到城市，就当地问题进行调查并提出意见。

通过进步主义教育、雷焦艾米利亚方法和建筑环境教育贯穿始终的社区和民主理想在幼儿教育的可持续性教育中持续存在。正如 Phillips（2014）在她关于可持续教育的讨论中观察到的那样，每一个儿童都想做“真实的事情”，能够对解决社会和环境问题有所贡献。社会和环境系统的整合是可持续教育的特征，也是一种国际潮流，即通过把学校和幼儿园的场地自然化和开辟小花园的手段，将自然带入城市儿童的日常生活（Danks，2010）。

总之，这些教学方法提出了一套更具体的策略，可以为城市儿童早期的环境教育提供信息（表 16.1）。下面我们通过参与式规划设计和花园教育的案例研究来说明这些方法和策略。

表 16.1 儿童早期教育方法，以本章的案例研究作为例证

	参与式规划和设计	花园教育
创造性地自我表达	以艺术为基础的方法，包括壁画、宗教装饰盒[②]、视频和三维模型	歌曲、讲故事、文化交流
协作学习	通过和城市管理者、设计师交谈进行同伴学习和代际学习	多代和多文化的交流
体验式、基于地方的学习	野外考察和研究当地	本土植物和食物，民族植物花园
发展同理心	对蝴蝶园和溪流恢复等城市空间的野生动物栖息地的建议	社区服务、文化交流
建议样本	在图书馆和溪流边建树屋，方便观察和阅读自然	用于搜集雨水和玩水游戏的水池

---

① Built environment，建筑环境。在社会科学中，“建筑环境”这个术语是指为人类活动提供设施的人造环境，从建筑物到公园规模不等。它被定义为“人们日常生活、工作和重新创造的人造空间”。建筑环境包括由建筑物、公园、运输系统等人创造或修建的地方和空间。近年来，公共卫生研究领域把这一定义扩展到包括健康食物获取、社区花园、心理健康、步道和自行车道等。——译者注

② Nicho boxes，一种宗教装饰用的盒子，起源于罗马天主教绘画传统。这种盒子很小，常见的结构包括铰链门、雕刻的边界和多个面板，在盒子里面有一个重要的物体或核心人物。盒子就是为了他的荣誉或纪念而建造。通常画着鲜明的色彩，明暗对比强烈。——译者注

参与规划和设计城市空间

“成长中的博尔德”（Growing Up Boulder）是一个成立于 2009 年的儿童友好型城市倡议，也是博尔德市政府、博尔德山谷校区和科罗拉多大学环境设计项目之间的一个正式合作伙伴关系。这一倡议虽然吸引了各个年龄段的儿童，但重点是和 3 岁到 8 岁的儿童一起工作，包括城市公园、游乐场、大型公共空间、社区和开放空间的参与式设计。“成长中的博尔德”通过从制作宗教装饰盒（受拉丁美洲民间艺术启发的多媒体盒子）到推荐重新设计的三维模型壁画，允许儿童有效地表达自己的想法，进而培养创造性的自我表达和合作学习（Derr and Tarantini，2016）

“成长中的博尔德”项目和儿童一起工作的关键特点是发起合作伙伴关系，在其中教师能够理解儿童参与的价值。一个合作伙伴是博尔德之旅学校（一所采用雷焦艾米利亚教育法的学校）。学校的教育理念是尊重儿童自己的表达方式，采用“倾听教学法”，促进儿童享有积极的公民权，支持 4 岁到 5 岁的儿童参与设计和规划（Hall and Rudkin，2011）。例如，博尔德之旅学校的学生通过实地考察、绘画和照片、向市议会介绍以及在城市设计竞赛中作为评判员，为“博尔德市民区”——一个位于市中心的城市公共空间——重新设计做出了贡献（Derr and Tarantini，2016）。

“成长中的博尔德”项目还与一个文化和经济上都非常多元、采用国际通用中学文凭课程的学校三年级学生（8 岁到 9 岁）建立合作伙伴关系。项目包括为日益拥挤的社区做规划和重新设计公共空间（Derr and Kovács，2017）。作为洛克菲勒基金会“100 个具复原力城市”网络的一部分，最近的项目则集中在与墨西哥城合作加强城市复原力。这个项目通过视频或墙报交流，在学校内部和学校之间进行创造性的自我表达和协作学习。

在“成长中的博尔德”项目中，孩子们持续地思考他人的权利，展示对他人和自然的同理心（Chawla and Rivkin，2014；Derr and Tarantini，2016）。例如，在考虑公园和开放空间时，博尔德之旅学校的学生研究昆虫的物理特征，并设计了有触角和翅膀的简单服装（图 16.1）。在教室里，教师在墙上投射出巨大的昆虫阴影，让孩子们体验当人类出现在昆虫面前时，昆虫感受到的压力。在他们的建议中，学生们表达了对游客可能伤害游道上昆虫的担心，希望能够保护这些昆虫和它们的住所。通过“成长中的博尔德”发现，在不同的项目中，不同年龄的孩子都显示出保护自然的强烈意愿，不管是在儿童期还是之后（Chawla and Rivkin，2014）。

图 16.1 在城市公园的郊游中，孩子们穿上昆虫衣展示他们的同理心。
资料来源：Tina Briggs

城市里儿童接触自然的途径

儿童教育通过探索城市的自然区域、绿化校园和种植校园花园等方式，能够为孩子提供很多和自然接触的机会。

把儿童带入自然

为了让儿童更多地接触自然，加拿大和欧洲的许多城市建立了森林学校，让城里的孩子能够在家附近的森林或者绿色空间里待上几个小时甚至一天的时间（Elliott et al.，2014）。森林学校涵盖学龄前到二年级，并融入私立和公立学校。在森林学校里，孩子们定期去同一个地方，亲身体验自然和生命的循环。教师通过倾听来回应孩子们的兴趣点，再把孩子们的想法写下来，然后加深孩子们对自然和地方知识的了解。在加拿大，森林学校还聘请土著人作为专家，将故事和文化知识融入地方教育（Elliott et al.，2014）。

为了应对学校场地不足，缺乏自然游乐区域的问题，斯堪的纳维亚和澳大利亚的城市建立了流动幼儿园，孩子们可以坐大巴车到城市的自然区域和文化场所。通过对瑞典的一个流动幼儿园进行研究，Gustafson 和 van der Burgt（2015）告诫说，尽管这种模式可以促进独立性，增加儿童进入城市区域的机会，但这些方案却面临着天气条件变化、户外厕所需求量大以及不同场所行为规则制定等实际限制。这一模式与森林学校形成鲜明对比，森林学校通过反复访问同一地点提供常规的学习机会。

把自然带给孩子

美国北卡罗来纳州的“自然幼儿中心”和森林学校很类似，也是把自然带给孩子，让他们可以学习和玩耍。Moore 和 Cosco（2014）发现健康的社区和生态系统可以促进体力运动与多样的游戏类型。研究对比了在对校园空间绿化前后孩子的行为，发现绿化之后孩子们一年四季里在户外的时间更长了；老师建造了更多的可食用蔬菜花园；孩子们的不良行为减少，有想象力的活动增多，和具有不同能力的人一起玩耍的次数增加；社区增加了对校园的自豪感。

可能城市里提高孩子们接触自然机会最大的运动是“校园花园”。正如下面的例子所展示的，花园体现了一个全面系统的方法来理解生命的相互联系，并让孩子们在照顾植物和动物的时候和它们互动。打理一个花园，可以培养孩子们的爱心，建立他们和自己、四季轮回、花园生物间的联系（Noddings，2005）。将关于植物、昆虫和动物的故事整合到环境教育中，使儿童在隐喻和情感层面上参与到生活的奇迹中。与自然循环相关的歌曲加深了孩子们与自己种植的植物之间的关系，让孩子唱歌、跳舞，并作为他们经验的一部分。

在幼儿园的花园：墨西哥艾普布拉州和巴西里约热内卢罗西尼亚

一家小型的国际组织“儿童和平花园”（A Child's Garden of Peace）和墨西哥艾普布拉州的一家只负责白天照顾孩子的幼儿园卡萨库纳（Casa Cuna）合作，在幼儿园里建了一个花园，开展自然教育项目（图 16.2）。艾普布拉州（大约有 200 万人口）的中级学校和大学要求学生必须有几百个小时的社区服务时间。作为一个服务项目，大约有 60 名年轻人为卡萨库纳幼儿园平整了地面进行种植。其中没有任何人之前使用过铁锹或者在花园里种植过东西。他们与 2 岁到 5 岁的孩子们一起种植草药、蔬菜、花朵和果树。每个人都学会与他人合作。花园里还有一个遮阴的地方，孩子们可以用来休息或者参与艺术和音乐活动。孩子们的感官引导他们在花园里探险。年轻人和孩子们每天都给花园浇水，发现开花的植物或者成熟待摘的果实，拿着收获去学校的食堂。

图 16.2 多代人在墨西哥艾普布拉州的一家日间幼儿园进行种植。
资料来源：Illène Pevec

如果那些儿童中心缺乏开辟花园的土地，装满泥土的罐子也可以成为替代的种植空间。在巴西最大的贫民窟罗西尼亚（Rocinha），超过 10 万人居住在花岗岩山坡上。一家名叫 Associação Social Padre Anchieta 的日间幼儿园除了房子已经没有多余的空地了。学校房子的屋顶提供了一小块可以户外玩耍的地方，约 10 平方米，被 15 厘米高的篱笆包围着，加上当地环保团体捐赠的堆肥，成了一个小花园。孩子们利用小块土地和大塑料盆栽植大蒜、洋葱、甜菜、生菜、羽衣甘蓝、草药和花卉。这反过来又增加了膳食的营养和味道，吸引了传粉昆虫，给幼儿园带来色彩和生命，成了街头危险的避难所。

教育花园：加拿大不列颠哥伦比亚省温哥华

“自然之灵”花园是在 1998 年由两名不列颠哥伦比亚大学的大学生在 Grandview/U'uquinakuh 小学和 Grandview Terrace 儿童护理中心发起的。儿童、老师和邻居都全程参与了规划和实施。由儿童创造的模型启发了一个风景园林系学生 4000 多平方米的设计，其中包括蝴蝶园、野鸟栖息地、民族植物园、学校菜园、社区花园、一个仿造当地传统建筑“长屋”的户外教室以及一个消力池[①]。这个消力池——里面堆满了沙子和碎贝壳，模仿沿海的沙滩，吸收雨水——代表了一个想要池塘的孩子和因为责任原因禁止这种做法的学校董事会之间的妥协（Bell，2001）。雨水集水系统提供了一个极好的游戏空间，为孩子们在雨天玩修坝和叶子小船游戏提供了机会。自 2001 年以来，温哥华沿海卫生管理局（Vancouver Coastal

---

① Dissipation pond，消力池。一种泄水建筑物下游的消能设施。消力池能使下泄急流迅速变为缓流，一般可将下泄水流的动能消除 40% ~ 70%，是一种有效而经济的消能设施。——译者注

Health Authority）资助了花园协调员 / 课堂教育工作者的工作岗位。为低年级的孩子开设综合了科学、文化和数学的课程。例如，学生制作图表来衡量幼苗的生长，并用一个算盘围栏来计算收获。图书管理员还主持故事时间，主题是把花园里的可食蔬菜和书籍里介绍的可以吃的植物联系起来。

花园可以在多文化背景的城市社区里起到促进跨文化交流的作用。居住在 Grandview 靠近花园公共房屋里的老年人创作了一本书，名为《生命之网》，分享他们作为土著加拿大人和从其他国家移民而来的人儿童时期在花园里的经历。当地少数民族学校的成员还举行一个全社区的仪式，土著领袖、舞蹈家和歌手全身心来祝福花园和长屋，在现场雕刻图腾柱。当孩子们在本土的枫树下遮阴或者下雨天在长屋里玩耍的时候，他们会看到被本地植物吸引来的野生动物，并参与到尊重当地遗产的文化环境中（Pevec，2003）。

结论

这一章描述了鼓励儿童在城市的建筑环境和自然环境中探索的教育方法。这些方法为孩子们提供了对其他生物表达同理心和尊重多样文化的机会。通过参与式设计游乐场地、花园或者公共公园，儿童形成了一种代理意识和能力，增强了他们对塑造城市过程的理解。通过野外考察和管理花园，他们了解了自然的循环和生态系统。这些经历都为日后发展出环境责任感和保护意识打下了基础。根据杜威的理论、雷焦艾米利亚的学前教育实践和建筑环境教育，社会及环境问题并不能通过专制、唯技术论来解决。成功地解决问题需要包括儿童在内的社会各阶层的智力、创造力和协作智慧。儿童时代正是开始教授这些技能的时候。城市环境教育把孩子从幼儿园和教室带入城市的建筑环境和自然环境，让孩子们参与建筑的自然化，为人类建设与自然过程在各个年龄层次上共存的城市做出贡献。

参考文献

Bell，A.（2001）. *Grounds for learning*：*Stories and insights from six Canadian school ground naturalization initiatives.* Canada：Evergreen.

Bishop，J.，Kean，J.，and Adams，E.（1992）. Children，environment and education. *Children's Environments*，9（1）：49–67.

Chawla, L., and Rivkin, M. (2014). Early childhood education for sustainability in the United States of America. In J. Davis and S. Elliott (Eds.). *Research in early childhood education for sustainability: International perspectives and provocations* (pp. 248–265). London: Routledge.

Danks, S. (2010). *Asphalt to ecosystems.* Oakland, Calif.: New Village Press.

Derr, V., and Kovács, I. G. (2017). How participatory processes impact children and contribute to planning: A case study of neighborhood design from Boulder, Colorado, USA. *Journal of Urbanism: International Research on Placemaking and Urban Sustainability*, 10 (1): 29–48.

Derr, V., and Tarantini, E. (2016). "Because we are all people": Outcomes and reflections from young people's participation in the planning and design of child-friendly public spaces. *Local Environment: The International Journal of Justice and Sustainability.*

Elliott, E., Eycke, K., Chan, S., and Müller, U. (2014). Taking kindergarteners outdoors: Documenting their explorations and assessing the impact on environmental awareness. *Children, Youth and Environments*, 24 (2): 102–122.

Hall, E. L., and Rudkin, J. K. (2011). *Seen and heard: Children's rights in early childhood education.* New York: Teachers College Press.

Gustafson, K., and van der Burgt, D. (2015). 'Being on the move': Time-spatial organization and mobility in a mobile preschool. *Transport Geography*, 46: 201–209.

McCartney, K., and Phillips, D. (Eds.). (2006). *Blackwell handbook of early childhood development*. Malden, Mass.: Blackwell Publishing.

Moore, R., and Cosco, N. (2014). Growing up green: Naturalization as a health promotion strategy in early childhood outdoor learning environments. *Children, Youth and Environments*, 24 (2): 168–191.

Noddings, N. (2005). *The challenge to care in schools: An alternative approach to education.* 2nd edition. New York: Teachers College Press.

Pevec, I. (2003). Ethnobotanical gardens: Celebrating the link between human culture and the natural world. *Green Teacher*, 70: 25–28.

Phillips, L. G. (2014). I want to do real things: Explorations of children's active community participation. In J. Davis and S. Elliott (Eds.). *Research in early childhood education for sustainability: International perspectives and provocations* (pp. 194–207). London: Routledge.

Zilversmit, A. (1993). *Changing schools: Progressive education theory and practice, 1930–1960.* Chicago: University of Chicago Press.

第 17 章　积极青年发展

Tania M. Schusler，Jacqueline Davis-Manigaulte，
Amy Cutter-Mackenzie

重点

● 积极的青年发展是一种以精神资产为基础的方法，以培养个人福祉所必需的能力。

● 如果城市环境教育能够让儿童和青年对改善城市环境有所帮助的话，它就不仅能提升城市的可持续性和复原力，还能够促使青年的个人成长。

● 参与式行动研究、同伴教育和青年公民参与这三种方法，能够给城市环境和在其中生活的青年都带来积极的改变。

引言

环境教育通常与环境学习与环境友好行为相联系。然而，一些环境教育的方法，也可以通过发展信心、自我效能和其他能够支持个人幸福的精神资产来促进年轻人的个人成长。本章探讨城市环境教育与积极青年发展的交叉点。它可能对在不同的教育机构里，如学校、课外项目、社区组织、青年发展组织、教堂、营地、自然中心、科学中心、博物馆和公园等地的教师、环境教育工作者、科学教育工作者、青年工作者和其他想要促进环境学习并为青年人提供积极发展轨迹的人有所帮助。

我们首先定义积极的青年发展，并将其应用到环境教育。然后，我们介绍美国和澳大利亚的三个项目，以说明将积极的青年发展融入城市可持续发展的环境教育的不同教学法。至于对“青年”这个词的理解，我们倾向于指儿童与成年之间的过渡期，这种过渡期在不同的文化里时间跨度有所不同。联合国把青年定义为 15 岁至 24 岁的个体，但有些文化则包括 15 岁以下的儿童或者 24 岁以上的青年。在我们给出的例子中，也包括一些 15 岁以下的儿童。

环境教育中的积极青年发展

青年发展领域发生了一种模式转变，从把重点放在减少意外怀孕或吸毒等具体问题上，发展到“积极青年发展”。这种青年发展建立在青年人的力量之上，培养对福祉至关重要的能力。在描述积极青年发展的多个框架中，有一个最全面地描述了促进幸福的四类个人资产：身体（如良好的健康习惯）；才智（如批判性思维、良好的决策）；心理（如积极的自尊、情绪自我调节）和社会（如连通性、对公民参与的承诺）（Eccles and Gootman，2002）。除了强调增加上述的个人资产，积极青年发展承认发展经验不是孤立发生的事件，而是发生在青少年的日常生活中，如他们和同伴、家庭和学校、校外项目及更广泛的社区非家庭成员的成人互动过程中。

根据美国的研究，已经发现促进积极的青年发展的环境具有如下类似的特征（Eccles and Gootman，2002）：

- 身心安全（如安全设施、安全的同伴互动）；
- 适当的结构（如明确的和一致的期望）；
- 支持的关系（如好的沟通）；
- 归属的机会（如有意义的包容）；
- 积极的社会规范（如行为准则、价值观和道德）；
- 支持有效性和重要性（如给予责任、有意义的挑战）；
- 提升技能的机会；
- 综合家庭、学校和社区的努力。

一个城市环境教育项目越是拥有以上特征，越是可能产生积极的青年发展结果。当然，不是所有的特征都是必需的，有些可能需要针对不同的国家做一些文化上的适应。

青年身体和心理的发展同样受城市环境质量的影响，如环境毒素、噪声、室内空气质量和获得绿色空间的便捷性（Evans，2006）。城市环境教育可以使年轻人在改善对幸福感有负面影响的环境条件方面发挥作用。在全球范围，青少年已经表现出评估和改善城市环境条件的能力（Hart，1997；Chawla，2002）。当青年真正有机会解决环境问题时，他们可以发展宝贵的个人资产，通过提升城市环境来增加自己和他人的幸福（图 17.1）。简言之，城市环境教育能够提升积极青年发展，反过来，青年也能够对城市的可持续性和复原力有积极的贡献。

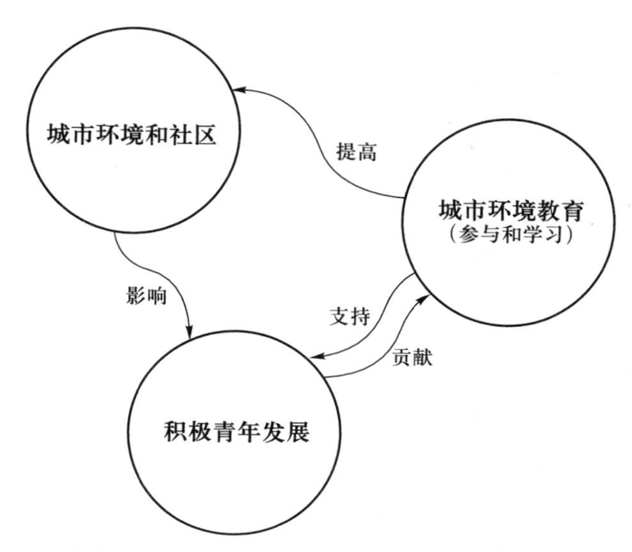

图 17.1 包含年轻人参与改善城市环境的城市环境教育可以增加他们的资产和福祉，同时改变影响青年发展的环境条件

研究显示，一旦青年参与到对环境积极行事的项目中时，他们就会以各种方式积极地成长（Schusler and Krasny，2010）。例如，夏威夷的学生就一个当地的环境议题共同选择、调查和采取行动，提高了他们的批判性思维；阅读、写作和口头表达能力；对技术的熟悉程度；自信和公民能力（Volk and Cheak，2003）。纽约市的一项食品公平教育项目为青年人提供一个宝贵的发展经历，因为它提供了一个属于自己的地方，有机会发展自己的潜能，解决复杂的问题，实践领导能力，最终成就自己（Delia，2014）。在东部非洲两个环境相关的服务学习项目“根与芽”和“乌干达野生动物俱乐部”的评估者发现，作为环境教育的一个产出，两个项目的青年最看重与俱乐部成员、领导者和社区成员的关系（Johnson-Pynn and Johnson，2010）。

虽然需要进一步研究有哪些将积极的青年发展与城市环境教育相结合的内在机遇和障碍，但是当在项目设计时有意识地考虑两者，它们是可以协同的。为了说明当青年被真正赋予机会去影响环境时城市环境教育和积极青年发展之间的协同作用，我们在下面介绍了三个项目。第一个涉及青年通过儿童框架方式进行参与式行动研究。第二个是通过同伴教育来提高青年的领导能力。第三个则是通过当地环境行动促进青年公民参与。在每一个城市环境教育的例子中，青年人都有机会了解和影响城市环境变化，从而开发出促进他们自身福祉的精神资产（图 17.1）。

作为合作研究者的青年

儿童和青年是自己生活的专家，但涉及儿童的研究往往是由大人设想和领导的。Barratt Hacking、Cutter-Mackenzie 和 Barratt（2013）号召把儿童作为研究者而不仅仅是被研究的对象。为此，“自然在童年时期消逝对儿童生活的影响”项目让澳大利亚的青年从他们的视角来参与关于童年和自然的研究。该项目采用了儿童框架方法，在五个不同阶段纳入定性和定量研究。它涉及十个年龄在 9 ~ 14 岁的儿童作为合作研究人员，分别在两个地点，一个在城市，一个在城市的郊区。

第一阶段涉及培训课程，让孩子们了解定性研究，特别是民族志（参与式观察、半结构式访谈）和基于艺术的方法（摄影、摄像、制图），使孩子们能够研究自己和地方文化（Cutter-Mackenzie，Edwards，and Widdop Quinton，2015）。一个孩子描述这个经历非常典型：“我很高兴能提出自己的观点……太多的青年热切希望自己的声音能被倾听，但这是我所知道或者参与的唯一的项目允许他们这么做。”这种被听到的机会可能有助于培养积极的发展资产，如自我效能和社会融合感。

在第二个阶段，儿童在自己的文化背景下进行两个月的自然缺失症研究。孩子们得到一台带有 Wi-Fi 和 GPS 的设备用于绘制日常的体验，适当的研究协议和用于上传数据的账号密码。后者不仅鼓励孩子对数据承担起责任，还鼓励他们开始初步的数据分析（Barratt Hacking，Cutter-Mackenzie，and Barratt，2013）。在第三阶段，研究团队完成了一个密集的调查阶段后，引导儿童分析他们的数据。参与者介绍、讨论、绘制和分析他们的发现。与儿童合作研究者及其父母或监护人进行的焦点小组访谈也有助于对研究结果进行确证。

在第四阶段，融入一个由儿童合作研究者和 Cutter-Mackenzie 共同完成的在线调查。最后，在第五阶段集中向学者、参与者和其他孩子传播儿童合作者的研究成果。青年准备好交流成果的方式，包括一个纪录片和照片集（图 17.2）。

这种儿童框架方法的各个阶段一起强调了青年如何真正能够成为研究合作者。通过这样的经验，孩子们能够培养积极的发展资产，比如自我效能感、连接性和研究能力、批判性思维能力以及沟通能力。孩子们的研究结果也许能够加强我们对儿童在自然中体验方式的理解，有助于设计和管理城市环境（图 17.1）。

图 17.2　由年轻的合作研究者设计和创建的蒙太奇照片，展示了她在一天中不同时间拍摄的照片，被她称作“路边的自然”。她解释说，她所在社区的道路既促进了儿童与自然的连接（像“血管”），也阻碍了儿童与自然的连接。
资料来源：Graciella Mosqueira

作为同龄人领袖的青少年

同伴教育让具有相似特征或经验的人彼此学习。这一方式在健康领域得到成功的运用，也可以在其他领域有效，包括环境问题（de Vreede，Warner，and Pitter，2014）。有证据表明，让青少年带领年龄更小的孩子学习能够对参与项目的孩子和“作为教师的青少年”都产生积极的发展影响（Lee and Murdock，2001）。这一策略使青少年拥有对活动方向的掌控权，从而愿意投入更多以产出更好的结果（Larson，Walker，and Pearce，2005）。

在 2015 年夏季，在纽约市举办了 4–H（四健会[①]）环境教育倡议，试行了同伴教育或“作为教师的青少年”战略。四健会是许多美国公立大学“合作推广体系”（Cooperative Extension System）与青少年发展有关的组成部分。20 名纽约市四健会青少年参加了康奈尔大学四健会职业探索会议（Career Exploration Conference），参与了由教职工带领的科学和领导力小班教学。在闭幕式上，这些来自纽约的青少年与 400 多名同龄人和成年志愿者一起制作“传粉者种子炸弹”，作为国家传粉者倡议（National Pollinator Initiative）的一部分。这个倡议是美国总统批准的用以保护传粉者进而保

① 4–H，四健会，是美国的一个非营利性青少年组织，它的使命是让青少年在青春时期尽可能地发展其潜能。分别对应英文的 4 个“H”字母：头脑（head）、心胸（heart）、双手（hands）、健康（health）。——译者注

障全国食物供应。种子炸弹是用压缩的黏土、堆肥或者含有种子土壤制作的，可以扔到一片裸露的土地上来种植新的植物（http：//kidsgardening.org）。四健会青少年和成人志愿者承诺会和他们所在社区的朋友以及俱乐部成员分享新的知识和种子炸弹。一位纽约市四健会同伴教育工作者反馈说："我能够看到我们在采取行动让世界变得更美好，我很高兴参与其中。"这说明作为环境教育同伴教育工作者的参与是如何促成这位青少年领导者的自我效能感和关心感，这是积极发展的精神资产。

当他们回到所在社区后，这些纽约市四健会青少年将为"四健会探索城市环境"夏令营担任"学生导师"（图 17.3）。这些青少年受训在纽约市的八个社区和年龄更小的孩子实施一个为期五周的项目。这些青少年领导者通过服务学习的机会，将 392 名青少年连接到社区，促进了环境管护和社区美化。在一项对项目效果评估的调查中，所有 35 名学生导师同意或者强烈同意以下表述："通过社区服务，我能够在社区里带来改变。"类似这样社区服务的承诺是积极青年发展的社会性资产。青少年的精神资产加强同样体现在他们同意或者强烈同意下列表述："我在帮助他人方面更自信了。"这些结果与我们的概念框架相一致（图 17.1），强调了青年人以有意义的方式将环境与青年、环境与社区联系起来的积极影响。

图 17.3　在纽约市，作为环境管理的一部分，四健会探索城市环境项目的"学生导师"引导年龄更小的孩子释放蝴蝶。资料来源：Teishawn W. Florestal-Kevelier

作为公民行动者的青少年

青年公民参与是指青年人通过积极与他人合作塑造社会，发展其公民能力。一种青年公民参与的形式就是环境行动，由学习者集体分析问题并采取行动来解决问题。环境行动可以是直接的提高环境质量的行为，如在城市公园里种植本地植物恢复植被。也可以是教育或者政策倡导间接地影响他人采取行动。对环境行动至关重要的是共同决策；参与者合作确定问题，然后设想和制定解决方案（Jensen and Schnack，1997；Hart，1997）。成年人在分享决策权时会感到紧张；应对这些紧张对确保青年参与和积极发展的真正机会至关重要（Schusler，Krasny，and Decker，2016）。

一名青年发展专家和一名环境教育工作者合作进行了一个课后项目，以促进七名中学生在伊萨卡市（Ithaca）和纽约州北部周边城镇制作关于“绿色家园”的纪录片。成年领导者选择这个项目的主题——制作一个关于绿色建筑的纪录片——并邀请青年人参与。青年人在教育工作者的指导下，在七个月的时间里参与决策了所有的纪录片制作过程，从计划到拍摄、剪辑和向当地居民推出这部 18 分钟的纪录片。成年领导者和青年参与者在本项目决策中的作用反映了一个青年环境行动项目研究的成果，其中教育工作者谈到如何在决策和领导力方面为青少年提供必要的指导和给予机会之间取得平衡（Schusler，Krasny，and Decker，2016）。

学生的纪录片里展示了三个当地的家庭在建筑中对天然材料、回收材料和可再生能源的使用。它还包括在汤姆金斯县防止虐待动物协会（Tompkins County Society for the Prevention of Cruelty to Animals）中为狗和猫设立的“绿色家园”。这个“宠物之家”强调使用可回收材料、自然采光、地热交换加热和冷却系统以及自然景观。

青少年汇报说获得了关于绿色建筑的更多知识，并受到激发愿意去做更多。其中一位说道：“这真正激发了我去观察周围的环境，了解我能做什么改变。”他们还提到获得了一些技能，如制作纪录片、解决问题、沟通、团队合作、和成人互动、坚持去完成一项长期任务、更加耐心等。他们珍视能够为社区做出贡献的机会。其中一位反馈说：“这将对人们决定如何去建造一座房子产生影响。看过纪录片的人至少会做一些谈到的小小改变。并且，当他们看到孩子做出这样的事情，他们会对社区里的儿童给予更多的尊重。”这种间接的环境行动——青少年努力影响居民做一些环境友好的选择——展示了青少年通过教育他人提高城市的可持续性时发展精神资产的一个途径（图 17.1）。

结论

参与式行动研究、同伴教育和青少年公民参与是城市环境教育中提高可持续性和培养积极青年发展的三种方法。这三种方法并不是互相排斥的。例如，青年环境行动往往让青少年作为研究人员了解情况，然后采取集体行动来改变这种状况；它因此整合了参与式行动研究和公民参与。这三种方法都重视青少年的能力，发挥自己的优势，为真正有意义的参与提供机会，并有可能对其社区和环境产生影响。它们还要求成年领导者提供一个关心的环境、适当的指导、期望和让青少年承担领导与其他责任的自由。通过这些经验，年轻人可以为创造更加可持续发展的城市做出贡献，同时开发宝贵的体力、智力、心理和社会资源，以增强个人的幸福感。

参考文献

Barratt Hacking, E., Cutter-Mackenzie, A., and Barratt, R.（2013）. Children as active researchers: The potential of environmental education research involving children. In R. B. Stevenson, M. Brody, J. Dillon, and A. E. J. Wals（Eds.）. *International handbook of research on environmental education*（pp. 438–458）. New York: Routledge/AERA.

Chawla, L.（Ed.）（2002）. *Growing up in an urbanizing world.* Paris: UNESCO Publishing.

Cutter-Mackenzie, A., Edwards, S., and Widdop Quinton, H.（2015）. Child-framed video research methodologies: Issues, possibilities and challenges for researching with children. *Children's Geographies*, 13（3）: 343–356.

Delia, J. E.（2014）. Cultivating a culture of authentic care in urban environmental education: Narratives from youth interns at East New York Farms. Master's thesis, Cornell University.

de Vreede, C., Warner, A., and Pitter, R.（2014）. Facilitating youth to take sustainability actions: The potential of peer education. *Journal of Environmental Education*, 45（1）: 37–56.

Eccles, J., and Gootman, J. A.（Eds.）.（2002）. *Community programs to promote youth development.* Washington, D.C.: National Academy Press.

Evans, G. W.（2006）. Child development and the physical environment. *Annual Review of Psychology*, 57: 423–451.

Hart, R. A.（1997）. *Children's participation: The theory and practice of involving young citizens in community development and environmental care.* London: Earthscan.

Jensen, B. B., and Schnack, K.（1997）. The action competence approach in environmental education. *Environmental Education Research*, 3（2）: 163–178.

Johnson-Pynn，J. S.，and Johnson，L. R.（2010）. Exploring environmental education for East African youth：Do program contexts matter? *Children，Youth and Environments*，20（1）：123–151.

Larson，R.，Walker，K.，and Pearce，N.（2005）. A comparison of youth-driven and adult-driven youth programs：Balancing inputs from youth and adults. *Journal of Community Psychology*，33（1）：57–74.

Lee，F. C. H.，and Murdock，S.（2001）. Teen as teachers programs：Ten essential elements. *Journal of Extension*，39（1）：http：//www.joe.org/joe/2001february/rb1.php.

Schusler，T. M.，and Krasny，M. E.（2010）. Environmental action as context for youth development. *Journal of Environmental Education*，41（4）：208–223.

Schusler，T. M.，Krasny，M. E.，and Decker，D. J.（2016）. The autonomy-authority duality of shared decision-making in youth environmental action. *Environmental Education Research*. http：//dx.doi.org/10.1080/13504622.2016.1144174.

Volk，T. L.，and Cheak，M. J.（2003）. The effects of an environmental education program on students，parents，and community. *Journal of Environmental Education*，34（4）：12–25.

第18章 成人教育

Philip Silva，Shelby Gull Laird

重点

● 成人学习理论提出通过行动为导向的项目和丰富的机会让成人参与城市环境教育。

● 成人城市环境教育包括具有预定成果的项目以及使参与者确定自己学习目标的项目。

● 许多项目利用学习理论来整合工具性和开放性的目标。

引言

“你教不了一条老狗新花样。”虽然这个古老的谚语是说成年人不善于学习新东西，但我们知道这是错误的。大多数成年人一生都在学习。事实上，很多人为了个人成长或改变生活方式而不断学习新知识（Knowles，1984）。大多数环境教育——城市环境教育或者其他类型——聚焦在儿童和青少年，要么在课堂里学习，要么通过去自然中心、博物馆、公园及类似机构进行户外学习。在这一章，我们探讨为成年人发展城市环境教育经验的机会。

成人教育理论和实践成果为城市环境教育提供了丰富的概念和实践框架，扩大并且在某些情况下加强了对儿童、青少年和青年人的工作。成人教育可以包括正规环境下的教学和学习，如通过高校提供的继续教育、成人扫盲和高中同等学力课程，以及由政府机构、非政府机构甚至营利性企业举办的各种培训班、讲座、专业发展机会和其他一次性学习活动。它还包括通过学徒的非正式学习、基于社区的活动和其他形式的自发和协作式的“做中学”等教学和学习。

考虑到一章内容不能说清楚成人教育方法的多样性，我们把重点放在与当前城市环境教育问题和趋势相一致的较窄的主题上。我们首先简要介绍三位有影响力的成人教育学者的核心思想，并简要介绍两个城市成人环境教育案例。最后，我们通过“解放”与“工具性”环境教育的二元分类探索理论和实践，并考虑对成人环境教育工作者的影响。

成人教育中的重要思想家：弗莱雷、诺尔斯和维拉

成人教育是一个广泛的理论和实践领域，不乏有影响力的思想家和实干家。人们可以追溯到柏拉图的“对话”，以找到成年人努力互相学习的有记录的证据。这里介绍 20 世纪下半叶成人教育中的三位重要思想家：巴西教育家保罗·弗莱雷（Paul Freire，1921—1997），北美当代教育家马尔科姆·诺尔斯（Malcolm Knowles，1913—1997）和简·维拉（Jane Vella，生于 1931 年），维拉综合并扩展了弗莱雷和诺尔斯的工作，使新一代的成人教育工作者能使用它。

保罗·弗莱雷在成人教育理论和实践上的影响是世界性的。尽管弗莱雷提出“被压迫者教学法”[①] 这一概念已经有近五十年历史了，但他在成人教育中关于教和学的进步观点仍然在挑战和激励着成人教育学者。弗莱雷关于成人教育的想法是 20 世纪 40 年代和 50 年代在巴西东北部为成年工人开办扫盲班的时候发展起来的。他早期的写作揭示了他所谓的“教育的银行业神话”，或者说老师可以简单地将静态信息“存入”被动学生的脑海里。弗莱雷呼吁教育工作者让学生积极参与到“觉悟启蒙”的过程中，和学生一起批判地解读他们生活中被压迫的情况，创造有用的知识改变世界，“重新获得人性”（Freire，2005，p.48）。弗莱雷的教育理论强调在行动中学习，把理论和实践不可分割的过程，他命名为“实践”（praxis）。

马尔科姆·诺尔斯也设计了一种成人教育方法，要求教师首先把学生的需要和愿望放在首位。诺尔斯对成人教育的看法是基于他在 20 世纪 40 年代通过基督教青年会（Young Men’s Christian Association，YMCA）[②] 领导的非正式成人学习项目的经验。诺尔斯认为，成人教育的理论和实践

---

① *Pedagogy of the Oppressed*，《被压迫者教学法》，保罗·弗莱雷的重要著作。该理论以培养批判意识为目的，从文化人类学的角度阐明了教育与觉悟的关系，指导了发展中国家的成人扫盲教育，提出了情景对话式的教学方法，注重教育与现实的结合。弗莱雷的教育理论和实践在世界上产生了很大的影响，尤其对发展中国家教育的改革和发展影响更大。——译者注

② Young Men’s Christian Association，基督教青年会。这是一个源于英国的宗教组织，主要培养基督教的伦理观念，于生活中付诸实行，增进个人身心健康，在社会上为良好的公民，提倡“非以役人，乃役于人”的服务精神。——译者注

值得有自己的研究领域。他推广针对成人的“成人教学法”概念，作为针对儿童的“教学法”的补充。在他的《行动的成人教学法》(Knowles，1984)中，诺尔斯写道：“因为大人在遇到生活中的需求之后就有动力去学习，所以他们进入一个以生活为中心或者以问题为中心而学习的教育活动。在多数情况下，成人不会为了学习而学习。他们学习要么是为了完成某项任务，要么是为了解决某个问题，要么是为了生活得更好”(p.11)。和弗莱雷一样，诺尔斯认为成人教育应该重视每一个成人学生带到教室或者培训班的知识、技能和智慧。他的“以问题为中心的学习方向”提供了另一个概念性的途径来为成年学生赋能，并将学习动机融入其受教育经验。

简·维拉的《有效的成人学习十二条原则》(Vella，2002)在很大程度上受到弗莱雷和诺尔斯的著作，以及她自20世纪50年代中期到70年代初在坦桑尼亚社区发展教育中自身成长经历的启发。维拉的作品综合了大量成人教育思想家以及认知心理学和社区组织经验。她的方法主要面向培训班、培训课程和正规课程，使教育工作者能够有目的地规划和设计学习体验。

维拉呼吁教育工作者应该尊重学习者，把他们作为决策者，邀请到参与对新课程或者培训班内容的需求评估中来。维拉认为，教育工作者应该尊重成人学习中即时性的需要；一切都应该回到学习者的迫切需求和愿望上。反过来，即时性则来自学生通过直接参与思想、感情和行动而体验实践或者动手学习的机会。责任制来自完成非连续的和可完成的任务，使学生能够立即获得有关成就的反馈。小组的团队合作培养学生之间、学生和老师之间的关系，而角色发展的概念鼓励学生发现自己的声音，并发挥自己在与他人对话中扮演角色的强烈自我意识。在培训班上对内容和任务进行周密的安排可以为成人提供一个安全的环境，避免在提出、讨论和争论新的想法时出现尴尬。

我们不认为维拉的原则和实践是成人教育的金科玉律。相反，她的原则提供了一个有关概念和关注的窗口，综合了许多成人教育理论家的工作。这些人不仅包括弗莱雷和诺尔斯，还包括哲学家约翰·杜威(John Dewey)[①]、

① John Dewey，约翰·杜威(1859—1952)，美国哲学家、教育家，实用主义的集大成者。他的著作很多，涉及科学、艺术、宗教伦理、政治、教育、社会学、历史学和经济学诸方面，使实用主义成为美国著名的文化现象。——译者注

心理学家库尔特·勒温（Kurt Lewin）[①]、活动家迈尔斯·霍顿（Myles Horton）[②]、社会学家杰克·梅兹罗（Jack Mezirow）[③]，以及文化批评家贝尔·胡克斯（bell hooks）[④]，等等。我们接下来简要介绍反映维拉和其他学者工作的成人城市环境教育项目。

成人城市环境教育案例

成人城市环境教育的案例有各种各样的形式，每种形式都有自己对成年人有效教学和学习的隐含和明确的假设。在这里，我们提供两个例子来帮助说明正式设计的学习经验与非正式的、即学即用的经验之间的差异。请记住，这种概念上的分裂只是将全世界范围内城市环境教育的不同情况进行分类的多种方式之一，有些情况比其他情况更容易适应这些类别。因此，这些类别是建构性的思维工具，它们可以帮助我们在凌乱的世界中围绕现象绘制清晰的界限（Lincoln and Guba，2013），不应该将它们与规范性基准混淆在一起评估各种不同的现实世界案例的价值或者“契合度”。

纽约市，布鲁克林城市园丁

布鲁克林城市园丁（Brooklyn Urban Gardener）项目和那些希望在超过250万人口的布鲁克林传播园艺知识的成年人一起工作。室内培训在布鲁克林植物园的室内举办，而室外培训则选择在附近的一个社区花园（图18.1）。维拉的对话教育理论和实践指导了培训的设计，让参加者掌握能够立即在他们的花园或者城市园艺领域用得上的知识。培训主题主要由花园的教育工作者来选定，包括堆肥、蔬菜种植、城市林业、病虫害管理

---

① Kurt Lewin，库尔特·勒温（1890—1947），德裔美国心理学家，拓扑心理学的创始人，实验社会心理学的先驱，格式塔心理学的后期代表人，传播学的奠基人之一。他是现代社会心理学、组织心理学和应用心理学的创始人，常被称为“社会心理学之父”，最早研究群体动力学和组织发展。勒温对现代心理学，特别是社会心理学，在理论与实践上都有巨大的贡献。——译者注

② Myles Horton，迈尔斯·霍顿（1905—1990），美国教育家，社会主义者，海兰德民众学校（Highlander Folk School）的共同创始人，该校以在民权运动中的角色而闻名。——译者注

③ Jack Mezirow，杰克. 梅兹罗（1923—2014），美国著名社会学家，哥伦比亚大学教授，以在成人教育领域提出转化学习理论著称。——译者注

④ bell hooks，贝尔·胡克斯（1952— ），美国作家，女权主义者，社会活动家。她的原名是葛劳瑞亚·晋·沃特金（Gloria Jean Watkins），她以她的曾祖母的名字贝尔·胡克斯（Bell Blair Hooks）为笔名，并且写名字时不按通常的规则大写名字的第一个字母，目的之一是表明她与先辈女性的本质联系，之二是强调自我的不重要，更应该关心写的内容而不是作者。她的著作以对种族、性别、阶级和文化的关系分析著名。——译者注

和社区组织。培训还在小组任务中邀请参加者分享他们之前关于城市园艺的经验。在培训之外，参加者在一个社区志愿者项目里一起工作，在获得布鲁克林园丁项目结业证书之前必须有 30 小时的社区服务时间。

图 18.1 布鲁克林城市园丁项目的学员在布鲁克林植物园外的街道上学习城市树木的知识。资料来源：Nina Browne，布鲁克林植物园拥有版权

伦敦，卡姆利街自然公园志愿者

卡姆利街自然公园（Camley Street Natural Park）是一块 8000 多平方米的绿地，位于伦敦市中心的一条主要铁路和前工业运河之间。志愿者在 20 世纪 80 年代早期建造了这个公园，把一个曾经堆煤的场所改造成了一个小型的拥有林地、湿地和草地的公园（图 18.2）。伦敦野生生物信托基金会（London Wildlife Trust），一个覆盖全市的保护机构，支持了公园的一支小型教育和管理队伍，但是日常的场地管理工作是由志愿者来完成的。成人志愿者在反复的试错过程中，学习哪些在管理中有效，哪些没有效果。例如，随着附近摄政运河（Regent's Canal）房地产重新开发，志愿者和公园管理人员正在努力调整场地，以适应附近的动物不断变化的栖息地需求。

图 18.2　卡姆利街自然公园的志愿者在调查她们维护公园的工作成果。
资料来源：Alex Russ

开放性与工具性的成人环境教育

纽约和伦敦的例子展示了最佳的实践案例。因为它们是成人城市环境教育的经验，需要成人教育理论和实践的知识来成功实施。虽然布鲁克林园丁项目明确借鉴了维拉的方法来为培训班提前制定一系列的计划，但卡姆利街自然公园的志愿者发现了更多偶然和非正式的学习机会。沃斯等人（Wals et al.，2008）提出了三种环境教育的总体方法来帮助我们理解布鲁克林园丁项目和卡姆利街自然公园志愿者项目的关键不同点：① 工具性途径是教师或者指导者预先知道活动期望的行为结果，因此在培训班、室内课程或教程中设计逐步的体验；② 开放性方法是更加开放和迭代响应学习者复杂和新兴的需求；③ 综合了工具性途径和开放性方法的其他方法。

根据沃斯及其同事的说法，工具性环境教育是“假定已经（或多或少）认识到（环境教育）活动的预期行为结果，并且可以受到精心设计的干预措施的影响”（p.56）。相反，开放性环境教育试图“让公民积极对话，以建立共同的目标，共享的意义，联合的自主行动计划，使他们达到自己渴求的变化”（pp.56–57）。工具性和开放性方法的关键区别在于学习议程是大多由教育工作者提前为学习者制定，还是学习者为了回应他们在社会或者世界范围内所感知的某个问题而积极地制定教育议程。

针对成人环境教育的工具性方法可以有不同的形式。许多大型的城市公园和公共花园提供正式的培训、导览、多周的资质认证课程，邀请成人学习森林生态学、植物学、园艺、观鸟、景观设计、划船及其他课程。这些课程让成年人有机会成为城市生态环境的守护者。上述的“布鲁克林城市园丁”就是类似项目。由非营利机构“纽约之树”支持的“公民修剪工”项目提供了另外一个“工具性”例子（Campbell and Wiesen，2009）。这个为期五周的课程培训成年人在公路上照顾行道树。培训班包括基础的树木学、土壤改良、浇水和安全的枝丫修剪。培训大部分由讲座组成，同时会有一些户外实践，传授如何修剪死亡、生病或者被破坏的树枝。城市林业、园艺和其他城市公共空间维护部门的专业人员可以利用继续教育和培训的机会提升自己。无论他们的目标是休闲性还是职业性，还是两者兼而有之，成年人都会经历这些工具性环境教育体验，知道目标和目的已经事先确定，而且过程的结果大部分是不可以讨价还价的。

成人城市环境教育的开放性形式可以通过自发组织的城市资源管理来实现，如倡导与环境不公正相关的政策变化的社会运动，或参与式行动和相关的研究方法。Krasny 和 Tidball（2015）将城市中典型的自我组织的环境管护举措称为“城市生态实践”，指出这些实践的合作性质以及他们给成年人从事社会学习所提供的机会。公民生态实践包括社区园艺、街道树木管理、城市河道修复、垃圾清除倡议以及其他在城市中创建和维护社会生态系统的实践活动。参与公民生态实践的参与者以实地为基础“边干边学”，逐步了解实践中适应的优缺点。

当成年城市居民联合起来，在环境公正这一广义概念下解决有毒土地使用的空间分配不公平现象时，也有可能遇到开放性环境教育的机会（Sandler and Pezzullo，2007；Corburn，2005）。社会活动家在低收入地区与发电厂、焚化炉、垃圾填埋场和高速公路的发展进行斗争的过程中，学习公共卫生、城市规划和他们抗争的政治维度。他们学会使用绘图、环境感知和参与式设计中的技术（Wylie et al.，2014；Al-Kodmany，2001），来调查和揭示选址不当所产生的问题，然后学习如何用环境可持续和社会公平的方案取代市政官员和企业领导人制定的计划。

城市成年人的开放式环境教育也可以采取原创研究或调查性新闻的形

式。参与者通过实验和发现的过程“学习”世界，从而产生创造对改变世界有用的新见解。这些例子包括学习如何在社区花园种植更健康的蔬菜，到防止在低收入地区建设焚化炉的调查等。在这些案例中，开放式成人对环境问题的学习类似于约翰·杜威的实用主义（Dewey，1927）和行动研究原理（Lewin，1946）、参与式行动研究（Fals-Borda，1991）以及基于社区的参与式研究（Bidwell，2009）。在所有开放式学习的传统中，学习优先考虑创造新的有用的知识，而不是同化和重构从其他来源传来的现有的知识。

结论

成人城市环境教育的工具性和开放性形式是保罗·弗莱雷、马尔科姆·诺尔斯和简·维拉等人工作中的概念性根源。特别是弗莱雷的工作在世界范围内影响到成人教育。以成人为对象的城市环境教育经验非常适合开放式教育的努力，包括和边缘人群一起努力实现环境公正和社会公正的结果。诺尔斯和维拉试图将负责任的教学和学习的敏感性带入成人教育经验，从而增加了工具性的特征。这些学者提供了基本的原则和指导方针，帮助城市环境教育工作者开发融合开放性和工具性方法的最佳实践。

作为城市环境教育工作者，我们必须定制我们的课程来满足学生的需求。拿成人学习者来说，我们有多种工具来进行参与、激励和启发。通过建立关系、参与行动、注重学习者需求等方法，成人城市环境教育的努力可以促进环境素养和行动。虽然今天针对儿童的教育对未来很重要，但成人教育则对世界各地可持续城市的出现将产生更为直接的影响。

参考文献

Al-Kodmany，K.（2001）. Visualization tools and methods for participatory planning and design. *Journal of Urban Technology*，8（2）：1–37.

Bidwell，D.（2009）. Is community-based participatory research postnormal science？*Science*，*Technology & Human Values*，34（6）：741–761.

Campbell，L.，and Wiesen，A.（Eds.）.（2009）. *Restorative commons*：*Creating health and well-being through urban landscapes*（USFS General Technical Report NRS–P–39）. Washington，D.C.：U.S. Government Printing Office.

Corburn，J.（2005）. *Street science*：*Community knowledge and environmental health justice.* Cambridge，Mass.：MIT Press.

Dewey，J.（1927）. *The public and its problems.* New York：H. Holt and Company.

Fals-Borda，O.（1991）. *Action and knowledge*：*Breaking the monopoly with participatory action research.* New York: Apex Press.

Freire, P. (2005/1970). *Pedagogy of the oppressed* (rev. ed.). New York: Continuum.

Knowles, M. S. (1984). *Andragogy in action: Applying modern principles of adult learning.* San Francisco: Jossey-Bass.

Krasny, M. E., and Tidball, K. G. (2015). *Civic ecology: Adaptation and transformation from the ground up.* Cambridge, Mass.: MIT Press.

Lewin, K. (1946). Action research and minority problems. *Journal of Social Issues*, 2 (4): 34–46.

Lincoln, Y. S., and Guba, E. G. (2013). *The constructivist credo.* Walnut Creek, Calif.: Left Coast Press.

Sandler, R., and Pezzullo, P. C. (Eds.). (2007). *Environmental justice and environmentalism: The social justice challenge to the environmental movement.* Cambridge, Mass.: MIT Press.

Vella, J. (2002/1994). *Learning to listen, learning to teach: The power of dialogue in educating adults.* San Francisco: John Wiley & Sons.

Wals, A. E. J., Geerling-Eijff, F., Hubeek, F., van der Kroon, S., and Vader, J. (2008). All mixed up? Instrumental and emancipatory learning toward a more sustainable world: Considerations for EE policymakers. *Applied Environmental Education & Communication*, 7 (3): 55–65.

Wylie, S. A., Jalbert, K., Dosemagen, S., and Ratto, M. (2014). Institutions for civic technoscience: How critical making is transforming environmental research. *The Information Society*, 30 (2): 116–126.

第19章 代际教育

Shih-Tsen Nike Liu，Matthew S. Kaplan

重点

● 为环境教育项目增加代际的成分能让各种年龄段的参与者的学习经历变得更丰富。

● 环境教育的多世代途径旨在包含或适应不同的世代，以及试图促进对话、合作学习和相互理解的产生。

● 世界各地的代际环境教育项目正在多样化的城市背景下发生着，包括学校、公园、城市花园和社区及环境中心。

引言

1977 年，第比利斯政府间环境教育会议签署了一套环境教育指导原则。其中一些原则就支持了环境教育的代际途径，包括整体看待环境、把环境学习看作持续的终身过程以及考虑历史的视角。这一套环境教育方法在城市中尤为相关，城市中可持续发展的努力涉及应对大量环境、历史和社会方面的问题。

对城市化过程及其附带的经济、人口和环境变化缺乏第一手经验的孩子可能较难在认知上理解或在情感上鉴别城市所面临的环境挑战。环境教育项目、资源和材料显然对这种学习有益。但是，学习的加强需要孩子能直接接触前辈的生活经历和视角（前辈能分享的经历涵盖着城市环境长时间的变化过程）。环境教育代际范式的根本在于通过协助跨世代互动来激发环境学习。

背景

代际项目被广义地定义为创造老少之间有目的且持续的资源与学习交流的一个社会载体（Kaplan，Henkin，and Kusano，2002）。至于城市环境教育，它的代际项目焦点有所不同，让年轻人、老年人和中间的几代人能协作探索、建立意识、理解和改善城市环境。

环境教育的资助、研究和项目设计往往把年轻人定为主要目标人群（Kaplan and Liu，2004）。但是我们这个时代最重要的社会变化之一是快速增长的老年人口。在那些经历着快速城市化发展的国家与地区（如中国台湾、日本和美国），老年人将很快成为人口中比例最大的部分。这样的人口转变是可以积极看待的。与年龄偏见相反的是，生活在城市的许多老年人是健康有活力的，积极参与民间事务，包括旨在保护城市环境的志愿倡议。面向和涉及老年人口的环境倡议有很多（Ingman，Benjamin，and Lusky，1999；Benson，2000），比如美国（Pillemer et al.，2016）和澳大利亚（Warburton and Gooch，2007）的老年环境志愿服务。但是在以年轻人为目标人群的环境倡议中，老年人的参与水平有待提高。培养人们环境素养的学校、环境中心和其他场域与老年人之间相对隔离，这表明其中缺乏机会强化城市社区中的社区关系，缺乏机会让儿童和年轻人对环境意识和联系有更深的理解。

有学者已经表明代际环境教育的潜在益处（Ballantyne，Fien，and Packer，2001；Vaughan et al.，2003）。但是在一些研究中，成人的学习非常被动，没有在学习过程中被当作教育工作者或共同学习者。本章强调的代际倡议并不仅仅包含包容多世代的目标或仅仅是接纳不同世代的成员。理想的代际项目能创造机会让不同年龄段的人们相互学习彼此的知识、经验、技能和看法。参与者在了解环境对彼此生活的影响的同时，他们也意识到了共同的关切。这能让人们理解人与自然之间的相互关系，以及意识到如何协作共同影响环境政策和实践（Kaplan and Liu，2004）。

为什么考虑代际环境教育？

从环境教育的角度看，包含代际成分有助于扩展关心理解自然环境、有能力采取行动维护自然环境的人群。来自不同世代的参与者分享他们有关自然环境的观点、经验和知识的时候，他们也能在保护和关爱环境的过程中更深刻地理解彼此的生活以及发掘共同兴趣。

环境教育的益处

在城市里，师生比通常较低，教师的工作压力大。在许多国家，特别是城市地区，老年人占总人口的比例在不断上升。精心设计的代际项目提供了制度上的保障和载体来充分利用这种人口趋势；受过良好教育、较多参与民间事务而且关心子孙后代并希望为后代环境学习做贡献的老年人可以被招募和受训成为支持环境教育项目的人力资源（Kaplan and Liu，2004）。

给儿童带来的好处

许多城市儿童与祖父母不住在一起，较少接触到老年人。跨世代活动中的老年人能充当榜样让年轻人观察和模仿，这是很重要的学习形式（Bandura，1977）。老年人的生活经验还能使书本上的环境知识内容变得对年轻人更相关更有意义。例如，在社区节日活动中，老年人很容易就能给儿童分享他们使用自然资源的方式。儿童能学到许多，比如如何通过用洗完澡的水浇花来达到节水的目的。又例如，像化学污染灾害这样的话题，有防治有毒物质工作经历或遭受过污染事件的老年人能分享他们的自身经历。这样的对话能帮助儿童更好地接触环境议题以及从寿命的角度看待环境健康风险（Schettler et al.，1999）。环境教育工作者能通过组织代际对话培养这样的长期环境观点（Wright and Lund，2000）。

给老年人带来的好处

代际项目为老年人提供机会保持活跃，扩展社交网络，为社会做有价值的贡献（Kaplan，Henkin，and Kusano，2002）。老年人志愿参与环境管护活动的一个强大动力就是想要为地球也为子孙后代留下一些传承（Warburton and Gooch，2007）；对传承的渴望还能激发老年人志愿参与环境教育项目。

给城市带来的好处

代际项目常常涉及广泛的组织伙伴和合作方，因此扩展了环境教育和环境行动对城市的影响。在美国匹兹堡林肯广场街区举办的“未来节”提供了一个例子，展示代表本地社区组织、机构和其他行业部门的各年龄段居民参与的合作式规划如何扩展构想过程，以兼顾自然和人工环境。这个过程中，他们必须达成共识并把多样化的观点融合成一幅幅壁画，从而鼓励参与者为林肯广场街区的未来共同创造包容各年龄、有经济活力以及生态可持续的愿景（Kaplan et al.，2004）。

代际环境教育倡议是什么样的?

代际环境教育倡议能在城市中的多种场合发生，包括学校、环境教育中心、公园、运动场、社区中心、退休中心、城市街道、社区花园甚至空置地块。这样的教育倡议能通过不同的组织和组织之间的合作来启动。例如，学校想让学生了解本地一片城市森林的历史，就可以与当地的历史协会合作。其中，协会成员就包括愿意分享当地历史、愿意讨论影响改变的因素的那些老年人。城市环境中心想要举行一场针对各年龄段居民的空气污染监测展览会，也能联合青少年服务组织和老年志愿组织，一起建立跨世代的团队，共同为展会上的互动式展览提供开发、搭建服务并提供人力支援。

世界各地的教育工作者正在创建模型来激励跨世代的对话，激发关于自然环境的共同学习。例如，Tanaka（2007）讲述了日本的一个校园项目，项目中学生和成人志愿者们通过开发一个微缩生物圈来提高他们对环境的意识和欣赏。Chand 和 Shuka（2003）则讲述了印度的一个跨世代生物多样性竞赛，意在加强植物方面的学习，提升保护价值观和对传统生态知识的尊重。“Garden Mosaics”是康奈尔大学开发的、结合社区行动和跨世代学习的一个科学教育和全国外展项目。通过采访老一辈的园艺工人，10 岁到 18 岁的青少年能在城市社区和其他花园中学到各种各样的植物知识、栽培实践和文化（图 19.1）。青少年参与者既从老一辈园艺工人那里学到了知识，也从康奈尔大学开发的“科学页面”上学到科学知识，这些“科学页面”主要阐释青少年在花园实践观察背后的和从老前辈那儿学到的主要科学原理（Kaplan and Liu，2004）。他们需要对这两方面的知识进行权衡。

另两个例子阐释的是城市环境教育代际项目的要素（表 19.1），其中一个是中国台湾的正规教育例子，另一个是美国的非正规教育例子。第一个例子来自中国台湾第三大城市台中市的何厝小学。教师与校长从社区邀请一些长者参与一系列的代际活动。老年志愿者的观点在整个规划过程中受到充分重视。在项目实施的 10 年中，它持续整合新活动与新志愿者招募。在城市导览中，儿童在何厝社区了解老树，并倾听长者们讲述关于这些树的故事。在其他活动中，参与者观察并排的新旧对比照片，了解一段时间的环境变化。同时，学生还通过传统农具的展览了解城乡生活方式的异同。这些活动结合在一起，影响着学生、老师甚至周边居民对有关城市化的社区变化的意识。这个项目还能帮助学生把这样的历史背景编织到他们的地方认同感中。

图 19.1　年轻人与纽约布朗克斯亚伯拉罕之家的一位教育工作者在一个社区花园向一位老年园艺师（右）学习。资料来源：Alex Russ

表 19.1　中国台湾和美国的城市代际环境教育项目

	何厝小学	Shaver's Creek 环境中心
国家 / 地区	中国台湾台中市	美国宾夕法尼亚州
组织	学校	环境教育中心
场所	市区	郊区康乐用地
项目途径	主题课、课外活动、社区家庭集市、特殊节日活动	面向城市地区儿童的 4 天夏令营
年长参与者	社区年长居民	退休中心的成员
年轻参与者	小学生	向老师报名的 5 年级学生
主要议题	社区环境和传统工艺	自然保护和城市发展
城市资源的例子	动植物、生活方式和一段时间的社区变化	传统生活方式和城市发展议题

第二个例子是Shaver's Creek环境中心为期四天的居住区项目，该中心位于宾夕法尼亚市区州立大学往南大约22千米处。研究人员进行了一项实验研究，对比跨世代项目和单一世代项目效果是否有差异（Liu and Kaplan，2006）。在跨世代参与的情况下，一组老年志愿者作为共同学习者参与项目，并协助指导教师给学生教授传统工具方面的知识，比如缝补球（蛋形木球，修补袜子时用来垫在袜子的脚趾或脚跟处），协助指导教师分享环境友好型的生活习惯。在另一个活动中，老师让学生讨论环境中心改造成大商场的可能性。学生从中意识到这样的开发将带来消极的环境后果。恰巧其中一位老年志愿者用个人经历分享了一个相关的例子：她儿时生活的社区中的居民曾成功反对了一项把自然林地建成飞机场的大型开发计划。这种来自现实生活的故事帮助学生更好地理解社区变化的过程和当地居民的潜在影响力。

如何执行代际环境教育倡议?

除了项目活动本身，组织之间的伙伴关系也关乎项目的结构和成败。关键的一步是邀请当地的领导者、利益相关者和老年志愿者加入环境教育项目的规划过程。在上面的例子中，何厝小学从当地的一些组织中招募了老年参与者，包括救世军中心、道观、妇女俱乐部、传统乐队以及木偶戏博物馆。从环境教育活动伊始，这些组织就与何厝小学一直维持着长期的关系。在学校的其他功能方面，他们也进行协助，比如招生、节假日和学生俱乐部咨询，超越环境教育项目对学校－社区伙伴关系进行扩展。城市地区的其他组织也可以成为帮忙招募当地青少年和老年人的好合作伙伴，比如四健会、童军团、课后项目、大学、动物收容所以及老年人与社区中心。

为了建立伙伴关系，环境教育工作者可以寻找有类似或互补兴趣与目标的组织。例如，大学可以为老年人开设关于城市植物的课程，而这些年长的学生可以以伙伴身份参与小学的自然课。或者社区摄影俱乐部的年长成员可以应邀在代际活动中发挥作用，以增强环境意识。

把代际成分融入环境教育活动中还能引出项目设计方面的复杂性和注意事项。以下原则能在代际项目中提高群体的生产力和学习效果（Kaplan and Liu，2004）。

（1）项目开始之前为不同世代的参与者做好准备。

（2）利用好青少年和成年人的经历和才能。

（3）促进参与者之间的广泛对话和共享。

（4）注重参与者之间的关系和任务。
（5）注意不同年龄段的参与者的安全问题。
（6）设计任务时要让不同世代都积极参与以完成任务。

结论

可持续性是一个跨世代的概念。Meadows、Meadows 和 Randers（1993）把“可持续社会”定义为“能一代一代维持下去的社会，一个有足够远见、足够灵活、足够明智、不破坏本身的物质与社会支持系统的社会”。在考虑长期以来如何恰当或不当使用自然资源以及考虑保护和改善环境的策略时，参与长期思考和战略性政策制定是很重要的。环境教育工作者能构建代际对话，构建有关环境的长期远景（Wright and Lund，2000）。同时，这些项目的老年志愿者们有机会保持活跃，做出有意义的贡献，与所在社区的年轻人产生有意义的联系。

参考文献

Ballantyne，R.，Fien，J.，and Packer，J.（2001）. School environmental education program impacts upon student and family learning：A case study analysis. *Environmental Education Research*，7（1）：23–27.

Bandura，A.（1977）. *Social learning theory*. Englewood Cliffs，N.J.：Prentice Hall.

Benson，W.（2000）. Empowerment for sustainable communities：Engagement across the generations. *Sustainable Communities Review*，3：11–16.

Chand，V. S.，and Shukla，S. R.（2003）. “Biodiversity contexts”：Indigenously informed and transformed environmental education. *Applied Environmental Education and Communication*，2（4）：229–236.

Ingman，S.，Benjamin，T.，and Lusky，R.（1999）. The environment：The quintessential intergenerational challenge. *Generations*，22（4）：68–71.

Kaplan，M.，Henkin，N.，and Kusano，A.（Eds.）.（2002）. *Linking lifetimes：A global view of intergenerational exchange*. Lanham，Md.：University Press of America.

Kaplan，M.，Higdon，F.，Crago，N.，and Robbins，L.（2004）. Futures Festival：An intergenerational strategy for promoting community participation. *Journal of Intergenerational Relationships*，2（3/4）：119–146.

Kaplan，M.，and Liu，S.-T.（2004）. *Generations united for environmental awareness and action*. Washington，D.C.：Generations United.

Liu，S.-T.，and Kaplan，M.（2006）. An intergenerational approach for enriching children’s environmental attitudes and knowledge. *Applied Environmental Education and Communication*，5（1）：9–20.

Meadows，D. H.，Meadows，D. L.，and Randers，J.（1993）. *Beyond limits*. White

River Junction, Vt.: Chelsea Green Publishing Company.

Pillemer, K., Wells, N. M., Meador, R. H., Schultz, L., Henderson Jr., C. R., and Cope, M. T. (2016). Engaging older adults in environmental volunteerism: The Retirees in Service to the Environment program. *The Gerontologist*. http://dx.doi.org/10.1093/geront/gnv693.

Schettler, T., Solomon, G., Valenti, M., and Huddle, A. (1999). *Generations at risk: Reproductive health and the environment*. Cambridge, Mass.: MIT Press.

Tanaka, M. (2007). Effects of the "intergenerational interaction" type of school biotope activities on community development. In S. Yajima, A. Kusano, M. Kuraoka, Y. Saito, and M. Kaplan (Eds.). *Proceedings: Uniting the generations: Japan conference to promote intergenerational programs and practices* (pp. 211–212). Tokyo: Seitoku University Institute for Lifelong Learning.

Vaughan, C., Gack, J., Solorazano, H., and Ray, R. (2003). The effect of environmental education on schoolchildren, the parents, and community members: A study of intergenerational and intercommunity learning. *Journal of Environmental Education*, 34 (3): 12–21.

Warburton, J., and Gooch, M. (2007). Stewardship volunteering by older Australians: The generative response. *Local Environment*, 12 (1): 43–55.

Wright, S., and Lund, D. (2000). Gray and green? Stewardship and sustainability in an aging society. *Journal of Aging Studies*, 14 (3): 229–249.

第20章 全纳教育

Olivia M. Aguilar，Elizabeth P. McCann，Kendra Liddicoat

重点

● 全纳指的是把我们的领域变得多元化，以珍视那些能为我们的工作带来新观点和角度的多种议程、框架和途径。

● 城市环境教育呈献独特的机会来应对全纳性和可达性方面的问题，因为城市环境融合了有着不同能力和思维方式的多种文化和族群。

● 对多元化的复杂性和权力与特权的系统特性的认识是城市环境教育中文化能力的基础。

● 全纳性很重要，因为它应对的是公平问题，它允许人们分享多种观点，这能带来应对可持续性问题方面的创新。

引言

纵观环境教育历史，在环境教育课程与项目中，有些人群一直被边缘化，或者被主流对话与实践排斥（Lewis and James，1995）。这些人通常是那些一直为公平、资源和使用渠道而挣扎的人。为了有效地改善环境条件同时保证公正、公平和民主的参与，教育工作者必须接纳不同阶级、种族、民族、年龄、能力、文化、性别认同、性取向和其他在我们的社会中显示“不同”的社会构建指标。这就不仅要把我们的领域变得多元化，还要重视那些能为我们的工作带来新观点的多种议程、框架和途径，这就是我们说的全纳性。创造与文化相关的学习环境和理解文化在价值观、信仰、态度和人们共有经历上的多面性和动态对这项工作来说也是很关键的（Bennett，2014）。它需要保证我们的领域和实践在生理上、情感上和社会层面上具有可达性。

世界上有一半多的人口居住在城市地区，城市环境教育呈献出独特的机会来应对全纳性和可达性的问题。在城市里，教育工作者能接触到大量的人，能利用大量的人力、自然和人工资源，能发动学生参与城市生态系统动态方面的学习。学生还能学到有关城市生活和可持续性的主题内容，比如建筑设计、能源、交通、废弃物和食品。同时，更兼容并包的环境教育途径有潜能通过汇聚应对可持续性问题所需的多元化观点视角，通过引起对社区问题和资源的注意，去创造更具有可持续性的城市（Russ and Krasny，2015）。由于有效的城市环境教育要求向差异学习、在差异中学习，要求重视差异，本章探索的是我们能在城市环境背景下用来拓宽我们的视角和扩大我们的受众的方法，我们将通过审视以下方面进行探索：① 环境教育中的排他和边缘化动态；② 城市环境背景下全纳性和可达性的机会；③ 创造公平公正环境教育所必需的反思过程。

一段复杂的历史

环境保育和保护运动帮助塑造环境教育的同时，也常常边缘化了一些文化、族群和声音。这些运动强调的是人与自然的隔离，聚焦的也大多是土地与动物而不是人与健康，也就没有照顾到许多人的利益（Lewis and James，1995）。类似地，这些运动主要专注于西方式的、科学的和实证主义的知识获取途径，这阻碍了一些人群充分参与和贡献于环境教育领域，因为它边缘化了其他认知和行事的方式，特别是土著民族（Aikenhead，1996）和来到城市的具有农业背景的移民的认知和行事方式。批判性地检查环境教育议程和课程中现有和遗漏的叙述和声音方面的历史，能够提供扩展和改善我们工作的机会。

扩展我们的实践工作的机会之一就是去参与环境公正议题（见第6章），这样的议题历史上在环境教育领域中一直是缺乏的（Haluza-DeLay，2013）。环境灾害和气候变化在全球范围都更多地影响着社会中更贫困和被边缘化的群体。Haluza-DeLay（2013）认为，如果不有效地参与公正方面的议题，"环境教育工作者就减小了环境可持续性的范围，就错过了接触更广泛的民间社团组织和其他教育工作者并与这些人和潜在同盟建立联系的机会"（p.394）。而且，有人提出，历史上被边缘化的声音（尤其是妇女、土著居民、青少年、老年人和欠发达地区的居民）代表了能够为世界环境挑战贡献创新性解决方法的新领导力量（Suzuki，2003）。与这些新领导力量互动并向他们学习有助于社会变化的产生，能让环境教育得以接收所有社区成员的生命经历。

对于社区成员中的残障人士，两个额外的历史因素使他们参与环境教育经历的机会复杂化。支持荒野保护和原生环境户外娱乐活动的人通常会反对在原生环境中建设更多增加可达性的设施，他们没有考虑到，其实有许多创造性的方式，能在增加场地可达性和大幅改善访客体验的同时避免破坏栖息地（Sax，1980）。例如，在美国，户外环境中对可达性的要求是相对较新的，而且只用于联邦机构（U.S. Access Board，2014）。类似地，把针对残障人士的课程和项目从明显的隔离推动到具有全纳性这个做法比针对其他被边缘化群体的相关做法要晚，而且仍然是因为社会期待的法规要求带来的。通过有意识地设计全纳性项目，城市环境教育有机会成为教育和休闲领域中快速变化的方法途径的前沿阵地（Devine，2012）。

城市环境中的全纳机会

城市环境背景提供着独特的机会，通过利用情感、物质和社会方法增加可达性，进而增强全纳性和环境教育实践。在情感的层面，城市环境背景能让城市参与者保持他们与周边环境亲近，这能减小与野外空间有关的情感压力和心理障碍，能带来参与学习的有意义的方法。在野外空间和露营、民宿中执行的环境教育（或者仅仅是离开自家后院）可能导致人们把环境理解为“远处的某个地方”（Haluza-DeLay，2001），并给那些在“自然”和“荒野”面前有“惧生物性”的人带来焦虑（Madfes，2004）。当教育工作者以教学法为目的利用好当地城市环境时（见第 22 章），这样的环境背景扎根于学习者的日常社会文化背景中，对学习者来说不仅具有文化相关性，也没那么可怕。例如，像环境公正这样的话题可能引出城市参与者的日常经历，能让他们有意义地参与到环境议题中。

在物质层面，把环境教育从遥远的荒野地区转换到城市公园、自家后院、社区中心、花园和生态恢复地，能让它有潜能把参与环境教育的途径开放给能力和背景各异的人们。城市公园和花园一般都有铺砌好的或结构紧密的步道，而且处于公共交通和城市街道附近。就算仅仅减少这种交通障碍都能增加青少年参与的能力。融入技术和社交媒体（比如通过公民科学项目）还能增加那些无法到远方旅行或难以达到的地方的人们接触环境教育的途径。

在社会层面，城市环境汇聚了一系列文化、能力和知识。例如，年长一些的成年人通常会去做志愿者、民间领导人员和提供代际对话与行动机会的学习者（见第 19 章）。在适当的引导和协作下，代际学习机会还能带给青少年更广泛的民间参与（Krasny and Tidball，2009a）。另外，发动年长的成年人参与环境志愿活动和其他形式的环境学习可能加强他们的社会互动、健康和福祉（Pillemer et al.，2010）。城市教育工作者能通过一些项目把文化上相关的资源和机会用在代际交流中，这样的项目融合的是社区花园、政治行动主义、绿色岗位、健康生活、环境质量，等等。这些机会能通过环境问题的解决过程让社区成员的当地关注点得到处理，并且他们也能为社区复原力做贡献。

反思实践

我们已经提出，环境教育想要有效必须先具有全纳性，而且城市环境教育可能有良好的全纳性。但是，朝向全纳性和更公正公平的社会前进要求不断地评估和反思。它还要求我们要理解环境、种族、阶级、性别、体能和习俗之间的关系，这些都反映了权力和特权的系统动态。要成为有效的环境教育工作者，我们必须挑战自己对一些人群先入为主的误解，用全面的方式进行学习，承认认知以外的认识事物的方式，比如情感方式、精神方式、社交方式、动觉或体能方式。因此，“跨文化能力”对于我们的工作来说是至关重要的。跨文化能力指的是在各种各样的文化背景下有效和恰当地与人互动所需的认知、情感和行为技能（Bennett，2014）。这种能力包括文化上的自我意识、对其他文化的认识、好奇心、开明程度、对模糊的容忍程度、同理心、积极聆听技能、冲突解决技能和建立关系的能力等（Bennett，2014）。文化能力培养是有难度的持续的过程。它的开端是对自己拥有的特权的了解和对特权系统动态的理解。

加强我们创造相互尊重、全纳性的学习环境的能力是一个长期的责任，而起点就是与社区成员的对话和考虑项目策划组织过程中文化层面的方方面面。例如，环境教育项目可能有使用不同语言的工作人员，可能提供用不同语言写成的材料。他们可能雇佣一些在培训和工作中与残障人士打过交道的教育工作者，这些教育工作者可以成为其他工作人员的资源。但是，文化能力不仅仅是语言和工作人员构成情况，它还是对其他人生命经历的尊重和切实的学习。

项目样例

以下的案例阐释的是一些城市环境教育项目如何结合全纳性进行实践。美国得克萨斯州奥斯汀市的一项城市水质监测项目提供了一个例子，展示教育项目如何聆听和应对当地需求和当地青少年的关注点。美国威斯康星州密尔沃基市例证了从项目使命和优先次序上致力于创造更吸引人的自然中心的重要性。最后一个例子是针对古巴、西班牙和美国街坊社区的一些研究。这些研究显示了关注低收入和边缘社区身份认同和福祉问题的重要性。

美国得克萨斯州奥斯汀市

当地教育工作者在民族多样化的得克萨斯州奥斯汀市带领组织了一项水质监测课后活动，他们持续地反思自己先入为主的误解，反思如何让环境教育项目为低收入家庭的学生带来更公正公平的社会环境。该项目的目标是，“通过环境监测、教育和冒险推进个人和学术成就。”项目总监聆听社区的关注点，询问如何让他们的服务扩展传达到他们的目标受众。后来，他们的项目为青少年参与者提供前往活动地点的交通、餐食和每周补贴。通过这些服务，该项目能够创造教育和休闲机会，把青少年和当地社区经验以及成年导师联系起来。青少年参与者获得了对自身技能的自信。通过展示水质检测和物种辨认知识，他们也意识到了自己的行动能力。通过利用有爱心的一些成年骨干，在青少年中创造社交网络，该项目还为参与者提供了归属感和发声的安全环境。因此，在实现水质监测和环境素养直接目标的同时，该项目也追求了可达性和公平方面的隐性目标。

美国威斯康星州密尔沃基市

创造全纳性的环境教育机会通常涉及的不仅仅是课程和教学实践的调整，还需要调整使命陈述、营销实践、预算优先次序和支持项目有效进行的设施（Anderson and Kress，2003）。威斯康星州密尔沃基市的一个城市自然中心就是通过这个途径达到它的全纳性目标的（它的目标是成为当地可达性和全纳性最好的设施）。该中心最近把口号从“四季皆宜的地方”变成“四季皆宜、老少皆宜的地方”。他们的网站和社交媒体强调他们在可达性方面持续的努力，他们在筹款活动和资助计划书撰写方面的努力也聚焦于更新他们的卫生间方便坐轮椅的人使用，聚焦于扩展他们的步道网络，重新设计露天剧场以增强可达性，建造露天平台以便所有访客学习鸟类和其他野生动物。工作人员参与了与全纳性有关的职业发展培训，对他们的场地进行可达性调查，而且正在计划对当地残障人士的其他户外休闲机会进行一项调查。这些工作的努力源于：全纳学校对野外考察的要求，自然中心周边长者的生活设施的增加，以及服务老兵和老兵家庭的心愿。

通过成为可达性更高的场地，这个自然中心也正在为发展全纳性项目奠定基础。

美国、古巴、西班牙

尤其是在城市环境背景下，文化能力意味着理解一个人的社区对其身份认同、福祉和个人安全的重要性，以及绿色空间如何成为所有居民的安全空间。Anguelovski（2015）对 Dudley（美国波士顿）、Cayo Hueso（古巴哈瓦那）和 Casc Antic（西班牙巴塞罗那）街区的一项研究展示了绿色空间如何成为行动的激励因素，绿色空间如何加强城市居民弱势群体的身份认同。在这些街区，环境工程（从组织社区花园到建立和管理运动场）成为缓解紧张局势、协助共同学习和促进不同民族不同文化群体之间共享的渠道。城市环境教育工作者在这些社区工作中有机会成为搭桥牵线人，让街区恢复生机，处理环境公正问题，与邻里共同努力共同学习的同时，用赋人以权的方式重新造就地方。

结论

我们正在见证着一大批有前景的城市创新，包括在城市规划、教育、健康和福利、设计、社会参与等领域。许多城市正在通过交通、住房和可步行程度方面的举措推动城市宜居标准。同时，有证据显示，与自然世界建立联系能积极影响情感、生理、心理和公共福祉。健康的人工环境和强有力的社交网络也能影响生活质量和对社会公正问题的兴趣。

全纳性不仅仅是创造更有效的环境教育的必要条件，它也有助于应对城市环境和社会问题，比如人口老龄化、受教育机会、青少年发展以及公正。就像生态可变性能改善生态系统的复原力一样，来自不同背景的多元化人口的声音能加强城市面对生态和社会变化的能力（Krasny and Tidball, 2009b）。但是，要做到这点，要求我们理解和重视学习者的经历，并用有意义的方式与他们互动。环境教育工作者必须认清我们这个领域内外的边缘化现象的历史根源，意识到压迫现象的系统特性，并快速把我们的实践变得更具有全纳性，同时缓解当地关注的社会和环境问题。我们需要团结他人，不断进行自我教育，积极聆听，并意识到在社区中与他人创建真实关系所涉及的既深奥又谦恭的工作。

参考文献

Aikenhead, G. S. (1996). Science education: Border crossing into the subculture of science. *Studies in Science Education*, 27 (1): 1–52.

Anderson, L., and Kress, C. B. (2003). *Inclusion: Including people with disabilities in parks and recreation opportunities*. State College, Pa.: Venture Publishing.

Anguelovski, I. (2015). *Neighborhood as refuge: Community reconstruction, place remaking, and environmental justice in the city*. Cambridge, Mass.: MIT Press.

Bennett, J. M. (2014). Intercultural competence: Vital perspectives for diversity and inclusion. In B. Ferdman and B. R. Dean (Eds.). *Diversity at work: The practice of inclusion* (pp. 155–176). San Francisco: Jossey-Bass.

Devine, M. A. (2012). A nationwide look at inclusion: Gains and gaps. *Journal of Park and Recreation Administration*, 30 (2): 1–18.

Haluza-DeLay, R. (2001). Nothing here to care about: Participant constructions of nature following a 12-day wilderness program. *Journal of Environmental Education*, 32 (4): 43–48.

Haluza-DeLay, R. (2013). Educating for environmental justice. In R. B. Stevenson, M. Brody, J. Dillon, and A. E. J. Wals (Eds.). *International handbook of research on environmental education* (pp. 394–403). New York: Routledge/AERA.

Krasny, M. E., and Tidball, K. G. (2009a). Community gardens as context for science, stewardship and civic action learning. *Cities and the Environment*, 2 (1): 1–18.

Krasny, M. E., and Tidball, K. G. (2009b). Applying a resilience systems framework to urban environmental education. *Environmental Education Research*, 15 (4): 465–482.

Lewis, S., and James, K. (1995). Whose voice sets the agenda for environmental education? Misconceptions inhibiting racial and cultural diversity. *Journal of Environmental Education*, 26 (3): 5–13.

Madfes, T. J. (2004). *What's fair got to do with it? Diversity cases from environmental educators*. San Francisco: WestEd.

Pillemer, K., Fuller-Rowell, T. E., Reid, C., and Wells, N. (2010). Environmental volunteering and health outcomes over a twenty-year period. *The Gerontologist*, 50 (5): 594–602.

Russ, A., and Krasny, M. (2015). Urban environmental education trends. In A. Russ (Ed.). *Urban environmental education* (pp. 12–25). Ithaca, N.Y., and Washington, D.C.: Cornell University Civic Ecology Lab, NAAEE and EECapacity.

Sax, J. L. (1980). *Mountains without handrails: Reflections on the national parks*. Ann Arbor: University of Michigan Press.

Suzuki, D. (2003). *The David Suzuki reader: A lifetime of ideas from a leading activist and thinker*. Vancouver, B.C.: Greystone Books.

U.S. Access Board. (2014). *Accessibility standards for federal outdoor developed areas*. Washington, D.C.: United States Access Board.

第21章　环境教育工作者的专业发展

Rebecca L. Franzen，Cynthia Thomashow，
Mary Leou，Nonyameko Zintle Songqwaru

重点

● 环境教育的专业发展涉及城市和人在内的内容和背景，它使教育工作者参与调查环境问题、公民科学、服务式学习和其他实践经验。

● 环境教育专业发展利用城市里的各种资源，包括人造环境、自然环境和人力资源。

● 受教育工作者自身驱动并允许有计划地安排时间的专业学习社团是职业发展的重要组成部分。

● 城市环境教育的专业发展模式包括六个要素：跨学科和综合内容、背景、教学法、资源、实地经验和专业学习社区。

引言

本章基于Orr（1992）、Leou（2005）、Strauss（2013）和Russ（2015）的工作，提出了城市环境教育专业发展的概念框架。因为城市环境教育带来了少数民族、移民和其他非传统参与者，并拓宽了我们对环境教育本身的看法，增加"城市"作为描述性概念，为专业发展的综合提出了一套新的标准。剖析城市复杂性及其与环境教育的关系，揭示了专业发展的新观点和新方向。通过与社区服务组织、学校甚至"街头生活"的沉浸式体验，聆听"由内而外"的声音，拓宽了在城市地区需要做哪些环境教育工作的概念。我们为与城市受众和在城市环境中工作（包括学校和非正规课程合作）的环境教育工作者提供专业发展策略。

城市环境教育包括利用城市环境作为引导集体行动的学习环境背景。集体行动是指与社区内的利益相关者合作，建立共同议程，了解影响环境条件的力量，并找到影响社区内变化的场所。通过积极参与和扎根社区了解当地资源，可以帮助教育工作者和年轻人看到他们社区内的联系。公

园、街道、建筑物、桥梁和码头、社区花园、墓地和工业区都是研究城市和当地环境的资源。

通过沉浸式体验和相关的体验式学习，教育工作者获得将城市环境作为教学和学习环境的信心和技能。了解城市社区如何以及为何以它们的方式工作有助于环境教育工作者做好准备工作。简而言之，教育工作者应该了解内容和背景，了解资源和教学策略，并获得实地经验。

专业发展的机会多种多样。例如，环境教育工作者的专业发展包括学分和非学分课程，以及大学学位、在线课程、由 Project Learning Tree 这类机构组织主办的培训班、专业领域会议、面对面和在线网络以及共享资源，包括使用社交媒体。大学（例如，安提阿大学新英格兰校区、安提阿大学西雅图校区和威斯康星大学史蒂芬角校区），美国环境保护署资助的全国性项目，大自然保护协会等非政府组织、像康涅狄格州纽黑文市的“共同点”（Common Ground）这样的小型公益组织，以及环境教育专业协会——“北美环境教育协会”等越来越多地为城市环境教育专业发展提供机会。本章的作者提供了几个城市的环境教育专业发展项目（表 21.1）。这些项目为大学教师、专业协会和其他提供专业发展机会的团体提供指导。除了提供实用建议外，我们还提出了一个概念框架，其中包括跨学科和综合内容、背景（包括地点和受众）、教学法、资源、实地经验和专业学习社区。

表 21.1　由本章作者实施的专业发展项目

项目名称	受众	专业发展目标
变革之旅项目，南非	合作伙伴、教师和课程设计者	学校科目、教学策略、在地学习、实践知识和经验
城市环境教育硕士项目，IslandWood 自然中心和安提阿大学西雅图校区，美国西雅图	正规和非正式教育工作者、变革推动者	城市生态和复杂系统、社区参与和青年领导、变革管理
纽约大学沃勒斯坦合作项目，城市环境教育和环境保护教育硕士课程，美国纽约	正规和非正规教育工作者	环境素养
威斯康星大学斯蒂芬角校区在线课程，美国斯蒂芬角	全球的正规和非正规教育工作者	城市环境素养和领导力、自然和人造城市环境中的舒适度和赋权设置

跨学科和综合内容

城市环境教育工作者的专业发展应体现城市环境教育的跨学科属性和综合内涵。专注于可持续发展问题和跨学科的其他主题使教育工作者能够将课程整合到多个学科领域。包括来自不同学科和部门的教育工作者可以“让培训班活跃，因为教师在内容和教学方面有不同的观点”（Vogel and Muth，2005，p.36），并帮助发展批判性和系统性思维。例如，纽约大学的一个暑期课程，为来自不同学科的100多名K–12教师提供科学、历史、语言艺术和数学方面的暑期课程，使参与者能够创造性地思考开发综合性科学、社会研究和语言艺术的课程。教师在研究哈德逊河的历史时融入了讲故事，并使用历史地图来检查海岸线栖息地的变化。虽然没有特别关注城市环境教育，但南非的“变革之旅”项目（Fundisa for change programme，2013）旨在让教育工作者接触课程中规定的环境和可持续性概念。在培训期间，教育工作者参与学习环境主题内容知识，变革导向的教学方法，旨在培养学生可持续发展能力的评估实践（Wiek，Withycombe and Redman，2011）。

城市环境教育的专业发展涉及城市环境和生活在那里的生物。城市生态系统是人造基础设施、生态和社会过程，以及生态系统服务等独特而复杂的整合。城市自然环境的复原力和可持续性与居民的身体、社会和心理健康息息相关。因此，城市环境教育的专业发展应该解决环境公正和环境健康问题。例如，在西雅图IslandWood自然中心的城市环境教育硕士学位课程和威斯康星大学史蒂芬角校区的课程中，学生阅读环境公正案例研究，并通过在线交流和面对面讨论的方式参与社会和环境公平话题。

背景：地点和受众

环境教育专业发展通常采用基于地点的框架（Sobel，2005），侧重于在公园、河流、学校和社区花园以及其他城市环境中的体验式学习。例如，威斯康星大学史蒂芬角校区通过州立林业教育计划开发的“地点清单”，鼓励教育工作者使用城市环境作为教育目标。该清单可帮助教育工作者以新的方式查看熟悉的场所，例如包括风、阳光和温度变化的场地微气候。此外，西雅图的IslandWood自然中心城市环境教育硕士学位课程使教育工作者能够通过城市生活的社会、教育、经济和文化方面解决城市环境问题。研究生都生活在西雅图中心区，在那里的大学课程由在校学习和社区组织工作经验结合，侧重于保障性住房、获得健康食品、医疗服务、公共事业和公民参与。学生学习社区环境教育策略，其中包括创业、青年和社区发展以及环境公正。

除了将教育工作者与当地城市地区联系起来之外，环境教育专业发展还可以帮助教育工作者与项目参与者建立联系。例如，威斯康星大学史蒂芬角校区在线课程的学生了解学习者在城市环境中的需求以及如何与这些受众建立联系。而通过吸收来自不同背景的学生，IslandWood 自然中心城市环境教育硕士学位课程培养未来的教育工作者，他们可以作为对环境管护感兴趣的城市青年的领导者和榜样。

教学法

让学生参与公民科学、服务学习以及了解和解决环境问题是城市中常见的教学实践，并且与集中行动的重点是一致的。实践经验可以培养教育工作者引导学生解决城市环境问题的能力。例如，威斯康星大学史蒂芬角校区城市环境教育在线课程的参与者就当地环境问题采访了社区领导者，反思自己所学到的知识，并描述这将如何影响目前的实践。参加该课程的一名非正规教育工作者采访了防治土壤污染的项目主任。通过采访，教育工作者意识到当地政治家对环境保护问题的影响，并打算让当地政府参与她的环境教育项目。另一个例子来自西雅图，学生们花了 10 周的时间来确定影响城市社区发展的经济、环境、社会和政治因素。他们在环境问题的案例研究中获得这些信息，并根据该案例研究产生的问题创建了社区图。这些社区图可以帮助学生识别城市社区的工作方式和原因，并确定当地的驱动因素、资产和变革途径。

纽约大学的沃勒斯坦（Wallerstein）城市环境教育合作项目和环境保护教育硕士学位课程培训，为正规和非正规教育工作者提供在公民科学和服务学习项目中共同合作的机会。正规教育体系和非正规教育体系的教育工作者合作在校园中建立传粉者花园和鸟类保护区，从事街道树木护理，并监测水质。与非政府组织纽约市奥杜邦协会合作，硕士研究生与教师一起在盖特韦国家娱乐区（Gateway National Recreation Area）监测马蹄蟹和清理垃圾。与环境非营利组织和大学合作开办培训班，内容包括青蛙监测项目、康奈尔大学的鸟类监测项目、哈德逊河河口计划和简·古多尔的根与芽项目。

资源

使用各种非正规的教育情境，教育工作者可以访问在学校中不易获得的资源，如相关组织、专业人员和其他资源。这些资源扩大了教育工作者在社区中的专业网络，包括公园工作人员、当地艺术家、博物馆教育工作者和保护专家（Cruse，Zvonar，and Russell，2015）。当教育工作者开发城市环境教育项目时，上述这些人都可以被吸收进来。在威斯康星大学史蒂芬角校区，专业发展参与者研究与他们自己来源不同的机构设施（如果他们是一名教师，则选择自然中心），以了解该项目并与同学讨论他们如何使用这些本地设施。同样，南非的“变革之旅”项目使用城市设施来传授环境概念。例如，参与者访问大坝和自来水厂，了解水库中的水在被城市居民使用之前是如何净化的。

与大学专家和当地组织建立关系，使教育工作者能够获得一系列人力资源，如历史学家、城市规划师、科学家、艺术家和环保主义者。纽约大学沃勒斯坦合作项目开发了一套专家网络，协助教育工作者进行实地考察规划、研究项目、可持续发展举措、职业认知、花园式学校建设、公民科学、服务学习，以及与科学、技术、工程和数学相关的学习。威斯康星州环境教育中心有工作人员为从事林业和能源教育以及绿色学校的教育工作者提供专业知识。工作人员每年多次前往学校，为教师提供支持，举办为期一天的培训班，接听教育工作者的电话，并回复电子邮件。不仅可以协助教学，还可以建立伙伴关系来解决环境问题。当来自不同部门的利益相关者同意使用共同议程解决特定问题，调整其努力方向并使用共同的衡量成功的标准时，这些伙伴关系将会对城市可持续性起到集体效应的作用。

教师计划时间是一个经常被忽视却又对教师专业发展有益的关键资源（Shavelson，1976）。专业发展项目应该及时建立，以实现创造力和规划性。例如，威斯康星大学史蒂芬角校区在线城市环境教育课程和南非“变革之旅”项目让学生有时间制定课程或项目计划。此外，纽约大学的专业发展项目鼓励教师在规划环境教育项目和实地考察中发挥积极作用。纽约大学的工作人员还会在学校与教师会面，以规划活动和课程，并反思他们的环境教育活动的目的和目标。

实地经验

通过丰富的实地经验，专业发展计划向教育工作者介绍了可用于教学和学习的各种城市环境。例如，IslandWood 自然中心的城市环境教育硕士学位课程的学生每周花三天时间参加社区实践、反思研讨会和领导力论坛。实习包括在学校和社区手把手进行的实践辅导，旨在将学术课程的理论要素付诸实践（图 21.1）。实践案例包括西雅图公园和休闲局发起的食品公平项目、国王县污水处理中心的雨水径流教育，以及通过非营利组织“皮吉特湾鼠尾草”（Puget Sound Sage）进行的气候公平教育。实地经验指导也是纽约大学专业发展的一部分，导师给予教师持续、长期的在其环境课程中实施新思想所需的支持（图 21.2）。

图 21.1　研究生通过观察和分析美国华盛顿州西雅图市的发展、绅士化、多样性和公平趋势，探索城市社区的社会和生态动态变化。
资料来源：Cynthia Thomashow

图 21.2　在纽约的一项专业发展项目中，参加者获得实地经验。
资料来源：Tania Goicoechea and Mary Leou

另一个例子是，南非的“变革之旅”项目，使用螺旋模型，将专业发展视为“一个过程，使教师能够更好地了解他们的专业实践，并根据长期的政策进行反思”（Squazzin and du Toit，2002，p.22）。螺旋模型使教育工作者能够在他们教学环境中，将环境内容教学情境化，因为环境问题在不同的环境中可能具有不同的相关性。实地经验包括对生态系统、集水和水净化的研究。教育工作者还会反思课程实践并在课堂上实施新的想法，然后反思他们的实施情况并从同事和指导者那里获得反馈。

专业学习社区

专业学习社区提供支持，使教育工作者能够在充满挑战的条件下实施城市环境教育。允许教育工作者确定自己的专业发展和支持所需要的资源，并满足这些需求，同时相互学习，赋予教育工作者权力，使他们能够达到个性化专业发展。专业学习社区还为教育工作者提供了必要的规划时间和机会，以便与其他教育工作者共同创造资源。

学习社区可以汇集代表不同部门的教育工作者，包括大学、K–12学校、自然中心和社区组织。通过康奈尔大学提供的在线项目学习社区，代表不同环境的40位教育工作者共同撰写了一本名为《城市环境教育》的电子书，该书成为其他教育工作者的资源（Russ，2015）。“城市环境教育集体”Facebook小组是另一个在线专业学习社区，教育工作者在这里共享资源，并就其教育实践寻求意见。

通过合作，正规和非正规机构可以建立长期的专业学习社区。在纽约市，“城市优势项目”是市政府机构与非正规教育机构（如美国自然历史博物馆和纽约植物园）之间的合作伙伴关系，为寻求促进科学、技术、工程和数学学习的中学教师提供在非正规环境的长期专业发展。在南非，“变革之旅”组织允许在专业发展课程期间，为来自不同科目的课程顾问和教师分享和交流专业知识和经验。参与者报告说，他们在有了实地经验后，和同事分享资源，以及会为学校里的其他教师举办培训。最后，在IslandWood自然中心城市环境教育硕士学位课程中，参加该项目的学生作为一个群体利用反思研讨会的机会，与导师和社区合作伙伴一起创建专业学习社区。

结论

城市环境教育的专业发展试图满足在不同环境中工作的正规和非正规

教育工作者的需求。专业发展可由大学、专业协会和网络、非政府和非营利组织提供。制定和实施专业发展计划，解决综合和跨学科内容、城市背景、实践教学法、资源、实地经验和专业学习社区等问题，已被证明可以支持在不同环境中工作的各种教育工作者。

参考文献

Cruse，M.，Zvonar，A.，and Russell，C.（2015）. Partnerships between non-formal environmental education programs and school communities. In A. Russ（Ed.）. *Urban environmental education*. Ithaca，N.Y.，and Washington，D.C.：Cornell University Civic Ecology Lab，NAAEE and EECapacity.

Fundisa for Change Programme.（2013）. *Introductory core text*. Grahamstown，South Africa：Environmental Learning Research Centre，Rhodes University.

Leou，M. J.（2005）. *Readings in environmental education：An urban model*. Dubuque，Iowa：Kendall/Hunt Publishing Company.

Orr，D.W.（1992）. *Ecological literacy：Education and the transition to a postmodern world*. Albany：State University of New York Press.

Russ，A.（Ed.）（2015）. *Urban environmental education*. Ithaca，N.Y.，and Washington，D.C.：Cornell University Civic Ecology Lab，NAAE and EECapacity.

Shavelson，R.（1976）. Teacher's decision making. In N. L. Gage（Ed.），*The psychology of teaching methods：75th Yearbook of the National Society for the Study of Education*（Part 1）. Chicago：University of Chicago Press.

Sobel，D.（2005）. *Place-based education：Connecting classrooms and communities*. Great Barrington，Mass.：The Orion Society.

Squazzin，T.，and du Toit，D.（2000）. *The spiral model：New options for supporting the professional development of implementers of outcomes-based education*. Johannesburg，South Africa：Learning for Sustainability Project.

Strauss，D.（Ed.）.（2013）. *The LEAF anthology of urban environmental education：Teaching resources for the urban environmental high school teacher*. Arlington，Va.：The Nature Conservancy.

Vogel，A.，and Muth，C.（2005）. Intellectual energy flow. In *NSTA WebNews Digest*. Accessible at http：//www.nsta.org/publications/news/story.aspx？id=51194.

Wiek，A.，Withycombe，L.，and Redman，C. L.（2011）. Key competencies in sustainability：A reference framework for academic program development. *Sustainability Science*，*6*：203–218.

第五部分

教 育 方 法

第 22 章　城市即教室

Mary Leou，Marianna Kalaitsidaki

重点

- 城市可以成为提升环境素养的流动教室。
- 城市生态系统可以用来学习当地生物多样性和生态学。
- 城市和它们的环境问题可以创造开发跨学科课程的机会。
- 在地教育可以提供城市环境教育的框架。

引言

随着越来越多人居住在城市地区，城市正成为培养环境素养和促进可持续性的关键场所。城市是社会、物理和生物过程相互交叉的复杂系统（Berkowitz，Nilon，and Hollweg，2003）。城市环境教育可以充分利用这个特点。“社会生态系统”这个词常被应用于城市上，以反映它们的复杂交互过程，包括地理位置、居民等方面的交互。作为复杂的社会生态系统，城市呈现出了一些社会和环境挑战，这些挑战在影响居民生活质量的同时，也提供了可持续生活方式和教育的机会。

作为城市环境教育五大趋势之一（见第 30 章），城市即教室囊括了自然学习、公民科学、探究式学习和社区概述。Sobel（2005）把在地教育定义为在当地社区和环境中具有实际动手经验的过程，并把它当作传授跨学科概念的起点。而城市环境教育就借鉴了在地教育。应用到城市环境教育中，在地教育就成为老师利用城市中各种资源发动学生参与他们居住地的真实经历与学习的过程。

在本章中，我们将用希腊和美国的例子来阐释城市中的学习如何培养环境素养，如何提高对本地环境问题的意识，如何发动学生参与讨论可持续性方面的选择。我们把在地教育当作一种框架来使用，但也为可持续性从中吸取教育成分。通过这样做，我们探讨使地方变得有意义、让地方对我们教学内容与方式进行塑造的方法。简言之，本章确定了一些方法，以便城市可以被当作充满生机的户外教室，帮助老师和其他教育工作者开发出探究性课程以培养开发解决问题的技能和环境管护道德规范。

城市即地方

作为社会生态景观，城市提供着大量的资源用于环境方面的教学。一个城市的特征取决于它的地质因素和地点，以及它的自然、历史、社会、经济和文化方面。这些因素合在一起能够开创机会给教育工作者和学生去考虑过去如何决定了现在，考虑如何预想未来。人塑造了地方，地方反过来也塑造了人（Gruenewald，2003）。最终，我们生活的地方强烈影响我们的价值观、态度以及我们对待环境的方式。

通过密切审视城市，教育工作者和学生能发现，人类如何塑造了城市，建造住房、购物中心、下水道、公园、道路和高速路。它们相互作用，形成复杂的社会生态系统。这样的复杂性挑战着我们去考虑如何满足城市居民的需求，同时保留自然区域、重要栖息地和开阔空间，以促进城市可持续性。这还挑战着我们去考虑健康的环境和绿色空间如何贡献于城市居民的个人和社区福祉。

城市即教室可以提供机会给学生和教师去思考如何解决影响他们当地环境的复杂环境问题，比如废水、水质、空气质量、清洁能源以及绿色空间可达性。它们还能让项目参与者探索社区资产，比如大型城市公园、小型社区花园、雨水花园和口袋花园，让他们探索与之相关的生物多样性和生态系统服务。对城市及其问题与资产的关注能对教学和应对可持续性方面的课程创建有所启示。这样的课程在教科书和传统教室内的教学中是没有的，它们存在于城市本身当中。

城市环境问题和机会

城市中，主要环境问题影响着居民的健康和生活质量。空气污染、能源消耗、交通堵塞、噪声和废弃物等城市压力在欧洲被认为是最严重的环境问题（European Environment Agency，2011），但这些问题是全球性的，并不局限于某个地理区域。城市中的一个主要挑战就是在经济发展需求和自然区域保护之间寻求平衡。

对城市成长和发展的了解挑战着我们去考虑生存与生活的其他可行方式。我们今天的行动如何帮助创建未来生活的环境背景？对一些海岸城市来说，海岸线的物理变更已经导致生境的恶化和濒危物种的增加。历史中心和纪念碑也在土地使用中遭受忽视和改变。城市正面临着一些不可避免的环境影响，如海平面上升、暴风雨和干旱频度和强度增加、获取健康食物和能源以及水的途径发生改变等（Krasny，Lundholm，and Plummer，2010；Smith，DuBois，and Krasny，2015；DuBois and Krasny，2016），个人、社区和社会生态系统的复原力对新的城市环境教育课程来说是非常重要的。

有问题的地方就有探索和学习的机会。城市就是这样的地方，通过类似问题调查研究（Hungerford et al.，1985）、公民科学、监测和绘图等一些以学生为中心的教学法，问题得到确定、调查和理解。城市街区、公园、海岸和学校、社区或市政花园能提供学习的实验场所。博物馆、动物园、水族馆和社区组织能加入其中并支持城市作为教室得到使用。这样的学习通常专注于我们自身与城市生态系统的互联性。以下例子阐释了城市如何作为教室帮助学生了解社会和生态概念以及环境议题。

希腊罗西姆农学习城市生物多样性丧失和城市环境问题

罗西姆农是希腊克里特岛上一个拥有 4 万居民的海岸城市，它是由绿色空间、人和基础设施构成的复杂系统。罗西姆农的绿色空间为克里特大学教育系的学生提供了利用现实生活中的例子去研究生态学的机会。而且，把城市作为社会生态系统进行概念化能让学生在在地教育的框架下探索城市环境问题。以下四个例子说的就是在公共和私人环境背景下培养生态素养和决策能力。

在一个项目中，学生了解了城市中一个入侵物种带来的生态后果和潜在经济后果。入侵物种是生物多样性丧失的一个重要原因，而城市又是它们扩散的主要切入点（Müller and Werner，2010）。红棕象甲（*Rhynchophorus ferrugineus*）是来自亚洲的一种以棕榈树为食的昆虫，被意外引入了希腊。被感染的棕榈树会长成雨伞模样，如未经处理会导致植株死亡。处理方式涉及杀虫剂的使用和资金投入。由于外来棕榈树在公共和私人区域被广泛用于景观美化，该昆虫已经变得很难控制，威胁着本地棕榈树的生存。罗西姆农的学生确定被感染的植株，并用智能手机拍照记录它们的情况。他们讨论红棕象甲对城市的经济影响以及使用外来植物和本地植物进行景观美化的利与弊。这个活动引发了许多问题：哪些树是克里特的本地种？为什么外来树种在景观美化中这么受欢迎？使用外来植物和本地植物进行景观美化在生态、社会和政治方面的利弊是什么？哪一种选择更具可持续性？另一个问题是，为什么罗西姆农要用“异域风情”来吸引游客？对此，学生可能要调查研究一个聚焦可持续旅游的新项目。这个案例展示了大学课程如何利用城市进行与学生生活相关的跨学科学习，并通过此举开始应对与可持续性有关的问题。由于红棕象甲在全球范围内被认定为害虫（European Commission，2011），在世界的其他地方这个例子也可以被研究学习。

城市还可以成为保护濒危物种的地方。赤蠵龟（*Caretta caretta*）是一种被列入濒危物种的海龟，它夏天在罗西姆农的沙滩筑巢。ARCHELON 是希腊的海龟保护非政府组织，它监测海龟筑巢活动并提倡海龟保护。进行赤蠵龟研究的学生了解到了这个依赖海岸和海洋生态系统生存的物种。他们确定了阻碍海龟繁殖的人类活动，并反思自己的海滩行为以及这个物种在旅游产业背景下的前景。

与在地教育一致，同样也把城市当作复杂的社会生态系统，罗西姆农的另一个项目发动学生参与关注城市的步行线路，旨在培养跨学科学习以及提高对当地城市环境问题的意识。从生态和历史景点挑选出站点，聚焦于当地历史、城市生物多样性、生物多样性丧失、自然资源管理、废弃物的产生和管理、交通、建筑设计和其他可行的可持续方式（图 22.1a）。学生把自己的所学与其他学科联系起来，如艺术、公民权和人权。

(a)

(b)

图 22.1 （a）学生们在罗西姆农的一条城市步道上。资料来源：Zaharenia Kefaloyanni。（b）学生们在大学校园调查本地植物。资料来源：Marianna Kalaitsidaki

在另一个把城市当作教室的希腊项目中，人们开发了大学校园植物学步道（图 22.1b）和城市市政花园。他们通过强调城市植物来应对年轻人的“植物盲”现象（即无法看见或注意到植物，意识不到植物对人类和生物圈的重要性）（Wandersee and Schussler，1999）。与上述例子中的举措类似，植物学步道的目标是让学生熟悉城市和它的生物多样性，然后发动他们参与更广泛的社区活动，促进环境管护工作。

纽约市哈德逊河暑期项目

在纽约市，有充分的机会以各种方式使用开阔空间和自然资源，以加强科学教育和教师发展。其中一个例子是纽约大学沃勒斯坦城市环境教育协作项目开发的哈德逊河教师暑期项目。该项目对 100 名纽约市的教师进行了 4 年多的培训，教他们如何使用哈德逊河河口作为教学环境。每个暑假，教师们参加为期三周的户外密集培训项目，获得跨学科的学习体验。

该项目把教室内课程与市内及周边的户外现场经历整合在一起。教师们学习了纽约港的历史、生态和发展过程，并依此形成了他们与纽约哈德逊河及其河口的联系。码头、野外台站、河岸地区、博物馆、水上的士和双桅纵帆船都成了课程的一部分（图 22.2）。哈德逊河成为一本教科书，一个野外实验室以及了解历史、地质、生态、化学和其他方面的一个跳板。

图 22.2　纽约哈德逊河上的水上的士。资料来源：George Leou

通过这样的在地教育过程，熟悉的地方有了一层新含义，帮助教师们以前所未有的方式对这个地方形成自己的身份认同。一位教师总结道："我升起了船帆！亲眼看见一只等足目动物、一只龙虱、水母、虫蜕、红色的水蜥、叩头虫和海港里优雅的鹭。"让她惊讶的是，她如今对河口生态系统的生物群有了第一手知识；她还深入了解了生物群与人类系统的相互依赖关系。

这些经历唤醒了参与者们的好奇心，激励他们为他们的学生创造类似的经历。通过开发野外考察、教学计划和综合科学、社会学习及语言艺术的哈德逊河学习单元，教师们把河流整合到了他们的课程中。一位参与者提议把哈德逊河作为她所在学校所有三年级学生的学习主题。教师们开始意识到，提供学习情境对科学教学来说是至关重要的，培养环境管护行为也是他们教学责任的一部分。一位教师说道："我相信，这个项目的效果来源于它对观念（不是产品）的倡导。这个有效的观念教导我们作为人类的身份，提醒我们支撑我们生存的环境有多脆弱，而我们也应该反过来维护它！这提醒了我决定成为教师时所接受的职责……我开始意识到，尽管我教的是科学，但如果我不在自然场景中教学，就不算真正的科学教学。哈德逊河是我的家，它足够自然，因此我的新职责是让我的学生能接触到它。"

如果没有把城市当作教室，这些产出就不可能发生。如今，项目启动已经有 12 年，哈德逊河项目已经演化成一个公民科学项目，教师和学生通过这个项目来到哈德逊河，与纽约大学合作采集水质数据。其他人则参与到一些社会服务学习中，比如海岸清理活动，以保护牙买加湾重要的马蹄蟹繁殖区。还有一些学校已经开发出相关课程，服务于当地城市学生的需求。

结论

城市是个丰富的地方，同时也是未被充分利用的教育场所，在环境教育中有至关重要的作用。它同时提供着内容与环境，可以用来发动学生在自己所在社区参与各式各样的学习活动（Leou，2005），包括科学调查、跨学科项目、公民科学和社会服务学习等不同年级、不同主题。另外，城市为人们提供了解历史、生态和文化的途径。废弃的工业用地、历史建筑、地铁站、公墓甚至购物中心都能成为学习和调查的教室。教育工作者能开发"城市步道"让学生沉浸于学习情境，深入了解这些地方和城市作为社会生态系统的复杂性。

参考文献

Berkowitz, A. R., Nilon, C. H., and Hollweg, K. S. (Eds.). (2003). *Understanding urban ecosystems: A new frontier for science and education*. New York: Springer.

DuBois, B., and Krasny, M. E. (2016). Educating with resilience in mind: Addressing climate change in post-Sandy New York City. *Journal of Environmental Education*, 4 (47): 222–270.

European Commission. (2011). The insect killing our palm trees: EU efforts to stop the red palm weevil. Belgium: Directorate General for Health and Consumers.

European Environment Agency. (2011). *Europe's environment: An assessment of assessments*. Copenhagen, Denmark.

Gruenewald, D. A. (2003). Foundations of place: A multidisciplinary framework for place-conscious education. *American Research Journal*, 40 (3): 619–654.

Hungerford, H., Litherland, R., Peyton, R., Ramsey, J., Tomera, A., and Volk, T. (1985). *Investigating and evaluating environmental issues and actions: Skill development modules*. Champaign, Ill.: Stipes Publishing.

Krasny, M. E., Lundholm, C., and Plummer, R. (Eds.). (2010). Resilience in social-ecological systems: The roles of learning and education. Special Issue of *Environmental Education Research*, 15 (5–6): 463–674.

Leou, M. J. (2005). *Readings in environmental education: An urban model*. Dubuque, Iowa: Kendall/Hunt Publishing Company.

Müller, N., and Werner, P. (2010). *Urban biodiversity and the case for implementing the convention on biological diversity in towns and cities*. In N. Müller, P. Werner, and J. G. Kelcey (Eds.). *Urban biodiversity and design* (pp. 3–34). Oxford, UK: Blackwell Publishing.

Smith, J. G., DuBois, B., and Krasny, M. E. (2015). Framing for resilience through social learning: Impacts of environmental stewardship on youth in post-disturbance communities. *Sustainability Science*, 11 (3): 441–453.

Sobel, D. (2005). *Place-based education: Connecting classrooms and communities*. Great Barrington, Mass.: Orion Society.

Wandersee, J. H., and Schussler, E. E. (1999). Preventing plant blindness. *American Biology Teacher*, 61 (2): 82–86.

第23章　环境艺术

Hilary Inwood，Joe E. Heimlich，Kumara S. Ward，Jennifer D. Adams

重点

- 环境艺术是世界各地城市中环境学习与行动的催化剂。
- 环境艺术能培养想象力和激发思考，帮助公民在环境问题方面进行批判性和创造性思维。
- 环境艺术有助于带来朝可持续方向进行的文化转变。

引言

世界各地的城市正在使用艺术来加强城市美学体验和激励创造性的环境行动主义。通过快闪、沉浸式街头剧场、自行车游行、弹出式装置、零排放音乐会和参与式的故事叙述，艺术家们正运用他们的创造力和独创性为21世纪城市面临的环境挑战吸引注意力并提出解决办法。环境艺术通常被当作创造性或艺术性行动主义，它正成为学校、大学、院校、博物馆和社区中心课程的一部分，正在被融入意想不到的城市空间构造中，比如公园、街道、巷子和屋顶。本章将综述艺术（包括视觉艺术、戏剧、舞蹈和音乐）正在改变城市中心的环境教育，并帮助实现文化向可持续发展的转变。

通过艺术想象一个可持续的世界

作为过去几十年环境艺术运动发展的一部分，艺术家、音乐家、剧作家、舞蹈家和电影人对城市场所和空间提出了批判性的深刻见解。McKibben（2009）描述了他们的影响："从某种意义上说，艺术家是文化血液中的抗体。他们早早感知到问题，并团结起来孤立、揭露和战胜它，用人类的爱、美和思想的力量来对抗粗心、贪婪及愚蠢带来的恶果。"

作为350.org运动的创始人之一，McKibben利用艺术的力量促进世界各地城市采取针对气候变化的行动。通过各式各样的媒介，如喜剧、音乐视频、纪实摄影、口头诗歌、反向涂鸦、表演、木偶戏和空中艺术，350.org正以独特的方式利用着艺术家的能量。在伊斯坦布尔，受到阿图尔·冯·巴伦（Artur von Balen）艺术作品的启发，行动主义者打造了一个可充气的巨大肺雕塑，突出二氧化碳排放对人类健康的影响。秘鲁首都利马的行动主义者与艺术家合作，设计了一个叫“Casa Activa”的艺术及行动主义中心，举例说明了可持续未来的样子。这些以及其他项目都在展示，艺术行动主义可以以多种方式利用城市，把它作为灵感、材料以及展览场地。

通过培养想象力和参与度、促进联系和思考，艺术家帮助我们批判性和创造性地思考生态恶化、资源利用、气候变化等环境问题。他们探索、分析和评论城市中心复杂的物质和社会环境，带来创造性的可持续性解决方法。他们证明，艺术带来了超越年龄和生命阶段的强大个人学习经历，吸引公民通过情感和创造性的视角与他们的城市互动，有助于把态度的改变转向可持续行动。

Greene（1995）把这种力量称为“社会想象力”，它是“编制愿景的一种能力，想象我们在有缺失的社会，我们居住的街道和我们的学校应该是什么样，以及可能是什么样”（p.5）。Eisner（2002）意识到了艺术与科学的相似性：“这就是科学家和艺术家做的事。他们感知，他们想象可能性，然后利用他们的知识、技能和敏锐度追求他们的想象”（p.199）。因此，对很多人来说，艺术本身就是一种形式的研究；它们“提供一种特别的方式来理解事物，理解它如何代表我们对世界的了解”（Sullivan，2004，p.61）。

城市居民有充分的机会参与艺术创作、研究和行动主义活动。例如，多伦多大学的师生定期参观校园公共生态艺术藏品；受此种经历启发，他们中许多人加入了生态艺术俱乐部，希望为下次的藏品安置做贡献。对一些人来说，这是他们参与创造性过程的起点或者是他们自己的一种艺术行动主义形式；对其他一些人来说，它提供了一些洞察力：如何与学生一起开展环境艺术项目。

通过艺术创作参与环境教育

几十年来，视觉艺术家一直在创造性地应对城市中的环境问题，启发着不同教育场景中的教与学。艾伦·菲斯特（Alan Sonfist）重新造就了城市空间中的自然历史（“Time Landscape”，1978）；艾格尼丝·丹尼斯（Agnes Denes）在一块受污染的土地种植了小麦，意在提出有关食物安全的问题（“Wheatfield：A Confrontation”，1982）；约瑟夫·博伊斯（Joseph Beuys）邀请市民共同与城市毁林作斗争（“7000 Oaks Project”，1982）。这些早期的努力引发了一些美学实验，用于设计和执行可持续性方面的解决方案。陈貌仁（Mel Chin）在一次旨在再利用有毒土地的艺术装置中，用了超积累植物（hyper-accumulator plants）过滤土壤中的重金属（“Revival Field”，1990）。诺尔·哈丁（Noel Harding）的“Elevated Wetlands”（1997）雕塑项目展示了本土植物能够被用来净化城市河流的污水。法国艺术家JR的大型远景照片（“Women are Heroes/Kenya”，2009）提出了肯尼亚贫民区的生态公正问题。

这些环境艺术的先驱们为新一代的艺术家、摄影师、电影人和建筑师开辟了道路，将传统媒体和数字化媒介结合起来，以最大限度地扩大他们作品的影响范围和影响力。“蜂窝设计集团”（Beehive Design Collective）从大众教育、故事讲述和广告宣传中吸取技巧，协作设计了大型叙述图画来图解和动员大家支持市民的社会和生态公正斗争。“第9号”（No. 9）是一个基于社区的非营利组织，为城市公园和河流设置生态艺术装置，鼓励市民探索所在城市及其环境问题；艺术家伊恩·巴克斯特（Ian Baxter）的ECOARTVAN就是一个把学习带到街道上的项目。另外，“海角告别”（Cape Farewell）项目的艺术家和科学家把他们的北极探险通过摄影、雕塑和投影带到城市环境中，引起人们对气候变化后果的关注。最后，为了培养对目前第六次物种大灭绝的意识以及我们如何减少碳排放和保护生境的考虑，林璎（Maya Lin）的“少了什么？”（What' Is Missing？）利用了永久性的声音和媒体雕塑、巡回展览、时代广场的视频广告牌和一个互动网站（该网站展示的是全世界人们贡献的视频和故事）。这些艺术行动主义形式开启了管理者、评论家和公众之间的关键对话，让公众关注通过艺术进行环境学习的倡议（Spaid，2002；Weintraub，2012）。

向儿童介绍环境艺术家的作品能启发他们学习艺术家们提出的议题以及艺术创作过程本身。它还能刺激孩子们自行试验，寻找应对所在社区本地环境问题的方法。多伦多Runnymede公立学校的孩子们在校园中创造了一系列富有想象力的艺术装置来诉说当地的环境问题，包括生境破坏、空转车空气污染和校园入侵物种。他们的项目有栅栏上的壁画绘制、沥青运动场上的大型模具制作以及为最喜欢的橡树编织毛衣。这些艺术项目为跨学科学习创造了机会，提升了环境问题意识，启发了其他学校创作他们自己的生态艺术作品和创造老少皆宜的生态行动主义形式（图23.1）。

(a)

(b)

图 23.1 （a）六年级学生绘制的栅栏壁画，目的是给多伦多带来积极的环境变化。资料来源：Hilary Inwood。（b）纽约市中央公园“Celebrate Urban Birds”活动期间的一个鸟类游行，为居民普及当地鸟类知识。资料来源：Alex Russ

戏剧是环境学习的工具

长期以来，戏剧一直被用作政治评论、社会指示、文化规范化和号召行动的工具。在环境教育领域，戏剧被用来传递教育信息，挑战环境问题方面的政治立场，发动人们在社区层面参与政策制定。戏剧在城市环境学习中的角色发展自环境戏剧运动中，该运动打破了表演者与观众之间物理和心理的隔阂，充分使用室内外的表演空间，迫使观众把自己纳入戏剧的意图和意义当中（Schechner，1971）。戏剧创作是一种教学途径（Reed and Loughran，1984），它带领学习者挑战自己在环境问题方面的设想，探索他们的本地环境。在土耳其 Samadang 镇，因海龟巢受到了威胁，戏剧表演被用来教育居住在海滩附近的中学生；一项对比研究表明，接触戏剧表演的学生比在传统教室的学生有明显更强的认知记忆（Okur-Berberoglu et al.，2014）。

戏剧为受众参与当地环境议题提供着丰富的机会。“受压迫者戏剧”（Theatre of the Oppressed）被用来实现转变性的学习（包括环境方面的），途径包括让受众了解压迫结构和通过参与寻找解决方法来激发行动。受这项工作的启发，马德里的非政府组织“生态学家在行动中”（Ecologistas en

Acción）利用社会戏剧来应对水资源私有化的问题，表演过后，请观众和戏剧角色一起进行讨论。类似地，在“论坛戏剧”（Forum Theatre）中，主演受到了压迫，而且不知道如何抗争，因此失败了。观众受邀替代主演，在舞台上演出各种可能的解决办法、想法和策略。戏剧在社会变革中的这些用途使它被用作实现多种环境目的的工具：为文化程度较低的社区传达环境公正方面信息的娱乐活动；让居民参与环境设计和政策制定的表演活动；戏剧公司研究当地问题，把社区成员的对话融入展示过程中，并表演之后对话。戏剧还被用于增强意识，被用作环境抗议者和行动主义者的对抗工具。

在学校和社区中最常见的还是把戏剧作为传达信息的娱乐活动。在非正规教育场景中，环境戏剧、遗产戏剧和博物馆戏剧通常围绕环境问题使用教育娱乐活动，比如在科学中心进行的可持续性方面的戏剧表演，或者在动物园鸟类表演中传达保护信息。在这些场景中，每年有无数人接收到了环境保护信息。

通过舞蹈体现城市过程和城市经历

长期以来，舞蹈就一直是人们连接所在自然环境和人工环境的一种表达方式。它向外表达着人类具体化的知识，让我们既能学习也能表演出我们与环境的关系。在城市环境背景中，哈维（Harvie）提到，舞蹈不仅“展示了城市进程”，也是“城市进程的一部分，产出城市经历，因此也造就了城市本身”（Rogers，2012，p.68）。

相比视觉艺术和戏剧，环境舞蹈指的是受环境问题影响的舞蹈设计。Stewart（2010）把环境舞蹈描述为一种生态现象学的方法，“关注的是人体与景观和环境的关系，包括人类世界之外的动植物”（p.32）。艺术家常常在非传统的舞蹈空间中工作，利用自然和人工环境来影响环境运动。作为iMAP 项目的一部分，编舞家詹妮弗·蒙森（Jennifer Monson）利用了跨学科的途径（包括历史、地理和水文）来学习水资源和城市环境，产出了一个在地性的表演，突出展现了纽约市布鲁克林一处被忽视的城市公园中人类干预和自然过程之间的关系。另一项努力来自 Ananya Dance 剧院，明尼阿波利斯的一群有色人种女性艺术家通过创作来应对世界各地被边缘化社区的环境公正问题，突出展现了女性在应对这些问题时进行的草根倡议宣传工作。在得克萨斯的奥斯汀，编舞家艾莉森·奥尔（Allison Orr）邀请城市环卫工人参与编舞，展现他们和大型垃圾车一起收垃圾的动作。人们聚集在一处废弃的机场跑道上观看该舞蹈的最终作品。从创作到公演，整个过程被记录在了纪录片《垃圾之舞》中。这个项目把默默无闻的环卫工人搬到了美学的聚光灯下，让观众得以欣赏到他们在环境健康和城市卫生中至关重要的作用。

环境舞蹈运动正在慢慢渗入城市学校中。安大略戏剧与舞蹈教育工作者理事会开发了一个单元计划，教师和学生可以借此“通过舞蹈编排去探索环境”（CODE，2009），并应对一些更大的问题——如何利用舞蹈应对社会问题和倡导环境改变。在另一个例子中，艺术、自然与舞蹈跨学科实验室（the Interdisciplinary Laboratory for Art，Nature and Dance）创作了 BIRD BRAIN 来发动小学生参与学习鸟类在城市景观中的迁徙活动。与环境相连接的舞蹈是人类与自然之间的一种对话，强调着人类、非人类及其物理环境共有的力量（Kramer，2012）。通过把舞蹈整合到环境教育中，激励学习者去分享和创造他们自己对所在环境的动觉和具化理解。

音乐：地方、身份和可持续性

几千年来，人类利用音乐作为表达环境的一种方式，传达自然和人造环境之美，歌颂本地社区的特色，或者反抗对人和土地的剥削。不论是维瓦尔第（Vivaldi）的《四季》，还是保罗·凯利（Paul Kelly）的《从波音747 上俯瞰悉尼》（*Sydney from A 747*），我们一直在歌颂我们生活的地方，并把人类关系和文化意义渗入到地方中。确实，正是音乐的这种情感影响让音乐变得有力量。

反抗之歌并不是新鲜事，它突出了人类利用音乐探讨剥削和不平等问题的各种方式。像鲍比·达林（Bobby Darin）的《简单的自由之歌》（*Simple Song of Freedom*）和汤姆·威兹（Tom Waits）的《后天》（*The Day after Tomorrow*），这样的歌曲抗议的是战争的无意义，而环保主义者的歌曲旨在增强意识，号召改变。在澳大利亚，“午夜油”（Midnight Oil）乐队在《床在燃烧》（*Beds Are Burning*）中唱出了土著居民遭受的不公，在《蓝天矿业》（*Blue Sky Mine*）中唱出了企业对环境的破坏；格鲁姆（Gurrumul）在“*Galupa*”中唱的是正在消失的土地；克里斯丁·阿努（Christine Anu）在《我在岛上的家》（*My Island Home*）中表达的是对家乡的归属感。

类似的趋势也在学校的音乐教育中出现了。在对地方的一次探索中，四个参与“活的课堂”（The Living Curriculum）项目（Ward，2010）的幼儿园通过故事、诗歌和歌曲研究了本地郊区环境的植物和动物群，思考它们的生境、种间关系，以及与人类的共存关系。这些歌曲成了学生的“悉尼之歌”，代表着在孩子们居住的土地上人类与非人类之间的交互关系。这种音乐对地方的描绘与Somerville（2013，p.56）所称的“后现代显现”（a postmodern emergence）类似，通过故事、绘画、歌唱和绘图让地方为人们所熟知。了解和关心对我们有意义的地方之后，我们才会发展出环境管护的情愫。

2012年，智利安托法加斯塔的师范教育导师拜访了西悉尼大学，并参与了利用视觉艺术和音乐代表本地自然和人工环境的高级讲习班。他们为此种场合创作的歌曲的主题是一种称为“camanchaca”的安托法加斯塔天气现象，以及本地社区和周边山中常见的一种称为“vischaca”的类似栗鼠的动物。该项目突出的是，利用多种环境的和在地性的音乐来理解社区与环境的关系，考察人类世界和非人类世界，以及为他（它）们之间建立相互交织的音乐之桥。

结论

正如以上例子所示，艺术在城市中心环境学习中发挥着至关重要的作用。它们发挥作用的途径是提高有关环境恶化的意识，介绍表达不同意见的新方式，以及提议有想象力的可持续性的解决方案。艺术让公众参与到创造性的现代主义形式中，帮助他们通过视觉艺术、音乐、舞蹈、戏剧和其他艺术形式以独特的个人方式为环境带来积极改变。通过发动城市中心的人们参与难忘的艺术经历，把他们与地方和所在空间联系起来，各种艺术媒介的艺术家展示着包容性和创新性的环境教育途径。艺术影响着其他方式难以影响到的那些人，它们确保足够广泛的受众参与创造城市社区可持续发展所需的文化转变。

参考文献

CODE（2009）. Dance and environmental education. Retrieved from http：//code.on.ca/ resource/dance-and-environmental-education.

Eisner，E.（2002）. *The arts and the creation of mind.* New Haven，Conn.：Yale University Press.

Greene，M.（1995）. *Releasing the imagination：Essay on education，the arts，and social change.* San Francisco：Jossey-Bass.

Kramer，P.（2012）. Bodies，rivers，rocks and trees：Meeting agentic materiality in contemporary outdoor dance practices. *Performance Research*，17（4）：83–91.

McKibben, B. (2009). Four years after my pleading essay, climate art is hot. Retrieved from: http: //grist.org/article/2009-08-05-essay-climate-art-update-bill-mckibben.

Okur-Berberoglu, E., Yalcin-Ozdilek, S., Sonmez, B., and Olgun, O. S. (2014). Theatre and sea turtles: An intervention in biodiversity education. *International Journal of Biology Education*, 3 (1).

Reed, H. B., and Loughran, E. L. (1984). *Beyond schools: Education for economic, social and personal development*. Amherst: University of Massachusetts Press.

Rogers, A. (2012). Geographies of the performing arts: Landscapes, places and cities. *Geography Compass*, 6 (2): 60–75.

Schechner, R. (1971). On environmental design. *Educational Theatre Journal*, 23 (4): 379–397.

Somerville, M. (2013). *Water in a dry land: Place learning through art and story*. New York: Taylor and Francis.

Spaid, S. (2002). *Ecovention: Current art to transform ecologies*. Cincinnati, Ohio: Contemporary Arts Center.

Stewart, N. (2010). Dancing the face of place: Environmental dance and ecophenomenology. *Performance Research*, 15 (4): 32–39.

Sullivan, G. (2004). *Art practice as research: Inquiry in the visual arts*. Thousand Oaks, Calif.: Sage Publications.

Ward, K. (2010). The living curriculum: A natural wonder: Enhancing the ways in which early childhood educators scaffold young children's learning about the environment by using self-generated creative arts experiences as a core component of the early childhood program. PhD thesis. University of Western Sydney, Milperra, Australia.

Weintraub, L. (2012). *To Life! Ecoart in pursuit of a sustainable planet*. Berkeley: University of California Press.

第 24 章　探 险 教 育

Denise Mitten，Lewis Ting On Cheung，
Wanglin Yan，Robert Withrow-Clark

重点

- 城市探险教育是城市环境学习的催化剂。
- 通过帮助参与者同自己、其他人、地方和城市自然界建立积极的关系，城市探险教育能为城市可持续性贡献力量。
- 城市自然空间有未充分利用的城市探险教育潜能。
- 类似环境教育，探险教育使用体验式的方法来传达信息。
- 通过协作，城市探险和环境教育能强化彼此的效果。

引言

从最纯粹的意义上说，户外教育从人类进化一开始就有了。长辈教导孩子如何搜集食物、保护栖身之处以及逃避危险。我们每天外出寻找食物，建造庇护所并与其他人形成社会群体。通过参与户外活动以及与自然界交互，我们持续地进行学习。如今的人类（特别是发达国家和城市）在整个生命历程中已经变得更静坐少动。主要的非接触传染疾病导致的死亡中 6% ~ 10% 的诱因就是人们缺乏活动，世界上 9% 的过早死亡也是如此。这样的死亡数量与吸烟引起的死亡相当，被一致认为是主要的非接触传染疾病的一个风险因素。通过探险教育把户外活动带入城市环境中，鼓励人们在自然中活跃地度过时光，能帮助人们改善自己的健康。在自然中度过的时光、与自然元素接触、参与体力活动（包括休闲和管护活动以及社交活动）能带来健康益处（Ewert，Mitten，and Overholt，2014）。

本章将探索探险教育的益处，以及在城市环境中结合探险教育和环境教育的好处。通过参与户外活动，人们能了解自己的周边环境以及他们原本可能不会去的地方。这些群体经历增加了社会联系，可能也会增加亲环境的行为，进而为生态系统健康、人类福祉和城市可持续性做贡献。

什么是探险教育?

在20世纪70年代之前，户外教育这个词的含义包括技术能力方面的教学（如野营技术、划独木舟和攀岩）和环境知识方面的教学。大约就在那时，人们开始区分户外教育、探险教育和环境教育，创造了我们现有的不同领域。探险教育这个标签开始被普遍使用是在20世纪80年代，它的成形主要来自三方面：土著人民带领西方游客进行当地探索、北美露营运动以及Kurt Hahn发起的户外拓展训练运动。原先，户外训练的目标是强化年轻人的意志，以便他们能战胜第二次世界大战期间的灾难（那时英国在海上遭遇惊人的损失）。这个目标最后达到了，部分原因是他们证明了自己对环境的征服，而主流的探险教育也开始使用自然作为背景来开展活动，让客户能克服行为和身体上遇到的挑战。在这些早期项目中，自然环境并没有受到必要的尊重和保护。

而探险教育践行者则从美国露营运动中吸取经验（特别是因为该运动是为女性参与者开展的），在他们的项目中融入了深刻的尊重自然的联系（Mitten and Woodruff，2010）。Miranda和Yerkes（1996）报道称，女孩夏令营（girls' camp）聚焦的是相互关系和社区价值，强调人与自然、与他人的美学和精神上的亲缘关系。这个教学法号召露营者们开发工具，以便她们得以在城市化带来的变化中兴旺成长。从这个意义上说，女孩夏令营成了培养积极政治公民的社会孵化器。

如今，许多的探险教育践行者了解到，项目目标需要包括对自然的理解和关心。Mitten和Clement（2007）声称，探险教育关注的是相互关系，包括与自然界创建积极的联系。通过体验式的活动，参与者能学习到生活技能，比如能帮助他们成功为所在社区做贡献的合作和自我效能。

如今的探险教育是一个多方位跨学科的领域，基于体验式教育哲学和体验式学习、人类发展、组织行为学、社会公正、生态意识等相关理论。它是一种以过程为导向的学习方法，鼓励和培养系统思维。探险教育的独特之处在于，参与者的探索或历险包含了多方面的结合：活动或背景的创新、在地的沉浸体验和共创经历的感受。这些还通常涉及了问题的解决、小组合作、做决定、冲突解决或管理、达到新目标、获得新机会以及持续的反馈。当探险教育包含一些活动把学生的新奇经历与日常生活相联系时，它能对价值观、态度和行为乃至选择、回应以及他们日常生活中的人际关系和实践的成败产生深刻的影响。探险疗法、荒野疗法和相关领域都在利用探险教育达到具体的临床效果。类似地，城市环境教育可以利用探险教育来加强环境学习和可持续成果。

探险教育的益处

探险教育的益处主要通过自陈报告调查和访谈来衡量，包括自我成长、精神和身体图像测量以及定性数据。研究已经表明，探险教育为参与者提供多种多样的效果，包括领导力培养、赋权、自我效能提升、自信心改善、积极的自我意识、心理复原力提升以及接触和学习环境议题（Palmberg and Kuru，2000；Sibthorp，Paisley，and Gookin，2007）。通过参与体力活动、在自然中度过时光、感受幸福和精神复原及积极关系（West-Smith，1997），参与者能体验到对自身身体更强的欣赏能力。Ewert等（2014）报道称，探险教育带来的好处可能归因于多方面的结合：在自然环境中的沉浸体验、对学习与改变的开明态度以及在协助员的帮助下或独立进行经历反思。简言之，研究人员通过休闲、文化、生态、心理和教育的角度来研究城市探险教育。

探险教育和环境教育共同创造一种氛围，鼓励地方感和亲环境行为的形成（Lee，2011）。参与户外活动能让人们通过体力活动感受和体验一个地方，最终感觉到与这个地方建立连接，这使探险教育成为城市和在地环境教育的一个绝佳工具。Martin（2014）声称，户外探险能帮助学生获得对自然的联系感和关心，而这正是培养环保态度的一个突出因素。这种积极的对地方和自然的依附感能带来了解当地自然区域的渴望、环境素养和积极的环境认同。Palmberg 和 Kuru（2000）提议，通过帮助学生了解和体验自然、了解环保行动策略，探险教育中的活动能刺激环境教育和自然学习。

探险教育通常与挑战性活动和风险认知相关联。但是，Bardwell（1992）在不突出风险方面的探险项目中也发现了态度和行为的改变。Daniel 等（2010）报道称，在许多探险教育项目中，独自冥想的经历（也就是参与者度过几小时甚至几天的独处时光）能增强参与者自我了解和自我价值的感受，这突出显示了活跃和安静的探险活动都很有必要。

城市地区的探险教育

探险教育让人想起在野外的登山、攀岩或者皮划艇运动，因此也招来一些批判，说这些只对有足够可支配收入的人开放，排除了来自不同少数族群背景的人。处于城市地区的探险教育能让城市居民受益，包括那些低收入、难以接触到野外探险教育的人（Warren et al.，2014）。

在城市地区进行探险项目并不是新鲜事。1874年，基督教女青年会费城分会组织了一次夏令营，为工厂女工提供社会交往和休养（Mitten and Woodruff，2010）。如今，探险教育活动（例如高低绳高空滑索线路，滑板公园）越来越多地在城市环境中进行。例如，使用攀岩的项目，从费城的Wissahickon公园到洛杉矶北边的Topanga州立公园都在进行着。Timucuan生态历史保护区是美国国家公园系统内的一个保护区，离佛罗里达的杰克逊维尔不到16千米，是初等教育学生的野外考察目的地，他们在那儿参与户外活动并学习生态概念。2015年，保护区收到了联邦政府为四年级学生提供的野外考察交通补贴，为从没参观过本区域的学生增加参与机会。外展训练项目为加利福尼亚州旧金山城市服务项目提供优胜美地徒步活动，包含一周的野外体验，之后一周在嘈杂的城市环境中了解城市面临的经济和社会问题并参与服务项目。

城市或市政公园通常有开放空间、徒步步道和湖泊，适合进行探险教育和环境教育整合。美国鱼类和野生生物管理局在城市附近有许多保护区，如纽黑文市、巴尔的摩、新奥尔良和圣巴巴拉，能把徒步、独木舟运动、自行车骑行及露营等探险活动与环境教育结合起来。纽约市小巷池公园（Alley Pond Park）的独木舟运动、指南针使用、钓鱼和公共绳索课程同样也很适合用于配合公园自然特征的学习，包括它的冰河堆石、淡水和咸水湿地、潮滩以及森林。

城市探险教育项目能帮助父母和孩子了解非结构化的户外玩耍时间并安心参与（D'Amore，2015）。在马里兰州的哥伦比亚，一群人为一些家庭提供每月至少两次的周日下午郊游，包括徒步、河流中的玩耍、大圆石攀登和爬树。自2014年3月启动以来，这个项目已经资助了80次城市郊游，共有250个家庭参与，共计6500多小时，而且许多家庭是第一次参与户外探险。接下来，我们将介绍中国香港、美国和日本利用城市探险教育的例子。

中国香港都会

世界各地许多城市拥有面积大得惊人的未开发土地。在中国香港这个紧凑的城市，超过40%的土地被列为保护区、城市公园开放空间和架空花园（elevated gardens），包括在市中心。政府组织和资助了一些活动，通过让居民探索本地的自然和文化（图24.1）（Cheung，2013），整合探险教育和环境教育。香港最近的教育改革鼓励学校为学生提供室外学习体验，并以此提升了初等、中等和高等教育学校的探险教育水平（如绳索课程、攀岩）。特别是地理、生物和人文学科的教师，他们利用城市探险教育让学生体验和了解他们的社区及周边自然环境，培养学生的领导力、自信心和人际交往技能。这些教育机会旨在帮助市民理解他们的周边环境，增强地方感和归属感，提高保护意识，为城市的可持续发展做贡献。

图 24.1　大学生参加米埔自然保护区由向导带领的旅行，中国香港。
资料来源：Lewis Ting On Cheung

美国明尼苏达州明尼阿波利斯

20 世纪 80 年代，Woodswomen 组织为明尼阿波利斯和圣保罗都会区的居民在户外项目中启动了妇女儿童联络活动。Emma B. Howe 基金会提供的款项让 Woodswomen 得以服务于在社会和经济上处于弱势的妇女和儿童。这些备受欢迎的探险教育项目也迅速满员。

项目的目标包括帮助参与者了解在都会区的哪儿参加户外活动的知识以及培养相关的技能。为了能让项目提供的福利持续下去，妇女和儿童需要在参加项目之后能够重复他们的户外活动。为此，装备要简单耐用，而且项目提倡类似钓鱼、独木舟、徒步及城市与郡县公园露营这样的活动。例如，妇女和儿童与熟悉儿童的当地专家一起在 Calhoun 湖的码头学习垂钓。该项目帮助妇女和儿童扩展他们的户外技能、增强地方感、培养他们对自然界的欣赏与关心。它还为他们提供了一个团结家庭、与其他参与者及自然环境交互的安全地点（Mitten and Woodruff，2010）。他们了解了步行或乘坐公交车可达的本地公园，并获取相关知识和技能，了解如何利用户外时间来管理压力和恢复自我及家庭。

日本：魔鬼游戏

魔鬼游戏是日本的传统户外游戏，需要两人以上参加。游戏规则是：一人被指定为“Oni”（魔鬼）并力图抓住其他人（点到为止）。被抓住的人要捂着被点到的身体部位，也变成魔鬼。被抓到只剩一人时游戏便结束。如今，庆应大学的Yan实验室已经把这个传统游戏改良成一个城市探险教育活动，利用城市街道和乡村作为游戏场（Yan et al.，2011）。游戏队员们通过到达关卡点和“抓住”（比如拍照）对手来获得点数。他们用带有GPS和照相功能的手机进行定位、“抓人”（拍照）和沟通，用网络服务器来规划游戏、监测各队移动线路以及进行玩家之间的信息共享。手机带来的实时沟通让玩家们得以进行空间思维和有策略地移动（图24.2）。玩家们觉

图24.2　为城市探险教育改良的魔鬼游戏系统。中间的图来自智能手机，左图显示的是商店、公园和寺庙这三个关卡点的照片，右图显示的是正在进行游戏的两队人马。资料来源：Wanglin Yan

得游戏够刺激，而且展现出在空间思维方面的进步。对城市探险教育来说，这个游戏的好处在于，在移动设备的辅助下，在现实世界中也可以玩，它让参与者得以通过关卡点来熟悉区域，在“追逐与点触”规则的辅助下参与到丰富的联络体验中。

结论

教育工作者可以把城市探险教育用作城市环境教育的催化剂。在城市环境中提供探险教育机会能帮助人们体验它的益处，包括同自己、他人、地方和自然界之间的积极关系。参与者能重新发现自己，在城市环境中造就一个积极的身份认同。在街道、废弃工地或公园、河流或岛屿这些场地参与城市探险教育能为参与者提供机会去了解他们的居住环境。体验和获取有关居住地的知识有助于地方感和环境意识的形成，进而引导参与者参与一些活动去改善环境与社区福祉。把城市探险教育和环境教育结合在一起，特别是把探险经历和行动联系在一起，能帮助参与者改善他们的环境和社区，并为城市可持续性做贡献。

参考文献

Bardwell，L.（1992）. A bigger piece of the puzzle：The restorative experience and outdoor education. In K. A. Henderson（Ed.）. *Coalition for education in the outdoors：Research symposium proceeding*（pp. 15–20）. Bradford Woods，Ind.：Coalition for Education in the Outdoors.

Daniel，B.，Bobilya，A. J.，Kalisch，K. R.，and Lindley，B.（2010）. Lessons from the Outward Bound solo：Intended transfer of learning. *Journal of Outdoor Recreation，Education，and Leadership*，2（1）：37–58.

Cheung，L. T. O.（2013）. Improving visitor management approaches for the changing preferences and behaviours of country park visitors in Hong Kong. *Natural Resources Forum*，37（4）：231–241.

D'Amore，C.（2015）. Family nature clubs：Creating the conditions for social and environmental connection and care. PhD dissertation，Prescott College，Prescott，Arizona.

Ewert，A. W.，Mitten，D. S.，and Overholt，J. R.（2014）. *Natural environments and human health*. Oxfordshire，UK：CABI Publishing.

Lee，T. H.（2011）. How recreation involvement，place attachment and conservation commitment affect environmentally responsible behavior. *Journal of Sustainable Tourism*，19（7）：895–915.

Martin，P.（2004）. Outdoor adventure in promoting relationships with nature. *Australian Journal of Outdoor Education*，8（1）：20–28.

Miranda, W., and Yerkes, R. (1996). The history of camping women in the professionalization of experiential education. In K. Warren (Ed.). *Women's voices in experiential education* (pp. 24–32). Dubuque, Iowa: Kendall/Hunt Publishing Company.

Mitten, D., and Clement, K. (2007). Responsibilities of adventure education leaders. In D. Prouty, J. Panicucci, and R. Collinson (Eds.). *Adventure education: Theory and applications* (pp. 79–99). Champaign, Ill.: Human Kinetics.

Mitten, D., and Woodruff, S. (2010). Women's adventure history and education programming in the United States favors friluftsliv. *Norwegian Journal of Friluftsliv*. Prepared for: Henrik Ibsen: The Birth of "Friluftsliv": A 150 Year International Dialogue Conference. Available at http://norwegianjournaloffriluftsliv.com/doc/212010.pdf.

Palmberg, I. E., and Kuru, J. (2000). Outdoor activities as a basis for environmental responsibility. *Journal of Environmental Education*, 31 (4): 32–36.

Sibthorp, J., Paisley, K., and Gookin, J. (2007). Exploring participant development through adventure-based programming: A model from the National Outdoor Leadership School. *Leisure Sciences*, 29 (1): 1–18.

Warren, K., Roberts, N. S., Breunig, M., and Alvarez, M. G. (2014). Social justice in outdoor experiential education: A state of knowledge review. *Journal of Experiential Education*, 37 (1): 89–103.

West-Smith, L. (1997). Body image perception of active outdoorswomen: Toward a new definition of physical attractiveness. PhD dissertation, University of Michigan.

Yan, W., Maeda, T., Oba, A., and Ueda, C. (2011). Onigokko: A pervasive tag game for spatial thinking. In Proceedings of the 2nd International Conference on Computing for Geospatial Research & Applications—COM.Geo 2011. New York: ACM Press.

第25章 城市农业

Illène Pevec，Soul Shava，John Nzira，Michael Barnett

重点

● 城市农业包括屋顶花园和社区花园、温室大棚、水培系统、苗圃、小型畜牧业和垂直农场，它们可以在室内、空地上、屋顶上、废弃的工业用地上和其他场地上进行。

● 在城市农业场地上进行的城市环境教育能整合隔代学习和跨文化学习，能为环境和科学知识、积极青年发展和工作技能做贡献，能改善饮食，加强社会资本、环境质量和经济发展。

● 城市农业提供了系统学习的机会：本地农作物供给本地人；植物为其他生命形式提供栖息地；有机废弃物养育土地并促进植物生长。

引言

城市农业指的是通过耕植城市空间为城市家庭改善食品与营养保障。它的实践包括社区花园、社区农圃、屋顶花园、垂直农业、校园花园和家庭蔬菜园，以及城市农场、农贸市场、经济林、室内水培、苗圃、渔场、城市禽类养殖和小型畜牧业。在农村加速向城市移民的背景下，特别是在发展中国家（Mougeot，2005），城市农业对城市食品安全、食物供应系统和农业生物多样性的贡献意义重大。城市农业实践以及相关的学习随着经济、社会文化和教育的需求而变化。

由于城市中恶化的环境空间对健康和人类安全造成了威胁（Shava and Mentoor，2014），因此除了食品安全这个焦点，城市园艺也应时而生。帮助转变这样的环境空间能为教育工作者及其学生提供多样的环境教育机会（Pevec，2016）。城市校园可食用植物花园能成为环境教育的场所，为儿童及青少年增强营养水平，能为处于危机中的社区提供食物和社会资源。

城市农业还能提供具有美学和文化价值的绿色景观，提供压力缓解和健康效益（Pevec，2016）。Light（2003，p.51）造了一个词叫作“生态公民”，用来描述“在城市中实现爱护生态系统以及建设更好的公民社区的生态目标”。城市农业能成为培养生态公民的学习场所（Travaline and Hunold，2010）。国际转型城镇运动在城市农业、永续设计、养蜂业和经济本地化方面为700多个社区中各年龄阶段的人提供了教育机会，目标在于创建可持续的社区。

在城市中种植食物这种现象并不是最近才出现的。城市农业从人们开始在城市生活以来就一直存在。特诺奇蒂特兰城20万居民消耗的食物至少有一半是阿兹特克人自己利用chinampas（浅水湖中的人工岛）种植的。梵高1887年的油画《蒙马特的蔬菜园：蒙马特高地》描绘的是为19世纪巴黎市场和餐馆提供新鲜蔬菜的菜园。北欧的社区农圃菜园和许多其他国家的社区花园长期以来提供地方让园丁们种植食物，训练青少年，创建微型企业，共享信息和获得收成，并通过观察和参与来培养环境意识。在本章中，我们首先描述北美的校园花园和南非的城市农业作为城市环境教育场所的作用，然后简要概述几个国家的城市农业政策。

校园花园：北美城市环境教育的场所

北美许多校园花园的兴起源于一种需求——让忍受饥饿的儿童除了食用导致儿童肥胖的、营养不足的食物以外，有健康的食物可以选择。校园还提供了丰饶的环境来结合城市农业和环境教育，进而在学生中培养生态公民。美国教育家和哲学家杜威利用他在芝加哥大学实验学校的花园让儿童得以了解生命的互联性，他对环境教育产生了极大的影响。亲身实践的教育途径正渗透于注重“实践出知识”的城市农业运动和校园花园的复兴中。

美国政府的教育政策历来都把其中一个重点放在校园花园上。第一次世界大战期间，美国教育部和军队合作创立了美国校园花园军，以保证农场的收成被运往军队时，所有儿童能学习在学校种植食物并帮助养家糊口。由此而来的农业课程（美国的第一个全国课程）让青少年成为食物生产者，而不仅仅是消费者。它在促进自力更生和提升公民精神的同时也传授了实用的园艺技能（Hayden-Smith，2006）。第二次世界大战通过后院战时菜园激发英国和美国的家庭园艺复兴，战时每个家庭比战前和战后消费了更多的蔬菜。虽然美国整体已经不再要求建立校园花园，但是加利福尼亚州通过了法规，为校园花园提供资金和课程支持，有些大学则训练教师使用花园进行环境教育和保证营养。

许多城市青少年并不了解他们的食物来自哪里、如何种植。校园花园为人们提供机会去学习如何种植农产品，以及如何获取技能进而在农业、营养学或其他科学、技术、工程或数学领域开辟自己的职业生涯。它们能帮助城市中的青少年了解到，农业比仅仅在遥远的田野里耕作要宽泛得多（Tsui，2007）。校内和课后园艺项目还能为城市中的青少年提供逼真的实验空间，在教师和知识丰富的导师们的引导下与自然、与其他人建立联系（图 25.1）。城市中多样化的人群提供了校园花园能利用的丰富的人力资源，包括退休农场主、当园丁的祖父母、求知若渴的青少年以及想要让学生参与体验式学习的教师。

图 25.1　东哈莱姆区高中的屋顶花园。资料来源：Illène Pevec

在美国和加拿大，美国农业部合作推广服务的园艺专家项目先培训园艺科学方面有经验的园丁，再由这些园丁以园艺教育工作者的身份提供志愿服务。“四健会初级专业园艺教师”或“领导者指南”是一套针对小学的综合农业课程。教室里的农业是合作推广服务的另外一项活动倡议，与州立大学合作，为全国 K–12 基础教育的学生提供农业资源。此外，像加拿大的“常青树”、美国全国园艺协会、美国社区园艺协会、美国园艺学会这样的非营利组织和城市植物园也为学校提供园艺教育资源。这些资源帮助学生通过园艺展示健康的环境实践，提供营养学教育和实用的耕作技巧，清楚地传授启动和维持社区花园、校园花园及农场所涉及的组织步骤（Travaline and Hunold，2010）。

在美国城市中的课后项目同样也力图通过城市中的食物种植来改善孩子们的环境及食物获取途径。加利福尼亚州奥克兰市的“Love Cultivating Schoolyards”项目教育青少年如何把荒地转变成花园；然后，这些青少年再指导年龄更小的孩子如何种植食物。课后，这些青少年在农贸市场摆摊，把价格实惠的农产品卖给家长。西奥克兰伍兹农场（West Oakland Woods Farm）利用游戏理论教育青少年如何通过为餐馆种植食物来创业。奥克兰的另外一个项目“绿色先锋”运营的是贯穿全年的园艺项目，让青少年了解鱼菜共生系统（由鱼类和植物构成的系统，在这个系统中鱼类粪便能为植物提供养分）、永续设计和有机农业。绿色先锋的参与者还与成年人以及更年少的孩子们共享他们的知识。

在纽约市，获奖项目“布朗克斯绿色机器”把“绿色技术”技能传授给市中心的青少年。各个年龄段的学生们种植食物、花卉、树木，喂养母鸡，爱护环境，同时也培养了像团队协作和责任制这样的生活技能。南布朗克斯是美国最贫困的一个国会选区，这些青少年就在那儿把蔬菜分发给长者，在农贸市场售卖蔬菜。该项目的发起者 Stephen Ritz“通过种植蔬菜来传授科学知识”，并创建了一个教室内的水培模型和厨房，使他和学生的饮食更加健康（Pevec，2016）。

美国波士顿学院的 Mike Barnett 开发了一个备受赞誉的水培项目，已经在 500 多个美国学校以及一些中国学校中实施。该项目的长期目标是让 K-12 基础教育的学生对学习科学以及在科学领域工作感兴趣（图 25.2）。水培系统允许城市地区在有限的空间也能种上食物，并且绕过了因土壤污染带来的城市农业障碍。虽然学校假期和夏天生长季节高峰存在时间冲突，限制了处于气候较寒冷地区的学生参与户外园艺活动，但是室内的水培种植让贯穿全年的环境学习和食物生产成为可能。学生们播种食物并在农贸市场售卖农产品，从中也了解了食品分配过程中的科学和社会问题以及营销挑战。这个项目不仅有助于减少食品运输带来的碳足迹，它也提供了机会让青少年通过改善公平的食品获取途径来培养自己的社区公正感。

波士顿学院的项目发现，水培法特别适合整合到多种学科主题当中，因为它利用的是一系列学科的原则和概念（Patchen，Zhang，and Barnett，in review）。例如，水培系统中影响植物生长的变量包括光（LED、高强度、阳光）、营养液的导电性、水量及流速（物理主题）；营养液的 pH、营养成分组成和浓度（化学主题）；不同植物对光和营养的不同需求、这些变量的变化对植物健康的影响（生物学主题）。

图 25.2 水培法食物种植。资料来源：Mike Barnett

涵盖美国四个州的研究显示，校园花园项目能帮助青少年培养环保承诺、更健康的食物选择、与更大社区的联系以及在食物种植和决策能力方面的自豪感和自信心（Pevec，2016）。针对参与花园中学习科学的 300 多名三年级学生的几项研究发现，他们对环境的关爱、责任感和正向态度都有所提升（Skelly and Bradley，2007）。青少年通过菜园学习养蜂、养鸡和饲养其他小动物以及创建绿色城市景观的同时，也获得了知识、技能和环保意识（Travaline and Hunold，2010；Pevec，2016）。

南非的城市农业

在南非，城市农业的出现主要归因于城市贫困家庭对食品安全和维持生计的需求。后院和社区花园能提供食物并把支出减到最小。各种本土和乡村背景的人们汇聚到城市时，他们通过自家花园种植的作物和自家烹制的传统菜肴也保持了各自的文化。因为土著居民给城市带来了农业生物多样性和民族植物学知识，所以城市花园也保护了作物和文化的多样性，并提供机会让人们非正式地进行知识共享和学习（Galuzzi，Eyzaguirre，and Negri，2010；Shava et al.，2010）。

在南非的约翰内斯堡，索韦托希望之山例证了社区成员能自发把退化的土地恢复和再利用成花园，旨在消除不公正和解决退化土地的环境和社会问题（Shava and Mentoor，2014）。学校的食品项目利用花园为弱势儿童提供食物，也为环境教育提供场所。Ukuvuna 农场位于南非豪登省米德兰市（豪登省是南非城市化程度最高的省，96% 都是城市人口），它通过永续设计原则下的城市农业展现了可持续的解决方案。永续设计是“有意设计和维持的多产农业生态系统，它拥有自然生态系统的多样性、稳定性和复原力”（Mollison，1990，p. ix）。农业的永续设计途径把人们和景观交织在一起。在 Ukuvuna 农场，人们通过老少之间的代际知识传承鼓励文化生物多样性。园丁在鉴别传统种子品种和通过共享和再植保藏种子的同时（图 25.3），食物、文化和生物多样性的关系也变得明显了。种子的保藏也促进了食物种植者之间的合作关系。在学校假期期间，学生们参观该农场并利用多感官进行学习。

图 25.3　南非西北省布里茨的 Bapong 小学。资料来源：John Nzira

城市农业政策

如今，城市农业已经成为城市景观的一个永久特性，而且正在被考虑融入城市规划过程中。城市土地利用政策能支持城市农业，进而为迅速增长的城市人口贡献意义重大的食物资源（Bryld，2003）。2007 年，南非的开普敦采用了一个城市农业计划，促进人类福祉和环境健康。开普敦的 Philippi 园艺区是一个 2400 公顷的城市农场，为本市提供了 50% 的新鲜食物（Lim，2014）。巴西的 Belo Horizonte 倡导了一项食品安全综合政策框架，意在消除饥饿。因为该市在推广城市社区农场、校园花园和郊区农场方面的成功，世界未来委员会为该市颁发了 2009 未来政策奖。Belo Horizonte 计划提供了城市合同，为农贸市场和那些售卖价格实惠的餐食给弱势社区的餐馆供应价格便宜的农产品。除了土地利用政策、人权和社会公正，学校的环境教育也融入了城市农业计划。美国华盛顿州的西雅图市、俄勒冈州的波特兰市和加拿大不列颠哥伦比亚省的温哥华市也通过食品和土地利用政策，带来广泛的城市农业，并把环境教育嵌入社区和校园花园中。另外，美国规划协会把城市食品规划当作美国优先考虑的政策。这些例子提供的是近年来那些加强城市农业和环境教育政策和实践的一个小样本。

结论

城市农业实践在支持城市生物多样性、环境教育和家庭食品安全方面发挥着重要作用。农业环境教育活动包括了解农业生物多样性的重要性和了解城市花园在城市生态系统健康中的作用。种植多种作物的花园能吸引传粉昆虫和其他野生动物，因此也提供了生态系统服务。社区和校园花园为休闲和社会互动创造了安全的区域，因此也培养了社会资本（Pevec，2016）。

尽管城市农业为人们提供机会去集体参与改善本地环境，培养社会凝聚力，发达国家和发展中国家的许多规划者还有待见证城市农业成为令人满意的土地利用形式（Harris，2009）。政策制定者开始觉察到城市中各世代园丁协作过程中出现的合作、责任感、健康和慷慨精神。政策的转变合法化了并支持了在城市开放空间进行的农业，它在提供城市环境教育机会的同时，也将促进社区可持续性（Bryld，2003）和社区复原力。

参考文献

Bryld，E.（2003）. Potentials，problems，and policy implications for urban agriculture in developing countries. *Agriculture and Human Values*，20（1）：79–86.

Galluzzi，G.，Eyzaguirre，P.，and Negri，V.（2010）. Home gardens：Neglected hotspots of agro-biodiversity and cultural diversity. *Biodiversity and Conservation*，19

(13): 3635–3654.

Harris, E. (2009). The role of community gardens in creating healthy communities. *Australian Planner*, 46 (2): 24–27.

Hayden-Smith, R. (2006). Soldiers of the soil: A historical review of the United States School Garden Army. Monograph, Winter 2016. University of California-Davis.

Light, A.(2003). Urban ecological citizenship. *Journal of Social Philosophy*, 34(1): 44–63.

Lim, C. J. (2014). *Food city*. Routledge: New York.

Mollison, B. (1990). *Permaculture: A practical guide for a sustainable future*. Island Press: Washington, D.C.

Mougeot, L. J. A. (Ed). (2005). *Agropolis: The social, political, and environmental dimensions of urban agriculture*. New York: Earthscan.

Patchen, A., Zhang, L., and Barnett, M. (in review). Growing plants and scientists: Fostering positive attitudes toward science among all students in an afterschool hydroponics program. Manuscript submitted for publication.

Pevec, I. (2016). *Growing a life: Teen gardeners harvest food, health and joy*. New York: New Village Press.

Shava, S., and Mentoor, M. (2014). Turning a degraded open space into a community asset — The Soweto Mountain of Hope greening case. In K. G. Tidball and M. E. Krasny (Eds.). *Greening in the red zone: Disaster, resilience and community greening* (pp. 91–94). Dordrecht: Springer.

Shava, S., Krasny, M. E., Tidball, K. G., and Zazu, C. (2010). Agricultural knowledge in urban and resettled communities: Applications to socio-ecological resilience and environmental education. *Environmental Education Research*, 16 (5–6): 575–589.

Skelly, S. M., and Bradley, J. C. (2007). The growing phenomenon of school gardens: Measuring their variation and their affect on students' sense of responsibility and attitudes toward science and the environment. *Applied Environmental Education & Communication*, 6 (1): 97–104.

Travaline, K., and Hunold, C. (2010). Urban agriculture and ecological citizenship in Philadelphia. *Local Environment: The International Journal of Justice and Sustainability*, 15 (6): 581–590.

Tsui, L. (2007). Effective strategies to increase diversity in STEM fields: A review of the research literature. *The Journal of Negro Education*, 76 (4): 555–581.

第26章 生态恢复

Elizabeth P. McCann，Tania M. Schusler

重点

- 生态恢复涉及的是让被忽视、恶化、受损甚至被毁的栖息地恢复生机。
- 基于生态恢复的教育有意秉持国际教育的目的，让学习者参与到生态恢复中。
- 城市中基于生态恢复的教育在改善退化环境的生态系统服务的同时，能加强个人和社区福祉。
- 基于生态恢复的教育得益于有意形成伙伴关系的过程、整合本地价值观与社会经济及生态考量的过程，以及对权力和多元文化问题的敏感度。

引言

城市化摧毁和分裂了本地的栖息地，导致生物多样性丧失。但是城市地区仍然为生态多样性提供了小块生存空间。而且，后工业化中退化的城市区域有让生物和文化复兴的巨大潜能。认识到这样的潜能后，世界各地城市中的人们正在参与到生态恢复中，这样除了能让退化的土地恢复生机以外，还能培养参与者在环保生涯中的领导力、团队协作能力、就业预备技能和兴趣（图 26.1 ~图 26.3）。

在生态恢复工作中，人们重建或修复退化的、受损的甚至被毁的栖息地和生态系统。期间涉及的活动包括清除入侵物种并恢复橡树草原生态系统结构、种植本地树种幼苗让森林再生或者允许周期性洪水发生让湿地恢复的水文过程。虽然生物学家和生态学家把生态恢复当作保护生物多样性的一种策略来研究，但是生态恢复还可以让人与城市中的自然环境产生有意义的互动（世界上绝大多数人口都生活在城市中）。通过促进人与自然、人与人之间的互动，生态恢复倡议非常适合用来加强个人、社区和生态系统的复原力。

图 26.1　自然保护区之友保护团（Friends of the Forest Preserve's Conservation Corps）的成员在芝加哥的 Powderhorn 湖周边移除入侵物种，以恢复本地草原和稀树草原。资料来源：Alex Russ

图 26.2　Rocking the Boat 非营利组织的学生在纽约港协助恢复牡蛎礁。资料来源：Alex Russ

图 26.3　Bang Pu 自然教育中心的志愿者在曼谷郊区了解当地环境和恢复红树林。
资料来源：Alex Russ

Krasny 等（2013）在文章中描述，在亚洲、非洲和北美，通过生态管护和恢复项目进行的学习可以属于多种不同类型，可能是非正式的教育机会，也可能是有意计划和设计的教育机会。不论是哪一种类型，学习者都集体参与到了恢复生态系统的活动中，产生了学习以及对恶化的社会生态系统进行转变的可能性。本章将聚焦于那些有意设计的、包含教育目的的生态恢复工作，也被称为“基于生态恢复的教育”。就像生态恢复本身，基于生态恢复的教育是一个长期发生的过程，包含着社会和生态的成分。基于生态恢复的教育有潜能创造学习景观，进而加强生物多样性和生态系统服务，同时为学习者（包括儿童、成人和家庭）提供机会通过集体动手或动脑，努力扭转消极的环境趋势。

生态恢复通常专注于自然栖息地的恢复，Standish、Hobbs 和 Miller（2013）提议，考虑到城市里生物的物理现实和限制，生态恢复工作者还会关注拥有标志性物种的新型生态系统和花园。所有这些选择都有潜力支持学习者的知识获取、态度转变和他们在社区中进行管护工作的动机形成。参与生态恢复工作还能为学习者提供机会在城市环境下探索自然环境并与之建立联系。接触自然元素（如水、树、花、草、动物及其他各种生命形式）能促进人类的创意和想象力。本章将描述基于生态恢复的教育的一些环境背景，突出教育和生态的影响，探讨合作、包容、文化相关性和社会公正在基于生态恢复的教育过程中的重要性。

基于生态恢复的教育：背景和影响

基于生态恢复的教育在正规和非正规教育场所都可以开展，例如可以在校园进行，或通过服务学习在大学进行，可以融入青少年夏令营项目中，可以作为绿色工作培训项目的一部分出现，也可以在某个街区或地区的居民参加志愿者环境管护网络时发生。学习者参与直接的实践活动，比如清除入侵物种或收集种植本地植物种子，也能参与研究、规划、监测和评估他们的生态恢复工作的效果。生态恢复工作的目标能聚焦于教育和其他与人有关的产出，比如科学学习、青少年发展或工作技能；或者，教育也可以嵌入到那些以恢复本地物种和生态过程为主要目标的行动中。不管主要目标是什么，基于生态恢复的教育在发动人们参与改善本地环境的集体行动的同时，能让个人、社区和生态系统受益。

校园生态恢复项目让学生去探索教室外的自然奇观。只要一小块地，教师们就能传授博物学、科学、数学、艺术、地理和其他学科的知识。研究表明，通过积极参与校园生态恢复项目，学生们“能以某些方式变得与所居住的环境更协调，这些方式是校园中比较常见的草坪和柏油路无法提供的”（Bell，2001，pp.152–153）。例如，为校园和公共绿色空间中退化的城市生态系统清除入侵物种的全年项目增强了中学生的环境保护意识和环境管护的动机（Dresner and Fischer，2013）。

地球伙伴项目为基于生态恢复的教育提供了一种模式，强调在学校和社区背景下包含规划和实践恢复工作的十个循环步骤。规划型活动的例子包括学习本地物种和栖息地、调查场地历史和景观格局以及分析土壤、树荫和美感等场地设计方面的考量。实践活动包括场地准备、种植以及入侵物种移除（Hall and Bauer-Armstrong，2011；McCann，2011）。另一个重要的部分是社区外展，它促进了城市背景下的学习效果和环境产出，比如在芝加哥、底特律、克利夫兰、萨克拉门托、南佛罗里达和波多黎各的社区外展。地球伙伴项目最近发起了三项倡议：拉丁地球伙伴、本土艺术与科学和全球地球伙伴，以便在这个循环生态恢复教育模式的基础上扩展他们的教育工作（Cheryl Bauer-Armstrong，个人通信，2016）。生态恢复过程中各个阶段都为实践中的学习提供了多种多样的机会。这些实践行动也非常多样，可以是一次性的，或者是特定城市生态恢复项目中长期的投入；但是，学习者长期的参与很可能有更强大的教育影响力。

参与到生态恢复项目的设计和规划中能为学生和成人带来学习机会。在西雅图，六年级学生在积极参与到一个基于公园的户外学习实验室设计专家研讨会后，他们对栖息地创建和恢复的理解、关心程度和能力都得到了提高（Rottle and Johnson，2007）。在南非开普敦的开普平原区自然倡议中，当地组织和学校协助确定了一些方式让自然区域和相关生态恢复工作为受压迫和贫困地区提供生态系统服务（Ernstson et al.，2010）。在爱荷华州的埃姆斯，公众参与到了一个城市水滨缓冲区生态恢复项目的设计和执行中，引发他们集体学习水质、熟悉暴雨雨水管理，改变了他们对河流生态系统功能的认知。这些成效都仰仗着期间产生的机会，包括产生对话、研究人员与参与者之间持续互动、保持灵活性以及城市居民实践参与的机会（Herringshaw，Thompson，and Stewart，2010）。

除了环境学习，生态恢复还是获取其他青少年成效的方式，比如环境相关工作培训或积极青年发展。例如，纽约市百万棵树项目展示了通过环境相关工作上岗培训让低收入年轻人（18 ~ 24 岁）参与生态恢复的潜能。虽然存在挑战，这个案例显示，促进青少年参与者的智力参与、社会和情感收益以及成就感是有希望的（Falxa-Raymond，Svendsen，and Campbell，2013）。Kudryavtsev、Krasny 和 Stedman（2012）记录了以行动为导向的直接体验（如青少年活动中的生态恢复项目）能促进生态地方意义的产生，能改善青少年在纽约布朗克斯的生活。

研究显示，基于生态恢复的教育除了产生学生和老师的学习效果之外，对生态系统服务、生物多样性和生态系统健康也是有好处的（McCann，2011；Hall and Bauer-Armstrong，2011）。例如，2005 年一项对 4 个威斯康星学校生态恢复项目的研究认为，恢复后的校园虽然缺乏生态完整性，但是它们比之前单一的景观拥有更多样的动植物以及更多师生参与（Anthonisen，2005）。类似地，纽约市的学校及其合作组织的牡蛎礁恢复工作（图 26.2）力图把污染物从港湾的水中过滤出去。

反映多种自然价值观和看法的、具有包容性的城市生态恢复能增强人与当地自然环境的联系，强化邻里的社区感，并带来其他的社区发展项目。例如，在多伦多，人们对生态恢复项目的看法已经超越了它原本的物种回归目的，转向当地的其他关注点，如食品生产、健康和就业

（Newman，2011）。Palamar（2010）认为，环境公正原则能用来改善生态恢复项目的设计和执行，特别是在社会和生态考量都很关键的城市背景下。她对纽约市绿色游击队的案例研究说明，社区有潜力认清自己的需求并培养某些生态恢复项目必需的专业技能。

基于生态恢复的教育可以视作一种公民生态学实践，是一种可以加强绿色基础设施和福祉的（尤其是在城市背景下）、基于社区的环境管护行动（Krasny and Tidball，2015）。基于社区的生态恢复项目也处于这个框架内，包括流域恢复和类似社区林业及社区花园的倡议。文化多样性、生态系统服务、多样化的知识和经历、适应性学习、社会学习、自我组织和社会资本的属性特征都能为社会生态系统的复原力做出贡献。Krasny 和 Tidball（2015）主张，在城市背景下，公民生态学实践可能通过强化生物多样性和生态系统服务来培养复原力，整合各种形式的知识，强调利用参与式的途径进行自然资源管理。

全纳型生态恢复：合作、包容和公正

本章的剩余部分将聚焦于成功的生态恢复教育工作的关键注意事项。首先，有效的生态恢复教育涉及多个组织之间的合作，比如学校、大学、自然资源机构、当地政府、非营利组织、草根公民群体、博物馆和科学中心。Krasny 等（2013）强调，不论是日本的蜻蜓栖息地、南非开普平原区的本地物种恢复，还是韩国首尔的清溪川大型恢复项目，合作在其中都发挥了必不可少的作用，而这些项目也带来了各种各样的教育、生态、社区和文化益处。纽约市进行了几十年的布朗克斯河恢复项目就是合作带来的成果，合作方包括学校、社区群体、非营利组织、政府机构以及处于布朗克斯河流域内的企业（Krasny and Tidball，2015）。

如同其他的生态系统，城市生态系统也是一种文化建构，反映了塑造这些建构的价值观、信仰和行为。在形成伙伴关系的过程中，教育工作者和生态学家有着把科学知识和目标放在比本地知识和社区价值观更重要的位置的风险。"生态恢复"这个词本身也能通过比喻来解释，它携带着用理性和人类能力改善自然资源的潜在假设。在描述了伊利诺伊州芝加哥市和加利福尼亚州旧金山市的大量生态恢复工作之后，Gobster（2012）勾勒出了在城市背景下为满足各种目标进行生态恢复时需要考虑的社会、生态和管理注意事项。他对芝加哥湖畔公园场地的案例研究提醒我们，不同人对自然有不同的理解，这一点在生态恢复过程中也要考虑到。Gobster（2012）

根据自己对这些大都会区多年的研究提出，城市公园生态恢复应该考虑到更广泛的价值观和它对青少年及成人更广泛的作用。把注意力放在包容性和真实参与上（特别是在高密度的城市环境中），能避免偏好某一类型的自然而忽视另一类型的自然，从而避免不经意间优待了某些群体而排斥了其他群体。

除了平衡好社会和生态方面外，城市生态恢复教育还应该具有文化敏感性。文化能力强的教育工作者会承认地方与文化的互联性，对学习者在整体环境中的个人体验方面展现出高度敏感性，会意识到这些体验通常伴随着种族间、阶级间、性别间和其他文化层面间的压迫现象（Newman 2011；Gruenewald，2008，引自 McCann，2011；也可参见第6章）。要变得包容，科学家、规划者、教育工作者和社区成员就要在生态恢复项目设计和执行的过程中为跨文化视角留足空间，因为这种视角反映着主流西方个人主义、线性发展和理性的实证主义传统以外的其他认知方式。这样做就意味着要接受更大范围的各种声音、观点和可能性。有效的基于生态恢复的教育需要注意以下关键事项：青少年和成人参与过程的文化包容性、对人类发展和学习的关注、跨学科课程的整合以及评估（McCann，2011）。

对当地文化价值和知识的尊重有助于应对生态恢复和教育中内嵌的、疏远弱势人群和忽视社会公正的风险。通过城市绿色空间生态恢复来加强生态系统服务愿望本身也存在着内在冲突。随着越来越意识到城市中剩余的城市土地和其他未充分利用的空间在提高生态系统服务和改善居民健康福祉方面的潜力，城市绿化可能也会增加住房和财产成本，导致城市绅士化、低收入居民被迫迁出以及绿色空间可达性差距继续扩大。Tomblin（2009）概括了生态恢复运动和环境公正运动之间的交叉部分，并指出了它们之间的共性。原住民生态恢复和环境公正恢复说明了环境公正和生态恢复方面的努力是如何产生交集、如何考量恢复退化生态系统过程中的生态、文化和公正要素的。

简言之，对基于生态恢复的教育来说，至关重要的是：有意识地形成伙伴关系；整合对当地价值观、传统以及社会经济和生态方面的考量；保持对多样文化和权力问题的敏感度。否则，可能导致曲解、失败甚至环境不公。利用这些原则后，基于生态恢复的教育能成为城市环境教育的重要工具。

结论

基于生态恢复的教育（即特意设计成包含教育目的的生态恢复工作）能提供一种方式来恢复城市的生境和生态系统服务，同时增强学习者的生态理解力以及强化个人、社区和生态系统复原力。不论是在空地上、校园中，还是在更大的生态系统中，在生态恢复项目中各个阶段的参与都能让青少年和成人感受到一种主人翁意识、一种能力体现以及与所在地方和社区之间的联系。各个年龄段的学习者开始理解生态概念，开始调查对他们来说既重要又相关的地方自然和文化历史（甚至可能通过生态恢复行动成为历史的一部分）。这种参与反过来能引导参与者把自身看作更大的生态系统的一部分，而不是远离自然界，也不至于认为他们居住的世界已经无药可救了。

如果做得恰当，城市生态恢复教育能通过亲身实践的社区参与为自然环境和人为环境搭起一座桥梁。在这个城市及其景观经历转变的全球化时代，鼓舞人心的生态恢复倡议已经在全世界发起。环境教育工作者有机会通过包容的、公正的生态恢复教育实践来促进改变发生，而这反过来也能积极地影响城市可持续发展。

参考文献

Anthonisen, E. C.（2005）. Use and status o ecological restoration in schoolyards in Dane County, Wisconsin. Master's thesis. University of Wisconsin–Madison.

Bell, A. C.（2001）. Engaging spaces: On school-based habitat restoration. *Canadian Journal of Environmental Education*, 6（1）: 139–154.

Dresner, M., and Fischer, K. A.（2013）. Environmental stewardship outcomes from year-long invasive species restoration project in middle school. *Invasive Plant Science & Management*, 6（3）: 444–448.

Ernstson, H., van der Leeuw, S. E., Redman, C. L., et al.（2010）. Urban transitions: On urban resilience and human-dominated ecosystems. *Ambio*, 39（8）: 531–545.

Falxa-Raymond, N., Svendsen, E., and Campbell, L. K.（2013）. From job training to green jobs: A case study of a young adult employment program centered on environmental restoration in New York City, USA. *Urban Forestry & Urban Greening*, 12（3）: 287–295.

Gobster, P. H.（2012）. Alternative approaches to urban natural areas restoration: Integrating social and ecological goals. In J. Stanturf, D. Lamb, and P. Madsen（Eds.）. *Forest landscape restoration: Integrating natural and social sciences*（pp.

155–176). New York: Springer.

Hall, R., and Bauer-Armstrong, C. (2011). Educating teachers and increasing environmental literacy. In D. Egan, E. Hjerpe, and J. Abrams (Eds.). *Human dimensions of ecological restoration: Integrating science, nature and culture* (pp. 363–373). Washington, D.C.: Island Press.

Herringshaw, C., Thompson, J., and Stewart, T. (2010). Learning about restoration of urban ecosystems: A case study integrating public participation, stormwater management, and ecological restoration. *Urban Ecosystems*, 13 (4): 535–562.

Krasny, M. E., Lundholm, C., Shava, S., Lee, E., and Kobori, H. (2013). Urban landscapes as learning arenas for sustainable management of biodiversity and ecosystem services. In T. Elmqvist, M. Fragkias, J. Goodness, B. Güneralp, B., et al. (Eds.). *Urbanization, biodiversity and ecosystem services: Challenges and opportunities: A global assessment* (629–664). Dordrecht: Springer.

Krasny, M. E., and Tidball, K. G. (2015). *Civic ecology: Adaptation and transformation from the ground up.* Cambridge, Mass.: MIT Press.

Kudryavtsev, A., Krasny, M. E., and Stedman, R. C. (2012). The impact of environmental education on sense of place among urban youth. *Ecosphere*, 3 (4): 29.

McCann, E. (2011). Teach the children well. In D. Egan, E. Hjerpe, and J. Abrams (Eds.). *Human dimensions of ecological restoration: Integrating science, nature and culture* (pp. 315–334). Washington, D.C.: Island Press.

Newman, A. (2011). Inclusive urban ecological restoration in Toronto, Canada. In D. Egan, E. Hjerpe, and J. Abrams (Eds.). *Human dimensions of ecological restoration: Integrating science, nature and culture* (pp. 63–75). Washington, D.C.: Island Press.

Palamar, C. (2010). From the ground up: Why urban ecological restoration needs environmental justice. *Nature and Culture*, 5 (3): 277–298.

Rottle, N. D., and Johnson, J. M. (2007). Youth design participation to support ecological literacy: Reflections on charrettes for an outdoor learning laboratory. *Children, Youth and Environments*, 17 (2): 484–502.

Standish, R. J., Hobbs, R. J., and Miller, J. R. (2013). Improving city life: Options for ecological restoration in urban landscapes and how these might influence interactions between people and nature. *Landscape Ecology*, 28 (6): 1213–1221.

Tomblin, D. C. (2009). The ecological restoration movement: Diverse cultures of practice and place. *Organization Environment*, 22 (2): 185–207.

第 27 章　绿色基础设施

Laura B. Cole，Timon McPhearson，Cecilia P. Herzog，Alex Russ

重点

● 绿色基础设施（比如城市公园、社区花园、绿色建筑、绿色屋顶）代表了由人工的生态系统和自然的生态系统构成的网络，它们能共同加强生态系统健康和应对气候变化的顺应能力，能为生物多样性做出贡献，并通过维持和加强生态系统服务对人类产生益处。

● 以"在、关于和为了（in，about and for）绿色基础设施"为主题而开展的环境教育能提供意义重大的机会来改善城市中人与自然的联系。

● 在绿色基础设施中进行的环境教育蕴含了人工的和自然的绿色基础设施环境中的正规和非正式在地学习。

● 关于绿色基础设施的环境教育提供了一个框架来教授有关城市绿色基础设施益处的内容，比如生态系统服务。

● 为绿色基础设施进行的环境教育能提供机会通过居民参与规划、维护和使用绿色基础设施项目来促进城市的环境管护工作。

引言

"可持续城市"这个词唤起的是这样一些画面：绿色屋顶、高效节能建筑、生态湿地、自行车道、城市森林和其他类型的绿色基础设施。这些城市特征显然对生态系统和人类健康是有价值的，但它们还有很大的教育潜能。绿色基础设施能帮助城市居民改善他们对复杂的可持续性方面问题的理解，为居民提供机会与城市自然环境进行互动，而且有潜力鼓励公民用行动来改善城市中的环境。

绿色基础设施可以定义为由人工的和自然的生态系统构成的网络，它们能共同增强生态系统健康和复原力，促进生物多样性，并通过维持和加强生态系统服务造福人类（Gómez-Baggethun et al.，2013；McPhearson et al.，2016；Novotny，Ahern，and Brown，2010）。绿色基础设施项目能为很多领域提供广泛的人类和生态系统服务，比如食品、能源、安全、气候管理、水管理、教育以及美学等领域。城市生态学领域推动了一个理念框架来考量城市中的生态学、关于城市的生态学和为了城市的生态学（McPhearson et al.，2016）。这种框架反映了在城市中进行的生态学研究；反映了综合考虑社会、生态、经济和人为成分复杂性和动态互动的一个研究城市生态学的系统途径；反映了如何定位这个领域以便增强城市的可持续性和复原力（Childers et al.，2015；Grimm et al.，2008；Pickett et al.，2001）。这些观点与 Lucas（1972）的研究不谋而合，他提出了在环境中、关于环境和为了环境的教育。综合以上观点，我们提出了在绿色基础设施中进行、关于绿色基础设施、为了绿色基础设施的城市环境教育框架（图 27.1），并通过分享几个案例把这些主题带回现实生活中。换句话说，我们将提出三个与绿色基础设施教育有关的问题：我们在哪儿学习、如何学习？我们学习什么？我们为什么学习？

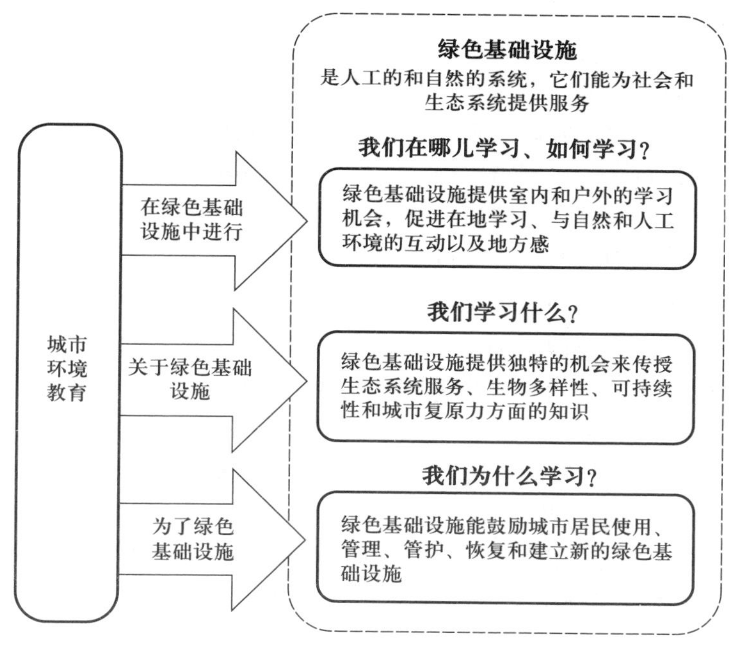

图 27.1　以“在、关于和为了绿色基础设施”为主题的城市环境教育

在绿色基础设施中进行的教育指的是城市中进行在地教育的丰富机会。在这里，我们讨论的是那些在教室里和课后活动中使用绿色基础设施、加深学生与当地环境的联系和依恋的机会。在城市中，生态系统服

务与人类发展有密不可分的联系，它们能提供有关系统思维、可持续性和复原力的一些基本课程知识，关于绿色基础设施的教育指的就是城市中基础设施项目提供的大量学习机会。最后，为了绿色基础设施进行的教育关注的是在绿色基础设施的益处方面日益增长的公众教育需求，这样的需求能增强公众对现在和未来绿色基础设施项目的支持、管理和管护。

在绿色基础设施中进行的环境教育

在绿色基础设施中进行的环境教育关注的是扎根于地方的教育。如果城市中的绿色基础设施能用于环境教育，那么人们学到的东西必然是和学习发生的所在地环境有关的。用戈尔茨的话说，“在这个世界上活着的每个人都与具体的地方有关”（Geertz，1996，p.259）。在绿色基础设施中进行的在地教育能把抽象的生态原则具象化。

示范项目能阐明在绿色基础设施中进行环境教育的潜能。例如，美国的明尼苏达大学可持续建筑研究中心发起了一个名为“艺术、故事和基础设施：环境教育中的一个体验式互联模式”的示范项目。该项目利用明尼苏达州景观中的水利基础设施、水处理设施以及校舍盥洗盆等，带领幼儿园的孩子们进行了一次城市水循环之旅，期间还融入了在地环境教育和参与式艺术。另一个例子是威斯康星州密尔沃基市河滨公园的城市生态中心（图 27.2）。这个中心展示了绿色建筑、太阳能发电站、公共艺术和城市荒地如何转变为公园、河岸栖息地、教室以及攀岩墙，这些转变的目的就在于改善访客的环境体验和知识。类似这样的教育工作有强大的能力把一些学科（如土木工程、景观建筑学和建筑设计）串联起来以追踪生态和人文过程，而所有这些都是基于学习者的生活环境。

尽管地方意识教育和系统思维有潜力用来推动可持续教育，现行的公共教育模型在使用这些途径时还是面临着一些挑战。这样的策略可能需要额外的资金来源，需要校区和教师们付出更多的时间。另外，一些绿色基础设施项目很难用上或缺乏教育性解说，使得它们很难成为学生野外考察的目的地。再者，绿色基础设施中的教育本身具有在地性，可能和强调可测量与可计算的那些抽象、中性的教育评估方法不匹配。尽管有挑战，世界各地的案例说明在绿色基础设施中进行环境教育是有潜力的。城市、学校和社区组织可能需要合作并投入额外的资源以便释放这样的潜力。

图 27.2　美国威斯康星州密尔沃基市河滨公园的城市生态中心。
资料来源：Urban Ecology Center

关于绿色基础设施的环境教育

城市环境教育能提供机会进行有关绿色基础设施益处的教育，因此能让居民更好地理解绿色基础设施对他们自身健康和福祉的影响。这样的教育途径包括与多功能且具包容性的绿色基础设施规划和设计相关的课程。关于绿色基础设施的教育能借助城市生态学的观点来增强公众对高绩效社会的、生态的和亲生物性的景观的理解（Beatley，2011；Novotny，Ahern，and Brown，2010）。特别是生态系统服务的概念，它是城市生态学中广泛使用的一个术语（Elmqvist et al.，2013），能用来勾勒出绿色基础设施和生态系统对人类健康及福祉的好处。例如，在旧金山，加利福尼亚科学院为访客提供"能源与环境设计领导力"（Leadership in Energy and Environmental Design，LEED）认证的绿色建筑参观之旅，向他们展示如何利用绿色基础设施来减少浪费、节约能源、再利用材料、提供健康的室内环境、为鸟类和昆虫创造屋顶栖息地以及提供其他生态系统服务（图 27.3）。

图 27.3 在美国加利福尼亚州旧金山市的加利福尼亚科学院，一名讲师正在为访客解释绿色屋顶提供的生态系统服务，包括隔热、雨水径流调节和空气净化。这些生态系统服务有助于科学院和周边公园场地的繁荣发展。资料来源：Alex Russ

总体而言，生态系统服务指的是那些被人类使用、享受和消费的绿色基础设施生态系统功能。生态系统服务可以分为四类：供应服务（如饮用水、原材料和药用植物）；调节服务（如传粉、水净化、固碳、防洪和气候调节）；栖息地和支持服务（如营养循环、土壤形成、光合作用和物种栖息地）；文化服务（如娱乐、教育和精神体验）（Gómez-Baggethun et al.，2013；Millennium Ecosystem Assessment，2005；TEEB，2011）。不论有没有意识到，城市居民都依赖于市内外绿色基础设施提供的生态系统服务。城市绿色基础设施在这些方面尤其重要：提供直接影响人类健康和安全的服务，如净化空气、降噪、冷却城市和减缓暴雨径流；提供地方用于创建社会凝聚力和社会联系，用于娱乐以及用于培养地方感。另外，绿色基础设施正在越来越多地被用作城市中气候变化适应与缓解的一种基于自然的解决方案（McPhearson et al.，2016）。例如，城市正投资绿色基础设施，把它作为人工系统与生态系统相结合（比如生态湿地）的具体管理工具，而不仅仅用缺乏生态或绿色特征的人工系统（比如混凝土下水道）。这样的管理工具是用来提供生态系统服务的，比如冷却、雨水径流管理、削减城市热岛效应、碳储藏、防洪以及娱乐（Novotny，Ahern，and Brown，2010）。

关于绿色基础设施的环境教育反映了城市提供机会进行复杂的跨学科可持续性课程教学的方式。绿色基础设施提供的课程涉及各个领域，如科学、数学、艺术、设计、历史、社会研究等。无论是雨水径流渠道，还是有鸟类栖息地的口袋公园，或是有透水表面的广场，城市中的绿色基础设施都提供着无尽的场所来教育人们人类居住地如何与生态系统互动。在城市环境教育中，绿色基础设施让人们得以看清一些过程，如流经城市的水流、转化成热和电的阳光、人们种植的食物、物种迁徙的绿色通道以及支撑生物多样性和用于休闲的城市森林。

城市是复杂的，大多研究都把它们看作是相互交缠的多个系统，拥有社会、文化、技术和生态的属性（Grimm et al., 2008; McPhearson et al., 2016; Pickett et al., 2001）。通过聚焦于绿色基础设施的多种功能，城市环境教育教导人们进行系统思维。例如，城市社区花园提供食物，吸收多余的雨水，缓解小气候的波动，支撑城市生物多样性以及提供美学益处。这些花园成了进行休闲、思考，建立社会联系和凝聚力的地方。类似地，绿色屋顶和种植区能增加雨水渗透，减小洪水最大流量和相关的水污染，同时还能带来精神和身体的健康益处，比如提供地方用来休闲、放松和缓解压力。这些种类的绿色基础设施项目对建立社区复原力来说是至关重要的，同时，它们还为城市环境教育提供丰富的背景环境。

为了绿色基础设施进行的环境教育

环境教育能为绿色基础设施带来更多的公众支持。城市环境教育在促进人们支持现行及未来绿色基础设施项目方面扮演着重要的角色，帮助城市朝基于社区的城市土地管理形式推进，这种管理形式又被称为城市生态管护或公民生态学管护（Krasny and Tidball, 2015; Svendsen and Campbell, 2008）。环境教育能以多种方式助力绿色基础设施的倡导、创建和维护。

首先，教育工作者能组织成人和儿童参与到绿色基础设施的规划和维护中。这样的项目可能需要当地政府、草根群体、非营利组织、企业和学校之间持续的深度合作。例如，在纽约市的布朗克斯，类似布朗克斯河联盟、和平与公正青少年事工和 POINT 社区发展社团这样的基于社区的组织发动高中生和其他城市居民参与到城市河流沿岸绿道和街道的概念规划设计中。再例如，占地 1.2 公顷的巴黎 Grands-Moulins-Abbé-Pierre 花园提供了一个很有启迪性的案例，显示居民如何积极地管理绿色空间并在城市中重新发现自然。这些例子说明，城市社区中各种各样的成员都能在绿色基础设施发展的决策中发挥作用。

其次，城市环境教育能让人们参与到绿色基础设施的使用中。通过自行车道、适合种植蔬菜的菜园和开放参观的绿色建筑，城市能提供各种绿色基础设施项目，让其成为融入公民日常生活的生动的可持续例子。随着人们自发与绿色基础设施项目进行亲身实践互动，绿色基础设施正以这种方式成为进行非正式环境教育的场所。例如，美国许多基于社区的教育或生态恢复组织在恢复过后的城市水道上为居民提供免费的独木舟活动，让他们重新发现本地的休闲机会，同时也潜在地增强了公众对城市公共空间的支持。

最后，与绿色基础设施有关的教育可能启发人们扩展城市绿色基础设施的当下兴趣和未来行动。柏林提供的例子就显示了对开放和多功能空间有充分了解的公民是如何支持恢复城市绿色空间的。20 世纪 80 年代，当地居民形成了一个非营利组织，以保护一个面积为 18 公顷的火车站。这个火车站按当时算就已经被废弃 50 多年了，那时还处于东西柏林分离的时期，这种状况也让景观不受发展的干扰得以再生。尽管这个区域离人口密集的街区很近，民间积极分子和专业规划人员还是推动了决策者对它进行保护。他们的努力以及生态研究共同帮助这个区域转变成了 2000 年开放的萨基兰德自然公园（Natur-Park Südgelände）（Kowarik and Langer，2005）（图 27.4）。这个公园为绿色基础设施提供了一个通过培养与艺术、教育和体育相关的文化价值来增强居民地方感的模式。以这个方式，它还为在绿色基础设施中进行的教育和关于绿色基础设施的教育提供了机会。

图 27.4　柏林萨基兰德自然公园的建成源于参与公民行动的居民们的努力。
资料来源：Cecilia Herzog

结论

城市在设计、建立和提升那些充分考虑生态与社会的基础设施时，在绿色基础设施中进行、关于绿色基础设施和为了绿色基础设施的城市环境教育为此提供了一种独到的见解。特别是我们还提议，在绿色基础设施中进行的环境教育能为在地环境教育提供基于自然的机会，有助于培养地方感，有助于那些通常被认为没有教育意义的空间发挥作用（比如废物管理设施、绿色建筑的技术用房和生态湿地）。推动关于绿色基础设施的环境教育能展示出城市绿色基础设施对居民日常生活的社会和生态益处，进而增强人们对城市自然环境价值的意识。最后，我们提议，环境教育能用来鼓励人们参与绿色基础设施的管护和恢复工作，能用于那些鼓励城市建设新绿色基础设施和更好地管理现有基础设施的项目中。

参考文献

Beatley，T.（2011）. *Biophilic cities：Integrating nature into urban design and planning*. Washington，D.C.：Island Press.

Childers，D. L.，Cadenasso，M. L.，Grove，J. M.，Marshall，V.，McGrath，B.，and Pickett，S. T.（2015）. An ecology for cities：A transformational nexus of design and ecology to advance climate change resilience and urban sustainability. *Sustainability*，7（4）：3774–3791.

Elmqvist，T.，Fragkias，M.，Goodness，J.，Güneralp，B.，et al.（Eds.）.（2013）. *Urbanization，biodiversity and ecosystem services：Challenges and opportunities：A global assessment*. Dordrecht：Springer.

Geertz，C.（1996）. Afterword. In S. Feld and K. Basso（Eds.）. *Senses of place*（pp. 259–262）. Sante Fe，N.M.：School of American Research Press.

Gómez-Baggethun，E.，Gren，Å.，Barton，D. N.，Langemeyer，J.，et al.（2013）. Urban ecosystem services. In T. Elmqvist，M. Fragkias，J. Goodness，B. Güneralp，et al.（Eds.）. *Urbanization，biodiversity and ecosystem services：Challenges and opportunities：A global assessment*（pp. 175–251）. Dordrecht：Springer.

Grimm，N. B.，Faeth，S. H.，Golubiewski，N. E.，Redman，C. L.，et al.（2008）. Global change and the ecology of cities. *Science*，319（5864）：756–760.

Kowarik，I.，and Langer，A.（2005）. Natur-Park Südgelände：Linking conservation and recreation in an abandoned railyard in Berlin. In I. Kowarik and S. Körner（Eds.）. *Wild urban woodlands*（pp. 287–299）. Berlin：Springer-Verlag.

Krasny，M. E.，and Tidball，K. G.（2015）. *Civic ecology：Adaptation and transformation from the ground up*. Cambridge，Mass.：MIT Press.

Lucas，A. M.（1972）. Environment and environmental education：Conceptual issues

and curriculum implications. PhD dissertation，Ohio State University.
McPhearson，T.，Pickett，S. T. A.，Grimm，N.，Niemelä，J.，et al.（2016）. Advancing urban ecology toward a science of cities. *BioScience*，66（3）：198–212.
Millennium Ecosystem Assessment.（2005）. *Ecosystems and human well-being*：*Synthesis*. Washington，D.C.：Island Press.
Novotny，V.，Ahern，J.，and Brown，P.（2010）. *Water centric sustainable communities*：*Planning*，*retrofitting and building the next urban environment*：Hoboken，N. J.：John Wiley & Sons.
Pickett，S. T. A.，Cadenasso，M. L.，Grove，J. M.，Nilon，C. H.，Pouyat，R. V.，Zipperer，W. C.，and Costanza，R.（2001）. Urban ecological systems：Linking terrestrial ecological，physical，and socioeconomic components of metropolitan areas. *Annual Review of Ecology and Systematics*，32：127–157.
Svendsen，E.，and Campbell，L. K.（2008）. Urban ecological stewardship：Understanding the structure，function and network of community-based urban land management. *Cities and the Environment*（*CATE*），1（1）：4.
TEEB（2011）. The economics of ecosystem and biodiversity：TEEB manual for cities：ecosystem services in urban management. Ecosystem Services in Urban Management. UNEP，the European Union.

第 28 章　数字化城市故事

Maria Daskolia，Giuliana Dettori，Raul P. Lejano

重点

- 通过具体的例子、通过帮助人们理解因果和时间先后顺序，故事在协助人类交流、构建意义和理解观点与情感背景过程中发挥着根本的作用。
- 故事能通过调解作用帮助我们理解与环境可持续性有关的复杂观念和问题、理解与栖息地有关的个人与集体身份认同的形成、理解文化遗产的传承和对世界共有愿景的表达。
- 数字化的故事讲述（也就是利用数字媒体创作与分享故事）增强了传统故事讲述方式的表达、交流、协作和学习潜能。
- 在我们的城市环境教育中，通过提供机会产生新意义和观点、反思我们的角色和身份、检查城市中人工成分与自然成分之间的互动，数字化故事讲述能帮助我们应对和定义我们与城市环境及相关复杂问题之间的关系。

引言

贯穿人类存在以来的历史，故事讲述一直发挥着关键性的作用（Bruner，1990）。在传统文化中，故事讲述对价值观和实践的传递来说是非常重要的，而且它与人们的土地有着密不可分的关联。各种各样的故事帮助人们生存，加强他们与自然的联系，加深他们对世界的理解和与世界的互动（Marmon Silko，1996）。贯穿于时间、环境和文化中，人们持续地利用故事来表达自己、传递实用信息、分享个人经历、增加集体记忆以及诠释世界。我们的个人和文化身份认同也与祖先传给我们的故事和我们正在创造并将要传给后人的那些故事紧密相关。

故事承载和影响着我们的情感、智慧和想象。它们让我们得以与自己的内心、与他人、与世界相连。故事的创造从本质上来说是一项社会活动，因为故事是创造出来用于分享的，而且创造过程也涉及多人的协作

（Dettori，2012）。不论是作为个人活动还是群体活动，故事讲述都为人们提供了机会去获取、表达、分享和留存他们的经历、知识和情感。通过这些方式，故事讲述帮助人们表达自己、开发新观点并创建他们的个人和集体身份（Bruner，1990）。

数字化故事讲述指的是利用数字媒体创作和讲述故事。它在情节创作上与传统故事讲述方式一样，但在协助调用和展示故事的方式上有所不同，它综合使用了各类媒体材料和工具，比如照片、视频、音频、音乐、图表与动画、嵌入博客的超文本以及播客。数字化故事的出现形式大多情况下是通过低成本数码相机和易获得的编辑软件实现的类似电影或卡通片的短视频。在这方面，伴随着媒体使用的大众化（没有技术或其他专长的普通人也能制作视频），数字化故事讲述已经成为始于20世纪90年代中期更广的社会运动的一部分。事实上，大量易获得、易使用的数码工具带来了故事创作和故事交流的新机会，基于电脑的呈现方式代替了或在结构上包括和扩展了传统的叙述方式。通过数字媒体带来的互动设备，数字化故事讲述使人们得以把他们的经历记忆和他们对世界的诠释与愿景结合在一起，赋予他们表达和代表自己观点的“声音”。

本章将聚焦于数字化故事讲述在正规和非正规城市教育背景中、在环境和可持续性教学和学习方面未被开发的潜能（Daskolia，Kynigos，and Makri，2015）。我们首先分析和探讨数字化故事讲述为城市环境教育打开的学习机会，然后利用三个例子来阐释这些机会（这些例子讲的是在不同背景、以不同方式、为不同受众执行的基于故事讲述的学习活动）。最后，我们将反思这些例子，反思在城市环境教育背景中使用数字化故事讲述的易用程度和多功能属性。

城市环境教育中的数字化故事讲述

把故事讲述作为一种教学策略并不是什么新鲜事。几乎在所有的传统文化中，创作和讲述故事都是它们教育过程中的核心部分，也是价值观和实践教学的一个“工具”（Bruner，1990）。在西方社会和更传统的校园环境中，故事讲述在教学和学习中的潜能越来越受到认可（Dettori and Paiva，2009）。研究显示，故事讲述能支持学生表达和分享观点、理解学科知识和深化他们对各种话题的理解（Bruner，1990）。

在过去20年中，数字化故事讲述在K–12学校、大学和非正规场域中已经占据相当重要的位置，包括在一些学校俱乐部、青少年组织、社区中心和非政府组织中。数字化故事讲述扩展和丰富了传统故事讲述的模式。它还创造了由故事讲述者、数字媒体和故事本身定义的、动态的新学习环境。

在环境教育中，故事一直被用来激发有关人与自然之间关系的会话和反思（Sauvé，1996）。但是把传统或数字化故事讲述用于环境学习能提供更多可能性，包括在城市教育场域中。例如，故事讲述实践中的一个核心方面就是情节的形成，也就是有一致性的（而非不相干的）行为和事件序列。这让学习者可以本能地察觉和理解概念和事实之间的因果和时间关系。作为行为、施动者、关系、地点和事件的布局（Dettori，2012），关于城市可持续性、城市空间管理或民间参与的数字化故事变得情境化和真实化，帮助学习者克服社会环境问题的内在复杂性和抽象性（Daskolia，Kynigos，and Makri，2015）。而且，故事情节的构建需要对所涉主题的不同组成部分进行简明的综合，也要求故事讲述者必须有清晰的立场。简言之，故事讲述能作为学习者探索和理解城市环境和可持续性概念和问题的一种方式（Daskolia and Kynigos，2012）。

Lejano、Ingram 和 Ingram（2013）在城市背景中看待城市和数字化故事讲述，把情节理念延伸成网络理念——也就是行为、实践以及地点、目标、方式、互动、情形和预料之外的结果等多样化因素相互交织的网络。因此，通过创作关于公园、水岸、花园或其他城市地点的数字化故事，故事讲述者创建了自己与城市和自然之间的联系（Lejano et al.，即将出版）。这样的故事变得有自传体特点，成为个人身份的一部分，构成一条克服人与城市环境和自然疏远这一问题的路径。而且，通过创作和分享关于城市环境的故事，学习者创建了一些正式或其他“场合”，在这些场合下他们可以强调，在城市中一些特殊地方他们喜欢做和正在做的事。数字化故事讲述因此成为一种方法，让人们连接城市生活中的私人与公共领域（Lejano et al.，即将出版），让人们表达自己对可持续性和有复原力的社会的愿景。利用基于因特网的聊天、博客和其他数字媒介，在城市背景下的数字化故事讲述不仅变得大众化，而且把基于叙述的环境教育变成城市生活日常的一个方面。

创作一个关于城市环境或可持续性问题的数字化故事能塑造作者对问题的展示，影响他们在这个世界中叙事和行动的经历。通过把自己沉浸在真实场景中，把学科知识内容与个人和集体经历联系在一起，故事讲述者参与理解了当下的现实以及自己在其中的角色，与此同时定义和处理与他们生活环境有关的日常问题（Daskolia，Kynigos，and Makri，2015）。而且，与传统的口述故事相比，数字化故事要求作者在创作过程中有更深入的参与，而一旦完成后，他们自己也成了“客体”，由他人进行诠释和反思。在集体协作过程中，多个故事在情节编制和构建上平行存在，因此数字化故事讲述导致了“元故事”的兴起（Freidus and Hlubinka，2002），也就是不同媒介和社区成员承载的多个故事，它们结合多种“声音”，把各种观点视角交织成一个共有的、协调的视图。

因此，关于城市环境和可持续性问题的数字化故事讲述能成为创作者和受众意义重大的一种学习经历。这种学习经历的形成方式是邀请创作者和受众把这些故事整合到他们的世界观中（Smith，2015），培养他们的地方相关意识（Russ et al.，2015），促进参与和赋权以培养生态系统复原力、培养负责任的公民和改善个人福祉（Krasny and Tidball，2009）。

三个案例研究

数字化故事讲述被越来越多地用于大范围的城市教育背景和多元的受众上。在本部分内容中，我们会展示三个利用学习者产出的故事讲述来应对城市生活方方面面的例子。这三个例子都涉及人们协作共同创作故事，有时还汇聚了不同年龄和不同民族的人们。

“C My City！”项目请儿童和青少年为他们的家乡城市当导游

通过把儿童和青少年确定为他们城市中的利益相关者和决策者，Ohashi 等（2012）设计和实现了一个名为“C My City！”的项目。该项目被视为一个芬兰学校的综合农业教育与环境教育的课后活动。它发动了来自赫尔辛基年龄在 7 岁到 20 岁的 40 名学生去当志愿者导游，通过故事讲述来介绍他们的城市（图 28.1）。学生们参与了街区户外工作和数字化媒体方面的室内培训，创作了 38 个故事并把它们嵌入一个网络在线地图中。通过利用他们的表达方式、对本地的熟悉度、地方感和对当地环境的责任感，这个数字化故事讲述项目的潜在目标是创建社区意识和培养非专业的城市居民参与城市规划的能力。

Fairfield 的故事：西悉尼难民和移民的数字化故事讲述

Fairfield 故事项目（Salazar，2010）的设计和执行是通过三方协作而成的，包括澳大利亚西悉尼大学、信息与文化交流组织（一个非营利性社区文化

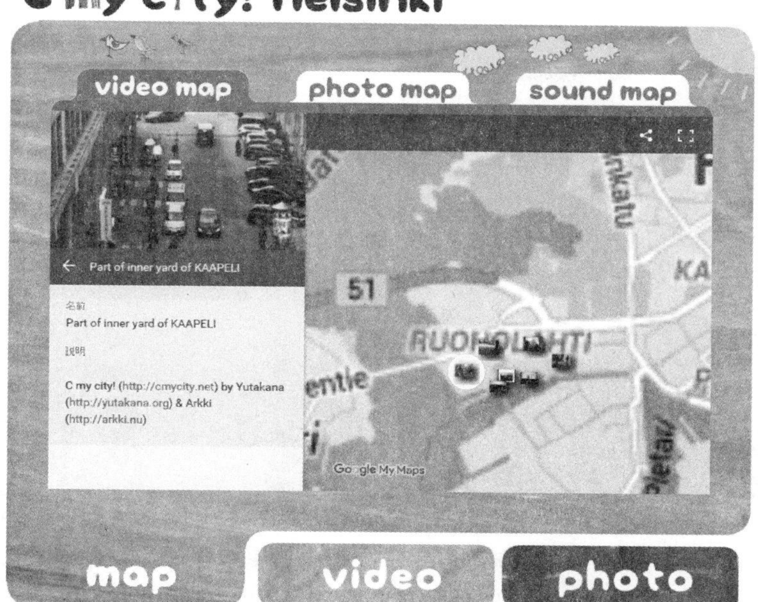

图 28.1　“C My City! ”项目中赫尔辛基网络在线地图上的一个数字化故事。
资料来源：http：//cmycity.net

艺术组织）和西悉尼 Fairfield 市议会。最近到来的非洲难民和柬埔寨移民的第二代青年参与了该项目，在工作坊期间共同创作了数字化短故事。该项目将数字化故事创作看作一种方法，让参与者可以珍视个人生活经历和集体记忆，引发他们对“公民身份意味着什么”这个话题的跨文化对话交流。它的目的还在于培养自决能力和公民赋权，为被边缘化的城市社区增强包容度，把参与者定位为自身变革的推动者和当今全球变化过程中的主人公或积极的社会主体（Salazar，2010，p.57）。

CoCreSt：希腊大学生之间关于城市可持续性故事讲述的协作性创新

该项目是在希腊雅典大学环境教育领域的一门入门大学基础课程中设计与实现的，旨在通过新的创造性表达形式培养学生在可持续性方面的素养（Daskolia，Kynigos，and Makri，2015）。一些将成为中等教育教师的本科生一起协作创作了以城市可持续性为主题的数字化故事（图 28.2）。在 3 个月的时间内，这些学生分成小组，逐步确定、分享和比对他们对当地城市可持续性的解读。然后，他们把各种观点和建议整合成简短的图像或动画故事，用来描述他们在雅典生活的共有经历和他们对本市可持续性的愿景。

图 28.2　从希腊本科生为 CoCreSt 项目创作的数字化故事中截取的一些画面。
资料来源：Constructivist Foundations 网站（http：//constructivist.info/10/3/388）

结论

我们已经展现了在城市环境教育背景下使用数字化故事讲述的一些可用方法。上面三个例子突出展示了数字化故事讲述如何能成为学习城市环境话题的表达方式和理解的源泉。在芬兰的例子中，学生们需要向游客讲述与他们城市有关的故事，这引发了他们对平时可能会忽略的一些地方和附近的城市环境各方面的特别注意。参与者之间较大的年龄差异使他们必须通过协商来整合他们的不同观点。在澳大利亚的例子中，难民和移民参与者之间的差异甚至更加显著，整个理解过程就更加需要对共有经历和观点进行确定和沟通。在这种情况下，数字化故事讲述被用作一个工具，用来培养社会赋权和加强城市中被边缘化社区的参与度。最后，雅典的例子强调的是，通过共同确定当地问题和解决办法来理解城市可持续性方面难懂的概念。这三个项目都涉及了对紧要问题的探究、对个人解读的确定、对不同观点的比较和为了创作对群体中所有成员都有意义的一致故事而进行的共享意义的协商。

但是这三个“通过数字化故事讲述进行学习”的案例也存在以下方面的不同：涉及话题、参与者的年龄和文化身份、使用的数字化媒介和活动的整体学习设计。各种各样的目标、主体、工具和背景阐释了数字化故事讲述在城市环境教育中的多样化潜能。然而，这三个例子也展示了，人们可以很容易地把数字化故事讲述用作一种教学途径，可以让没有特殊技术能力、没有昂贵设备的人们很容易地参与其中。这个特点以及创作和分享数字化故事所涉及的学习都表明，城市环境教育工作者有很多机会把数字化故事讲述整合到多种城市环境教育情境中。

参考文献

Bruner，J.（1990）. *Acts of meaning*. Cambridge，Mass.：Harvard University Press.

Daskolia，M.，and Kynigos，C.（2012）. Applying a constructionist frame to learning about sustainability. *Creative Education*，3（6）：818–823.

Daskolia，M.，Kynigos，C.，and Makri，K.（2015）. Learning about urban sustainability with digital stories：Promoting collaborative creativity from a constructionist perspective. *Constructivist Foundations*，10（3）：388–396.

Dettori，G.（2012）. Supporting learners' interaction by means of narrative activities. In J. Jia（Ed.）. *Educational stages and interactive learning*：*From kindergarten to workplace training*（pp. 107–120）. Hershey，Pa.：IGI Global.

Dettori，G.，and Paiva，A.（2009）. Narrative learning in technology-enhanced environments. In S. Ludvigsen，N. Balacheff，T. de Jong，A. Lazonder，and S. Barnes（Eds.）. *Technology-enhanced learning*：*Principles and products*（pp. 55–69）. Berlin：Springer.

Freidus，N.，and Hlubinka，M.（2002）. Digital story-telling for reflective practice in communities of learners. *Newsletter ACM SIGGROUP Bulletin*，23（2）：24–26.

Krasny，M. E.，and Tidball，K. G.（2009）. Applying a resilience systems framework to urban environmental education. *Environmental Education Research*，15（4）：465–482.

Lejano，R.，Ingram，M.，and Ingram，H.（2013）. *The power of narrative in environmental networks*. Cambridge，Mass.：MIT Press.

Lejano，R.，Lejano，A.，Constantino，R.，and Almadro，A.（forthcoming）. *Narrative*，*self*，*and the city*. Amsterdam：Benjamins Press.

Marmon Silko，L.（1996）. *Yellow woman and a beauty of the spirit*：*Essays on Native American life today*. New York：Touchstone.

Ohashi，Y.，Ohashi，K.，Meskanen，P.，Hummelin，N.，Kato，F.，and Kynäslahti，H.（2012）. What children and youth told about their home city in digital stories in 'C my city！' *Digital Creativity*，23（2）：126–135.

Russ，A.，Peters，S. J.，Krasny，M. E.，and Stedman，R. C.（2015）. Development of ecological place meaning in New York City. *Journal of Environmental Education*，46（2）：73–93.

Salazar，J. F.（2010）. Digital stories and emerging citizens' media practices by migrant youth in Western Sydney. *Migration*，3：55.

Sauvé，L.（1996）. Environmental education and sustainable development：A further

appraisal. *Canadian Journal of Environmental Education*, 1（1）: 7–34.
Smith, J.（2015）. Self-discovery through digital storytelling: A timeless approach to environmental education. In A. Russ（Ed.）. *Urban environmental education*（pp. 60–64）. Ithaca, N.Y., and Washington, D.C.: Cornell University Civic Ecology Lab, NAAEE and EECapacity.

第 29 章　参与式城市规划

Andrew Rudd，Karen Malone，M'Lis Bartlett

重点

● 发动青少年和弱势群体参与城市规划不仅能应对公平方面的关切，也提供了采用多种创造性观点的机会。

● 城市环境教育提供了一个框架，让人们理解城市规划中固有且困难的取舍。

● 城市规划为我们带来一种空间角度去看待城市环境教育的教学法。

● 参与式城市规划工具和环境教育工具能共同帮助所有人创造更可持续的城市。

引言

世界各地的城市在追求成为公正和可持续的社会生态系统的过程中都面临着越来越多的挑战。而对发展中国家迅速增长的城市来说，这方面的问题更严重。它们在接下来三四十年中还得再吸收近 30 亿人口。这众多挑战包含了社会空间方面的，比如城市扩张、种族隔离、人口拥挤，也包含生态方面的，比如生境退化、城市热岛效应和水污染。综合应对这些挑战的过程和产出，能强化城市规划和环境教育方面的潜在原则。城市规划为各行业在环境方面的努力（如单独的改善空气质量的倡议）带来一个全面整体的空间途径。而且，当这个过程得以吸引当地弱势群体参与时，城市规划能在不公平和不可持续的格局定型之前为探寻解决办法做好准备。城市环境教学法能培养人们参与城市规划过程的能力（城市规划通常是由成人和专业人士主导的）。通过借鉴近些年努力表现全球城市可持续性议程的一些例子，本章描述了综合的参与式设计和城市环境教育如何增强学习、主人翁意识、行动能力和地方的长期可持续发展。

为承认城市化在人类和地球的健康与福祉中扮演的重要角色，联合国 2030 年可持续发展议程提供了 17 项可持续发展目标（UNGA，2015）。其中，第 11 项可持续发展目标说的是："把城市和人类居住区变得有包容性、安全、有复原力以及具可持续性。"虽然跨政府领域的决策者们在应对城市问题时一直相对被动，这项新议程代表了一次决定性的转变，主动朝向可持续城市化的方向前进。第 11 项可持续发展目标甚至更进了一步，从三个层级上明确聚焦于城市规划。在国家和地区层级上，这个目标的其中一个指标是"通过强化国家和地区发展规划，支持城市、城市边缘地区和农村地区之间积极的经济、社会和环境联系"。在城市层级上的一个指标是"加强具有包容性和可持续性的城市化，加强所有国家进行参与式的综合的可持续人居规划的能力"。在街区层级上的目标是"力图为人们（特别是妇女、儿童、老人和残障人士）提供安全、有包容性、可达的绿色公共空间的通用使用途径"。

尽管可持续发展目标中有关城市规划的指标非常鼓舞人心，但它们还是引发了一些问题：在实践中如何整合城市规划和环境教育？以它们为基础的公民参与倡议可能是什么样子的？答案的一部分可能体现在弱势人群（如儿童、青少年、低收入和少数族裔居民）参与城市发展的过程中，尤其是早期的规划过程中，因为那是做出最重要的空间决策的时刻。城市环境教育是一种工具，有助于把这些群体的参与整合到城市规划中，同时改善城市规划的结果。

整合城市环境教育和城市规划

与联合国可持续发展目标相呼应的是，联合国教科文组织也提议"所有国家的可持续发展只有通过以教育为开端的综合跨行业努力才能真正成为可能"（UNESCO，2014，p.2）。城市环境教育整合了对自然系统和人工环境方面的学习；要规划出更具可持续性的社区，关键就在于理解自然和人工系统如何互动并影响人类福祉。在城市规划过程中融入环境教育实践能加强我们在复杂的环境问题和社会不公平问题面前做出艰难决策的能力。而这些又反过来为城市利益相关者做好参与到真正的参与式城市规划中的准备。

在消除贫困和应对其他社会问题的过程中，国际发展一直努力把贫困和受压迫的人群考虑在内。而参与式城市规划的根源其实就在这些努力当中。受到社会公正运动的影响，美国 20 世纪六七十年代的规划和设计人员就支持了当地人们民主地参与到有关他们自身社区的决策中；特别是他们还力图支持低收入有色人种社区的机构去改善他们的居住环境（Hester，

1987）。现在，参与式城市规划已经加入规划和设计词汇中，但仍然存在批评的声音。有些人把参与过程批判成改革主义，觉得它是掌权者用来建立自上而下决策共识的工具（Juarez and Brown，2008）。其他一些人则表示，参与公共规划可能是新形式的邻避主义（Hester，1987）。进一步的批评还指向参与过程，认为青少年的参与只是粗略的，并不是真正地参与到了决策中（Hart，1997）。尽管有这些关切和问题，不管是可持续快速客运系统区域规划、社区绿道规划，还是为儿童建造安全玩耍的场所，在发动人们参与到共有的地方营造的过程中，参与式的努力都发挥着至关重要的作用。

城市形态对环境的影响是巨大的。空间形态布局一旦成形，不论是从都市圈、城市还是街区的规模上来说，改变起来都很难也很昂贵。在规划设计最初的纲领性阶段，规划人员一般会先定下城市区域的交通基础设施布局。在这个时候参与，能让居民有更多的选择去决定他们的通勤形式。城市环境教育实践能帮助发动青少年和成人参与学习和辩论城市规划的内在方案和最终结果。类似地，把城市环境教育和规划实践整合在一起能阐明空间关系如何影响人们的行为，能帮助参与者在城市土地利用和交通系统方面做出知情选择。例如，城市与住房、工作和服务等相关核心功能区的距离决定了人们交通行程的长短；居住区的密度决定了是否有足够的人口来支撑公共快速客运系统；而土地利用类型的混合程度决定了步行可达性。虽然很多人可能希望拥有私家车，但是代价就是人口密度降低、工作距离变长、更长的通勤时间和更高的人均能源使用与碳排放（碳排放中70% 来自交通和建筑）。发动弱势人群参与社会空间决策能产生延续几十年的可持续管护努力和可持续城市（Corburn，2003）。

随着世界的快速城市化，支持当地居民（特别是年轻人）参与已经变得极为重要。许多城市空间的增长速度已经远快于人口增长。由于城市使用土地越来越没有效率，丧失了集聚的好处，环境影响也不断恶化（UN-Habitat，2012）。有些城市居民可能已经觉察到这些了，但少有人意识到它的后果。恰是在这种情况下，环境教育可能发挥关键性作用，作为一种方法和目的去达到可持续发展目标（Malone，2015）。预计 2030 年会被城市化的区域中，60% 还需要建设（Fragkias et al.，2013）。这给世界极其有限的机会窗口去影响那些最快成长的城市，通过影响它们的增长使它们的空间格局能带来公平和可持续的行为。

让公民（特别是儿童和青少年）参与到早期城市规划过程中能使他们的参与更加真实可信（Hart，1997）。当参与式规划让年轻人参与信息共享、学习和关心所在环境时，它能支持环境教育的原则：要支持未来的环境管护，关心程度和知识（即便光靠它们还不够）是必需的（Hollweg et al.，2011）。参与式规划过程能引出与本地有密切关联的知识获取、知识共享、技能建设和行动。因此，它呼应了环境教育学界对学生参与探索文化敏感的在地环境问题的召唤（Sobel，2005）。它也表明，这种项目能提供机会给学生去练习将来参与环境倡议和管护的技能（Schusler and Krasny，2008）。联合国教科文组织“在城市中成长”项目已经提供了参与式行为研究的一个模型。通过年轻人与成年人共同对低收入和不同收入水平城市环境中的生活质量进行评估，该模型对环境教育和规划实践进行了整合。过去 20 年中，在世界上许多城市有年轻人已经分享了他们关切的问题，研究了他们的社区，提出了一些改变建议并且为居民改善了城市设计（Chawla and Driskell，2006）。为了拥有更包容的城市环境，在所有可能的地方，这些年轻人的发现已经为政策和一些设计行为提供了有力支撑。

儿童参与的规划过程培养了举足轻重的环境意识，为包容性城市景观的设计提供了新见解。最近有一个例子是“儿童友好型的玻利维亚”项目，它发动了拉巴斯市 3 个社区的儿童参与到城市规划过程中（见 http://childfriendlycities.org）。这个参与式城市规划模型利用儿童友好型社区儿童自我评估工具，为儿童提供机会在正规和非正规场合与其他儿童、社区以及市长办公室分享自己的经历。这样的发现也在“理解儿童如何在当今世界成长、如何成为积极的世界公民”的全球运动中做出了贡献。特别是，从方式和目的上，与年轻人和社区互动正在被视为达到可持续发展目标过程中的关键时，这就变得尤为及时（Malone，2015）。接下来的儿童友好型社区儿童自我评估工具的案例也阐释了让年轻人参与城市规划的一些产出。

案例：玻利维亚拉巴斯

2012 年 9 月，西悉尼大学的工作人员 Karen Malone 指导了一个项目，对象是居住在玻利维亚拉巴斯河谷上游贫民社区的 80 个儿童（Malone，2013）。Malone 是研究发起人之一，另一位是 Louise Chawla，她指导的是针对联合国教科文组织“在城市中成长”项目的 80 国研究，并继续把早期重复得出的方法论构建到她的研究和面向儿童的工作中（Chawla and Malone，2002）。在玻利维亚的这个项目使用了一种基于地方的参与式研究方法论，该方法论从“在城市中成长”项目和儿童友好型社区儿童自我评估工具中吸收了一些主要内容。通过选择和利用大量视觉、口头和基于地方的研究工具（包括问卷、访谈、画图、摄影、漫步范围地图和导览），孩子们收集了丰富的描述性数据和视觉数据，有的与他们的地方经历有关，有的与改善地方儿童友好程度有关，有的与可持续性有关（图 29.1）。

图 29.1　参与儿童友好研究工作坊，玻利维亚拉巴斯。资料来源：Karen Malone

在拉巴斯进行的这项研究的目的是支持市议会和联合国儿童基金会设计出一个包含儿童需求的城市策略，特别是那些最弱势和难以接触到的儿童。该研究聚焦的是河谷较高段、靠近埃尔阿尔托市的三个社区。这些社区的地理位置更是增加了社区成员和其他人力图支持他们的难度。除了交通和基础设施方面的问题，这些社区的居民还要应对陡峭和不稳定的土地（滑坡和洪水时常发生）、简陋的住房（通常是临时搭建的和破旧的）、污染（市政收取垃圾不常到这儿而且很难组织，剩余的垃圾造成了污染）和安全风险（包括拐卖儿童、犯罪和街道暴力）。这个简短的案例专注于两个关键的研究结果：儿童参与和城市规划行动。

参与

儿童和社区真实积极的参与是良好的参与式规划的基础。基于不歧视的公平原则，这项研究发动了弱势群体社区的儿童和他们的家庭参与到参与式规划过程中。儿童友好型工具的使用以及对儿童参与研究能力的周到考虑，使研究人员得以充分规划活动并想办法收集学生的反馈，以保证贫困、被边缘化、经常在城市规划过程中被忘记或忽视的儿童在这项研究中受到重视。研究人员有意识地为参与者创造了一个安全的环境。例如，他们不要求孩子们长途跋涉来找研究人员，也不使用那些生疏和让人害怕的研究活动。相机和图纸为焦点小组的讨论提供了切入点，而且所有活动都在当地社区空间、设施和运动场进行，以便创造一个对孩子们来说安全的参与环境。

城市规划行动

把想法变成行动对参与式研究模式来说是极为重要的，对玻利维亚这个项目来说也至关重要。接下来分享一个有关交通的典型例子。在这项研究进行时，城市规划和设计方面的专家已经开始讨论不同的交通可能性，为高密度城市贫民区的居民开辟通道，让他们能到达城市的中心区。其中一个提议是，竖立一个缆车，连接市区和河谷的顶端。部分挑战是，这样的系统的可行性需要足够便宜而且让人们能用得上。孩子们也参与了这项研究并说出了他们梦想中要建造的缆车，因为它能带来到达河谷的快速有效和安全的交通方式。孩子们通过一些展示向城市官员传达了他们对缆车的支持。两年后开建的 Teleferico 交通系统见证了大型基础设施建设项目为儿童、他们的家庭和他们的社会带来的持久好处（Malone，2015）。如今它已经是全世界最大的公共交通缆车系统，有 3 条线路，总长 10 千米，11 个站，427 个车厢，每小时的运力是 18 000 名乘客。与这些参与研究的孩子们一同乘坐 Teleferico 缆车时，孩子们表达了缆车为他们生活带来的改变。这也证明了这种响应社区需求的城市规划给城市社区和环境福祉带来的积极影响。

结论

尽管在不同的实践领域进行组织和协助，城市环境教育和参与式设计有一个共同的目标，那就是发动人们参与创造和呵护可持续城市社区。和参与同等重要的是，要把它理解为达成一个目标的途径，而不是目标本身。如果人们想要的目标是更可持续的形式（以及由这种形式引起的可持续行为），那么城市居民需要参与到早期的城市规划过程中。而且，了解了可持续城市规划的内在取舍之后，能帮助居民做出知情选择，选择他们的城市形成什么样的格局以及这样的格局将如何在短期和长期内平衡好便利性和可持续性。城市规划和城市环境教育或许能够同时增强居民有关他们社区和城市的决策能力，并改善决策结果的社会环境影响。

参考文献

Chawla，L.，and Malone，K.（2002）. Neighborhood quality from children's eyes. In P. Christensen and M. O'Brien（Eds.）. *Children in the city：Home neighbourhood and community*（pp. 118–141）. London：Routledge.

Chawla，L.，and Driskell，D.（2006）. The Growing Up in Cities project：Global perspectives on children and youth as catalysts for community change. *Journal of Community Practice*，14（1–2）：183–200.

Corburn，J.（2003）. Bringing local knowledge into environmental decision making improving urban planning for communities at risk. *Journal of Planning Education and Research*，22（4）：420–433.

Fragkias，M.，Güneralp，B.，Seto，K. C.，and Goodness，J.（2013）. A synthesis of global urbanization projections. In T. Elmqvist，M. Fragkias，J. Goodness，B. Güneralp，et al.（Eds.）. *Urbanization，biodiversity and ecosystem services：Challenges and opportunities：A global assessment*（pp. 409–435）. Dordrecht：Springer.

Hart，R. A.（1997）. *Children's participation：The theory and practice of involving young citizens in community development and environmental care*. London：Earthscan.

Hester，R. T.，Jr.（1987）. Participatory design and environmental justice：Pas de deux or time to change partners？*Journal of Architectural and Planning Research*，4（4）：289–300.

Hollweg，K. S.，Taylor，J. R.，Bybee，R. W.，Marcinkowski，T. J.，et al.（2011）. *Developing a framework for assessing environmental literacy*. Washington，D.C.：North American Association for Environmental Education.

Juarez，J. A.，and Brown，K. D.（2008）. Extracting or empowering？A critique of participatory methods for marginalized populations. *Landscape Journal*，27（2）：190–204.

Malone，K.（2013）. *Child friendly Bolivia：Researching with children in La Paz，Bolivia*. Penrith，Australia：University of Western Sydney.

Malone，K.（2015）. Children's rights and the crisis of rapid urbanization：Exploring the United Nations post 2015 Sustainable Development Agenda and the potential role for UNICEF's Child Friendly Cities Initiative. *The International Journal of Children's Rights*，23（2）：405–424.

Schusler, T. M., and Krasny, M. E. (2008). Youth participation in local environmental action: An avenue for science and civic learning? In A. Reid, B. B. Jensen, J. Nikel, and V. Simovska (Eds.). *Participation and learning* (pp. 268–284). Dordrecht: Springer.

Sobel, D. (2005). *Place-based education: Connecting classrooms and communities.* Great Barrington, Mass.: Orion Society.

UN-Habitat. (2012). *Urban patterns for a green economy: Leveraging density.* Nairobi: UN-Habitat.

UNESCO. (2014). *Sustainable development begins with education: How education can contribute to the proposed post-2015 goals.* Paris: UNESCO.

UNGA (United Nations General Assembly). (2015). *Transforming our world: The 2030 Agenda for Sustainable Development.* UN Doc A/RES/70/1.

第30章 教育趋势

Alex Russ，Marianne E. Krasny

重点

● 城市环境教育实践可以分成五个大的方向：城市即教室、问题解决、环境管护、个人发展和社区发展、城市即社会生态系统。

● 城市环境教育受到对社区和生态系统福祉关注的驱动，它的目标也反映了越来越以人类为主导的世界。

● 城市环境教育通过解决社会和环境问题对城市的可持续性做出贡献。

引言

如何理解无数的城市环境教育项目？城市环境教育旨在实现多重目标，使用各种教育方法，吸引多样的参与者，在各种人工和自然的环境中工作，解决一系列环境和社会问题，并由学校、社区组织、非政府组织、政府部门和私营企业进行组织。尽管这些城市环境教育的每一个要素都是重要的，这一章，我们聚焦在目标上，因为目标对项目的规划、评估和研究都有影响。我们提供了五种城市环境教育趋势的描述，这是我们之前从文献综述（Russ and Krasny，2015）和我们自己的经验中提炼出来的。虽然我们没有进行系统的文献综述来确定并综合所有的关于城市环境教育的学术研究，但我们将这五种趋势作为初步分类，以帮助读者理解本书中的各种实践。我们建议城市环境教育的驱动要来自对社区和生态系统福祉的关注，其目标和方法适用于人类主导环境中的任何环境教育项目。

五种趋势

理解城市环境教育的一种方法是审视文献中描述的目标。2013 年，我们通过在谷歌学术和 ERIC 数据库中搜索“城市环境教育”一词分析了 100 篇论文、书本章节和书籍，还分析了在搜索中发现的用“城市生态教育”或者其他城市环境教育基础术语的另外15篇文章（Russ and Krasny，2015）。在这些出版物的基础上，我们确定了城市环境教育的基本目标，并将其分为五个趋势。鉴于我们的综述仅限于英文出版物，我们通过实地走访欧洲、南美、亚洲、澳大利亚、非洲和北美的环境教育项目地和参加行业会议与国际同行讨论这些趋势。根据这些访问和讨论，我们对趋势进行了修订，使其更具有普适性（表30.1）。然而，我们认识到，实践在很大程度上取决于具体情况，并且实践也在不断变化，以应对社会和环境变化。

表30.1 城市环境教育的趋势

趋势	城市环境教育的目标	教育方法举例
城市即教室	利用城市的室外和室内设施，帮助了解城市和其他环境、生态、科学、地理、历史以及其他议题	自然研究，公民科学，环境监测，探究式学习，社区地图，邻里清单，展览，讲故事，自然解说
问题解决	解决或者减轻环境问题及相关社会问题	环境行动主义，保护教育，行动研究，环境公正教育，气候变化教育
环境管护	促进以社区为基础的城市生态系统管理，让社区成员参与决策和改善城市自然资源的行动	基层管理和教育，公民生态教育，生态恢复教育，绿色就业培训，青年就业计划，政府部门和企业的环境伙伴关系，绿色基础设施教育
个人发展和社区发展	促进积极的青年发展、社区福祉，以资产为基础的社区发展，积极的社会规范和社会资本	青年发展项目，代际学习，户外探险教育，社区发展项目，促进人类健康和平等的项目
城市即社会生态系统	将城市理解为社会生态系统，重新构想如何管理城市以实现理想的环境和社会成果	参与式城市规划，城市绿色设计，适应性和协同管理，强调城市作为社会生态系统和社会生态系统复原力的项目

这些趋势反映了城市环境教育如何将其方法扩展到它超过100年的历史中。虽然“城市环境教育”一词最早是在20世纪60年代后期的文献中提到的（Shomn，1969），但相关的思想可以追溯到20世纪上半叶（例如Bailey，1911；Phipott，1946）。最初，城市地区的教育工作者借鉴了自然

学习、科学教育和保护教育的思想。后来，他们将重点扩展到环境和与之相关的社会问题。从 20 世纪 70 年代开始，教育工作者开始将环境教育与社区和其他城市环境管护计划相结合。最近，越来越多的教育工作者把环境教育作为城市中个人发展和社区发展的工具，而其他人则借鉴了城市规划和相关社会科学以及环境学科的观点，让参与者重新认识可持续发展的可能性。下面我们分别介绍每个趋势，以帮助读者了解趋势的目标和教育方法。由于任何一个项目都可能追求多个目标，读者可能需要尝试避免把项目置于单一的趋势中，而是设想他们所熟悉的项目如何从多个趋势中汲取经验并整合多个目标。

趋势一：城市即教室

城市即教室的目标是环境学习和科学学习。教育工作者通过城市室内和室外环境教育活动帮助参与者获得环境素养、了解当地环境以及熟悉城市地理、生态学、生物学、历史和其他学科。最初，这一趋势中的项目旨在教授科学并培养对自然的积极态度，因为教育工作者认为在当地生态系统中的实践学习可以增强对环境的理解（Bailey，1911）。到 20 世纪中叶，教育工作者被建议专门通过城市空间传授生物学、自然科学和资源保护知识，包括利用校园、供水和污水处理设施、交通和绿色走廊、城市自然小径、空地、温室、公园和城市河流。这一趋势中的项目已扩展到使用行道树、公园和其他开放空间、绿色基础设施、工业场所和博物馆，以帮助人们了解生物多样性、环境质量以及当地和全球生态系统过程（参见 Russ and Krasny，2015 的参考文献）。

要了解生态系统和生物多样性，学生将参与城市实地研究、户外调查、社区花园清查、生态系统服务测量、公民科学和基于探究的活动。教育工作者和环境领导者通过建立城市生态中心、绿色基础设施示范点，解说路径、恢复的生态系统、城市农业用地和工业设施中的环境教室，进一步加强了城市即教室的能力。总而言之，城市即教室是城市环境教育的一个发展趋势，其目标是通过探索城市中的历史、社区、自然和建筑元素，促进参与者对科学和当地环境的学习。

趋势二：问题解决

问题解决趋势的目标是通过让参与者参与决策和地方政策流程以及改变个人的亲环境行为来缓解环境和相关的社会问题。最初，这一趋势是针对城市环境问题而出现的，例如空气污染、缺乏绿地和环境不公正，是一种扩大环境教育实践的努力，重点关注城市以外的生态知识和保护，但这样的扩展与城市居民的日常生活无太大关系。20 世纪 40 年代和 50 年代，专业人士指出，城市提供了解环境问题的机会，例如将河流视为下水道，并为决策和缓解这些问题做出贡献（Renner and Hartley，1940）。环境教育工作者认识到，虽然城市居民可能对遥远地方的生态和野生动物缺乏兴趣，他们可能关心并有兴趣学习关于污染、废弃物处理、环境风险、人类健康、交通拥堵和缺乏开放空间的议题（Russ and Krasny，2015）。

除了污染和气候变化等生物物理问题外，一些研究还指出，城市环境教育要应对贫困、失业、种族主义、边缘化、毒品、暴力、休憩场所的便利性和环保活动、食物公正和人类健康等社会问题（Frank et al.，1994）。通过环保活动、实地考察、与专业人士会面、城市农业、环境艺术、拍摄有吸引力的和消极的城市特征、监测噪声污染以及其他活动，当地居民可以学习解决这些社会问题所需的知识和技能，进而提升他们的社区品质。在这一趋势中，项目通常与邻里委员会、宗教组织、社区中心、住房保障机构和基层公益机构合作进行。作为对环境恶化、气候变化和社会问题的回应，遵循这一趋势的项目会针对这些问题的原因开展活动，并经常要求个人、社区、企业和政府采取行动来缓解这些问题。总之，城市环境教育中问题解决趋势的目标是解决环境和相关的社会问题。

趋势三：环境管护

环境管护趋势的目标是通过让城市居民及政府、非营利组织和私人企业合作伙伴在城市自然资源中参与实际的环境管护，改善城市生态系统和生态系统服务，创建和维护绿色基础设施，支持生物多样性和粮食生产。这一趋势假设公民和社区能够设计、恢复、改善和维护当地的城市生态系统，他们通常与政府机构、非营利组织和企业合作，同时了解这些生态系统。例如，在公园空地、海岸线和墓地等空间，教育可以整合到诸多活动中，如植树、公园美化、校园景观、根除威胁本土城市野生动物的入侵物种、恢复城市贝类、重新种植红树林、建立和维护城市农业用地以及清理公共垃圾等（Russ and Krasny，2015）。

最近在公民生态学方面的工作已经扩展到这一趋势，建议城市中的环境教育可以立足于公民生态学实践中——包括社区林业、社区园艺和基于社区的栖息地恢复——从而促进生物多样性、生态系统服务和社会资本，同时提供环境学习的机会（Krasny and Tidball，2015）。这一趋势中的项目可以整合基于社区的服务学习；暑期青年就业计划；城市园艺和农贸市场；安装和支持绿色屋顶、雨水花园和其他绿色基础设施；清理垃圾地带；以及管理城市森林和湿地。总而言之，符合这一趋势的城市环境教育通过实施城市管理和恢复城市退化的土地和水域来促进学习。

趋势四：个人发展和社区发展

这一趋势的目标是促进个人和社区的发展。该趋势中的城市环境教育计划可以促进公民身份认知、提升生活技能、培养自尊、建立社会资本和社区凝聚力、加强相互尊重和社区归属感，并使社区能够采取集体行动。受这一趋势启发的项目经常利用城市环境来促进积极的青年发展和社区福祉（Schusler and Krasny，2010）。从 20 世纪 80 年代开始，研究展示了城市环境教育如何培养学生的创造力，重申他们所处文化的积极方面，培养青年的职业道德和团队合作技能，创造积极的学习态度，增加批判性思维，降低辍学率以及帮派和毒品活动，并促进积极的公民身份认同（Verrett et al.，1990）。其他研究呼吁建立和促进积极的青年素质，如复原力、社会技能、自主性、解决问题的能力以及对未来的希望感（Frank et al.，1994）。

在这种趋势中，个人和社区发展是相互关联的，因为获得能力提升和了解环境和社会问题的人可以在他们的社区中做出积极的改变。例如，教育项目可以帮助城市居民阐明他们的社区健康目标，并参与集体宣传和城市规划，以实现这些目标。其他项目可以将儿童、教育工作者、建筑师、环境专业人士和艺术家聚集在一起，从事社区设计、艺术和类似项目以服务于社区利益。这些项目通常被当作是企业社会责任倡议的一部分，以及社区发展、信仰、青年发展和其他社区组织开展的代际、课外学习和青年就业项目的一部分。这一趋势中的一些项目可能会利用与自然相关的户外体验来改善参与者的健康和福祉，不太关注环境成果。总之，这种趋势将个体发展和社区发展视为城市环境教育的重要成果。

趋势五：城市即社会生态系统

城市即社会生态系统能帮助人们将城市视为有价值的系统。在这个系统中，社会和生态过程都很重要，并且其中的环境管护方法在不断推陈出新和得到改进。这一趋势推广了城市作为社会生态系统既包含自然又提供生态系统服务（Beatley，2011）这一观念（Krasny et al.，2013），城市居民可以影响社会生态过程并反过来受其影响。研究强调，城市中存在自然或生态元素以及建筑、社会、政治、经济和文化元素，城市居民能够连接并欣赏城市中的自然。因此，城市环境教育有助于青年发掘生态场所的意义，并有助于他们将城市不仅仅视为人类栖息地，也将其视为野生动物栖息地和具有生态价值的地方（Kudryavtsev，Krasny，and Stedman，2012；Russ et al.，2015）。

除了将城市描绘为社会生态系统之外，这一趋势还强调城市的社会和生态维度是相互依存和相互依赖的。它表明社会和生态过程在正反馈循环中相互加强和相互制衡。这一趋势还考虑了政府、民间社团和私人企业合作伙伴网络为了实现适应社会生态变化所需的环境治理方法（Krasny and Tidball，2015）。遵循这一趋势的项目承认，我们只部分了解了如何管理城市，以及可以让任何城市居民或组织参与构建设计和管理城市环境的新方法。这些想法与社会生态系统复原力的研究一致，后者侧重于城市适应持续变化的需求，例如人口统计学的变化，或者根据飓风等灾难性事件进行转型。此外，学者们认为，城市环境教育可以通过加强社会资本和恢复生态系统服务来促进社会生态恢复，而开展城市环境教育的组织则是多核心治理体系的参与者（Krasny，Lundholm，and Plummer，2011；另见第 11 章）。总之，这种趋势是建立在社会生态复原力、相关系统思维和绿色城市化的基础上的，它通常通过参与集体决策、适应性和协作管理以及管理行动，帮助人们将城市理解为综合的社会生态系统。

结论

城市环境教育计划通常整合五种趋势中相关的多个目标。例如，在纽约市，参加纽约港学校和卫星学院高中的学生通过课堂和牡蛎种群监测来学习环境和科学知识，他们通过社区园艺和牡蛎礁恢复参与环境管护。领导这些项目的教育工作者也描述了他们如何为积极的青年和社区发展做出贡献。同样，在灾难性洪水之后让青年重建沙丘和步道的项目将环境管护、个人和社区发展以及城市都纳入到了社会生态系统趋势中（Smith，DuBois，and Krasny，2015）。

城市环境教育目标是动态的，并且随着城市挑战和机遇的变化而不断发展。例如，最近开展的一项运动让孩子们通过在城市中创造更多自然游乐场来进行自由游戏，其目标是强健儿童的身体以及强化认知和情感健康。随着人们面临更大的环境和社会风险以及与气候变化和冲突相关的不确定性，城市居民开展各种创新以解决环境和社会问题，我们无疑将看到城市环境教育的进一步发展趋势。通过这种方式，城市环境教育将继续与其他学科和部门合作，例如城市资源管理、防灾规划以及人类和社区发展，以应对不断变化的社会生态问题，并促进城市的可持续发展。

参考文献

Bailey，L. H.（1911）. *The nature-study idea: An interpretation of the new school-movement to put the young into relation and sympathy with nature*，4th ed. New York：MacMillan Company.

Beatley，T.（2011）. *Biophilic cities: Integrating nature into urban design and planning*. Washington，D.C.：Island Press.

Frank，J.，Zamm，M.，Benenson，G.，Fialkowski，C.，and Hollweg，K.（1994）. *Urban environmental education: EE toolbox—workshop resource manual*. Ann Arbor：School of Natural Resources and Environment，University of Michigan.

Krasny，M. E.，Lundholm，C.，Shava，S.，Lee，E.，and Kobori，H.（2013）. Urban landscapes as learning arenas for biodiversity and ecosystem services management. In T. Elmqvist，M. Fragkias，J. Goodness，et al.（Eds.）. *Urbanization，biodiversity and ecosystem services: Challenges and opportunities: A global assessment*（pp. 629–664）. Dordrecht：Springer.

Krasny，M. E.，Lundholm，C.，and Plummer，R.（Eds.）.（2011）. *Resilience in social-ecological systems: The role of learning and education*. New York：Routledge.

Krasny，M. E.，and Tidball，K. G.（2015）. *Civic ecology: Adaptation and transformation from the ground up*. Cambridge，Mass.：MIT Press.

Kudryavtsev，A.，Krasny，M. E.，and Stedman，R. C.（2012）. The impact of environmental education on sense of place among urban youth. *Ecosphere*，3（4）. doi：10.1890/ES11-00318.1.

Philpott，C. H.（1946）. How a city plans for conservation education. *School Science and Mathematics*，46（8）：691–695.

Renner，G. T.，and Hartley，W. H.（1940）. *Conservation and citizenship*. Boston：D.C. Heath and Company.

Russ，A.，and Krasny，M.（2015）. Urban environmental education trends. In A. Russ（Ed.）. *Urban environmental education*（pp. 12–25）. Ithaca，N.Y.，and Washington，D.C.：Cornell University Civic Ecology Lab，NAAEE and EECapacity.

Russ，A.，Peters，S. J.，Krasny，M. E.，and Stedman，R. C.（2015）. Development of ecological place meaning in New York City. *Journal of Environmental Education*，46（2）：73–93.

Shomon，J.（1969）. Nature centers：One approach to urban environmental education. *Journal of Environmental Education*，1（2）：56–60.

Schusler，T. M.，and Krasny，M. E.（2010）. Environmental action as context for youth development. *Journal of Environmental Education*，41（4）：208–223.

Smith，J. G.，DuBois，B.，and Krasny，M. E.（2015）. Framing for resilience through social learning：Impacts of environmental stewardship on youth in post-disturbance communities. *Sustainability Science*，22（3）：441–454.

Verrett，R. E.，Gaboriau，C.，Roesing，D.，and Small，D.（1990）. *The urban environmental education report*. Washington，D.C.：United States Environmental Protection Agency.

后　记

本书联合世界各地82位作者的观点，反思了城市环境教育中的学术讨论和实践。这30章突出展示了城市教育工作者和更广义的环境教育领域所面临的挑战和机遇。它鼓励读者反思城市作为面对主要环境问题和公正问题以及创新的中枢，它们独特的特征如何影响环境教育的目标和执行。

城市规划、社会公正、气候变化和社会生态系统复原力都是环境教育过去已经在应对的领域，但是它们对城市环境教育来说正在变得越来越突出。这些难解决的可持续性问题让人们借此寻找环境教育的本地或在地方法，包括那些利用丰富的城市环境的方法。正如本书各章节所示，引发不同学科和行业的环境教育工作者共同努力的跨学科方法就是应对城市可持续性问题的一种方式。

我们还从本书中看到了参与城市环境教育方式的多样性，比如参与渐进的本地变革、利用新技术以及催化社区合作。这些教育方式值得称赞，因为它们鼓励新颖的可持续实践和系统，比如有凝聚力、可持续的街坊和社区花园。有些章节认为意识到矛盾冲突很重要，虽然这少有反映出环境教育在强制对立的文化氛围中是怎样的持续参与过程。

这就是我们在这个领域看到的机会，可以开始涉及环境教育有时不便涉及、而城市学术研究又提供扩展空间的地方。城市环境与其他方面息息相关：对尊严、生存和基本生计的争取，健康和卫生挑战，以及与公正和参与相关的问题。这些问题对贫困人口的影响尤其大，他们中许多人还住在城市的非正式定居点。这些视角会如何改变我们对城市环境教育的看法呢？

带着这样的考量，我们向环境教育工作者提出两个倡议。

第一，打破城乡二元观。要意识到，不论是历史上、地理上、文化上、经济上还是意识形态上，“城市”没有一个普遍通用的定义。我们鼓励读者批判性地看待这些术语的含义。意识到并批判性看待像城市衰退、郊区扩张、人口迁移、城市绅士化这样的过程将有助于挑战城乡二元观，让城市环境教育变得更具启发性、更有成效、更能反映人们的生活经历。

第二，亲身实践。为了对城市场域有更深刻更具象的理解，花时间在野外（或更准确地说是街区）中实践是至关重要的。在这儿，我们开始了解个体与集体行动能力之间的关系，了解限制它们的一些结构，了解来之不易的成果是如何从草根行动和政治抗议中产生的。这些理解对城市环境教育的未来非常关键，必须作为一种扩展式学习形式进行就地培养。同时，街区实践有助于重新想象城市公共空间愿景。我们支持本书作者在地的努力付出，号召城市教育工作者和业内人士之间相互协作。

最后，我们赞赏作者为城市环境教育提供有见地的视角。本书提供了很好的机会让读者不仅可以反思自己感兴趣的领域，还可以激发出更多想法，以便产生进一步（甚至不同寻常）的合作，整合研究与实践，以及鼓励他们从城市社会生态现实中提出问题。我们觉得，本书充满抱负和启发的愿景有望在城市环境教育理论与实践中产生极大影响力。

Nicole M. Ardoin，美国斯坦福大学副教授
Alan Reid，澳大利亚莫纳什大学副教授
Heila Lotz-Sisitka，南非罗德斯大学教授
Edgar J. Gonzales Gaudiano，墨西哥韦拉克鲁斯大学高级研究员

参　编　者

Jennifer D. Adams
Department of Earth and Environmental Sciences；and
Brooklyn College，City University of New York
New York，New York，USA

Olivia M. Aguilar
McPhail Center for Environmental Studies
Denison University
Granville，Ohio，USA

Shorna B. Allred
Department of Natural Resources
Cornell University
Ithaca，New York，USA

Daniel Fonseca de Andrade
Department of Environment Science
Federal University of the State of Rio de Janeiro
Rio de Janeiro，Brazil

Scott Ashmann
Professional Program in Education
University of Wisconsin–Green Bay
Green Bay，Wisconsin，USA

Dave Barbier
Office of Sustainability
University of Wisconsin–Stevens Point
Stevens Point，Wisconsin，USA

M'Lis Bartlett
School for Natural Resources
University of Michigan
Ann Arbor, Michigan, USA

Michael Barnett
Department of Teacher Education, Special Education, Curriculum and Instruction
Boston College
Chestnut Hill, Massachusetts, USA

Simon Beames
The Moray House School of Education
The University of Edinburgh
Edinburgh, Midlothian, UK

Chew-Hung Chang
Office of Graduate Studies and Professional Learning
National Institute of Education; and
Humanities and Social Studies Education Academic Group
Nanyang Technological University
Singapore

Tzuchau Chang
Graduate Institute of Environmental Education
Taiwan Normal University
Taipei, Taiwan, China

Louise Chawla
Program in Environmental Design
University of Colorado–Boulder
Boulder, Colorado, USA

Lewis Ting On Cheung
Department of Social Sciences
Hong Kong Institute of Education
Hong Kong, China

Belinda Chin
Sustainable Operations, Good Food Program
City of Seattle Parks and Recreation
Seattle, Washington, USA

Laura B. Cole
Department of Architectural Studies
University of Missouri
Columbia, Missouri, USA

Jason Corwin
Seneca Media and Communications Center
Seneca Nation
Salamanca, New York, USA

Amy Cutter-Mackenzie
School of Education
Southern Cross University
Gold Coast, Queensland, Australia

Maria Daskolia
Department of Philosophy, Pedagogy and Psychology
National and Kapodistrian University of Athens
Athens, Greece

Jacqueline Davis-Manigaulte
Family and Youth Development Program Area
Cornell University Cooperative Extension
Ithaca, New York, USA

Victoria L. Derr
Environmental studies
California State University, Monterey Bay
Seaside, California, USA

Giuliana Dettori
Institute for Educational Technology
National Research Council of Italy
Genoa, Italy

Bryce B. DuBois
Department of Natural Resources
Cornell University
Ithaca, New York, USA

Janet E. Dyment
Faculty of Education
University of Tasmania
Hobart, Tasmania, Australia

Johanna Ekne
Ekne Ecology
Malmö, Sweden

Thomas Elmqvist
Stockholm Resilience Centre
Stockholm University
Stockholm, Sweden

Johan Enqvist
Stockholm Resilience Centre
Stockholm University
Stockholm, Sweden

Mariona Espinet
Science and Mathematics Education Department
Autonomous University of Barcelona
Cerdanyola del Vallès, Catalonia, Spain

Ellen Field
College of Arts, Society and Education
James Cook University
Cairns, Queensland, Australia

Rebecca L. Franzen
Wisconsin Center for Environmental Education
University of Wisconsin–Stevens Point
Stevens Point, Wisconsin, USA

David A. Greenwood
Faculty of Education
Lakehead University
Thunder Bay, Ontario, Canada

Randolph Haluza-DeLay
Department of Sociology
The King's University
Edmonton, Alberta, Canada

Marna Hauk
Department of Sustainability Education
Prescott College
Prescott, Arizona, USA; and
Institute for Earth Regenerative Studies
Portland, Oregon, USA

Joe E. Heimlich
Center for Research and Evaluation
COSI; and
The Ohio State University
Columbus, Ohio, USA

Alexander Hellquist
Swedish International Centre of Education for Sustainable Development
Uppsala University
Uppsala, Sweden

Cecilia P. Herzog
Department Architecture and Urbanism
Pontifical Catholic University of Rio de Janeiro
Rio de Janeiro, Brazil

Yu Huang
Institute of International and Comparative Education
Beijing Normal University
Beijing, China

Hilary Inwood
Ontario Institute for Studies in Education
University of Toronto
Toronto, Ontario, Canada

Marianna Kalaitsidaki
Department of Primary Education
University of Crete
Rethymno, Crete, Greece

Matthew S. Kaplan
Agricultural Economics, Sociology and Education
Pennsylvania State University
University Park, Pennsylvania, USA

Chankook Kim
Department of Environmental Education
Korea National University of Education
Cheongju, Chungbuk, Korea

Polly L. Knowlton Cockett
Werklund School of Education, University of Calgary
Grassroutes Ethnoecological Association
Calgary, Alberta, Canada

Hiromi Kobori
Tokyo City University
Tokyo, Japan

Cecil Konijnendijk van den Bosch
Department of Forest Resources Management
University of British Columbia
Vancouver, British Columbia, Canada

Jada Renee Koushik
School of Environment and Sustainability
University of Saskatchewan
Saskatoon, Saskatchewan, Canada

Marianne E. Krasny
Department of Natural Resources
Cornell University
Ithaca, New York, USA

Shelby Gull Laird
Arthur Temple College of Forestry and Agriculture
Stephen F. Austin State University
Nacogdoches, Texas, USA

John Chi-Kin Lee
Department of Curriculum and Instruction
Hong Kong Institute of Education
Hong Kong, China

Raul P. Lejano
Department of Teaching and Learning
New York University
New York, New York, USA

Mary Leou
Department of Teaching and Learning
New York University
New York, New York, USA

Kendra Liddicoat
Wisconsin Center for Environmental Education
University of Wisconsin–Stevens Point
Stevens Point, Wisconsin, USA

Shih-Tsen Nike Liu
Master Program of Environmental Education and Resources
University of Taipei
Taipei, Taiwan, China

David Maddox
The Nature of Cities
New York, New York, USA

Karen Malone
Centre for Educational Research
Western Sydney University
Sydney, New South Wales, Australia

Mapula Priscilla Masilela
Education Department
Rhodes University
Grahamstown, Eastern Cape, South Africa

Elizabeth P. McCann
Department of Environmental Studies
Antioch University New England
Keene, New Hampshire, USA

Marcia McKenzie
Educational Foundations
University of Saskatchewan
Saskatoon, Saskatchewan, Canada

Timon McPhearson
Urban Ecology Lab
The New School
New York, New York, USA

Sanskriti Menon
Urban Programmes
Centre for Environment Education
Pune, Maharashtra, India

Denise Mitten
Adventure Education
Prescott College
Prescott, Arizona, USA

Martha C. Monroe
School of Forest Resources and Conservation
University of Florida
Gainesville, Florida, USA

Mutizwa Mukute
Environmental Learning Research Centre
Rhodes University
Grahamstown, Eastern Cape, South Africa

Harini Nagendra
School of Development
Azim Premji University
Bangalore, Karnataka, India

John Nzira
Ukuvuna-Urban Farming Projects
Johannesburg, South Africa

Lausanne Olvitt
Environmental Learning Research Centre
Rhodes University
Grahamstown, Eastern Cape, South Africa

Illène Pevec
Fat City Farmers
Basalt, Colorado, USA

Felix Pohl
Independent Sustainability Consultancy
Wiesbaden, Germany

Andrew Rudd
Urban Planning and Design Branch
UN-Habitat
New York, New York, USA

Alex Russ (Alexey Kudryavtsev)
Department of Natural Resources
Cornell University
Ithaca, New York, USA

Tania M. Schusler
Institute of Environmental Sustainability
Loyola University Chicago
Chicago, Illinois, USA

Soul Shava
Department of Science and Technology Education
University of South Africa
Pretoria, South Africa

Philip Silva
Department of Natural Resources
Cornell University
Ithaca, New York, USA

Erika S. Svendsen
Northern Research Station
USDA Forest Service
New York, New York, USA

Nonyameko Zintle Songqwaru
Education Department
Rhodes University
Grahamstown, Eastern Cape, South Africa

Marc J. Stern
Department of Forest Resources and Environmental Conservation
Virginia Polytechnic Institute and State University
Blacksburg, Virginia, USA

Robert B. Stevenson
The Cairns Institute
James Cook University
Cairns, Queensland, Australia

Geok Chin Ivy Tan
Office of Teacher Education
National Institute of Education
Nanyang Technological University
Singapore

Cynthia Thomashow
Urban Environmental Education Graduate Program
IslandWood and Antioch University Seattle
Seattle, Washington, USA

Mitchell Thomashow
Philanthropy Northwest
Seattle, Washington, USA

Arjen E.J. Wals
Education and Competence Studies Group
Wageningen University
Wageningen, the Netherlands; and
Department of Pedagogical, Curricular and Professional Studies
University of Gothenburg
Gothenburg, Sweden

Kumara S. Ward
School of Education, Centre for Educational Research
Western Sydney University
Sydney, New South Wales, Australia

Robert Withrow-Clark
Butte College
Oroville, California, USA

Wanglin Yan
Faculty of Environment and Information Studies; and
Graduate School of Media and Governance
Keio University
Fujisawa, Japan

索　引

H

J

K

L

M

Q

R

S

T

W

X

Y

Z